Untersuchungen der Verarbeitbarkeit des Schnellarbeitsstahls HS6-5-3-8 mittels Laser Powder Bed Fusion

Investigation of the Processability of High-Speed Steel HS6-5-3-8 by Laser Powder Bed Fusion

Von der Fakultät für Maschinenwesen
der Rheinisch-Westfälischen Technischen Hochschule Aachen
zur Erlangung des akademischen Grades einer
D o k t o r i n d e r I n g e n i e u r w i s s e n s c h a f t e n
genehmigte Dissertation

vorgelegt von

Jasmin Kathrin Saewe

Berichter:

Univ.-Prof. Dr.-Ing. Dipl.-Wirt.-Ing. J. H. Schleifenbaum
Univ.-Prof. Dr.-Ing. C. Broeckmann

Tag der mündlichen Prüfung: 13. Mai 2022

ERGEBNISSE AUS DER LASERTECHNIK

Jasmin Saewe

Untersuchungen der Verarbeitbarkeit des Schnellarbeitsstahls HS6-5-3-8 mittels Laser Powder Bed Fusion

Bibliografische Information der Deutschen Nationalbibliothek
Die Deutsche Nationalbibliothek verzeichnet diese Publikation in der Deutschen Nationalbibliografie; detaillierte bibliografische Daten sind im Internet über https://portal.dnb.de abrufbar.

Jasmin Saewe:

Untersuchungen der Verarbeitbarkeit des Schnellarbeitsstahls HS6-5-3-8 mittels Laser Powder Bed Fusion

1. Auflage, 2022

Gedruckt auf holz- und säurefreiem Papier, 100% chlorfrei gebleicht.

Apprimus Verlag, Aachen, 2022
Wissenschaftsverlag des Instituts für Industriekommunikation und Fachmedien an der RWTH Aachen
Steinbachstr. 25, 52074 Aachen
Internet: www.apprimus-verlag.de, E-Mail: info@apprimus-verlag.de

Druck: CPI Druckdienstleistungen GmbH, Ferdinand-Jühlke-Straße 7 I 99095 Erfurt

ISBN 978-3-98555-097-5

D 82 (Diss. RWTH Aachen University, 2022)

Danksagung

Diese Arbeit entstand neben meiner Tätigkeit als wissenschaftliche Mitarbeiterin am Fraunhofer-Institut für Lasertechnik ILT. Teile der in dieser Arbeit vorgestellten Ergebnisse entstanden im Vorhaben NeuGenWälz, welches aus Mitteln des Europäischen Fonds für regionale Entwicklung (EFRE) gefördert wurde. An dieser Stelle möchte ich mich bei allen Personen bedanken, die mich in dieser Zeit und bei dieser Arbeit unterstützt haben.

Ich danke Herrn Prof. Dr.-Ing Johannes Henrich Schleifenbaum für die Möglichkeit der Durchführung der Promotion und die Betreuung der Arbeit, Herrn Prof. Dr.-Ing. Christoph Broeckmann für die Übernahme des Koreferats und Herrn Prof. Dr.-Ing. Thomas Bergs für die Übernahme des Prüfungsvorsitzes.

Mein ausdrücklicher und herzlicher Dank gilt Dr.-Ing. Dipl.-Phys. Lucas Jauer für sein Fordern und Fordern (und auch Fördern) in dieser Zeit auf den unterschiedlichsten Wegen am ILT und darüber hinaus. Ich danke auch Wilhelm Meiners, Sebastian Bremen und ausdrücklich Christian Tenbrock für das in mich gesetzte Vertrauen sowie die Chancen während meiner Zeit am ILT.

Besonders möchte ich mich bei den Mitarbeiter*innen der Gruppe/Abteilung LPBF für die ausgezeichnete Arbeitsatmosphäre bedanken. Durch die Zusammenarbeit und die zahlreichen Diskussionen sowie den Zusammenhalt und viel Spaß sind die zusätzlichen Stunden fast (!) wie im Fluge vergangen. Darüber hinaus danke ich meinen Student*innen, ohne die die Erstellung der Dissertation nicht möglich gewesen wäre. Der besondere Dank gilt: Luke Schüller, Niklas Hardtke, Dominik Schmidt, Luiz Wirth, Tsuyoshi Shimada, Niels Carstensen und Sedef Saygili.

Von ganzem Herzen danke ich meinen Freunden und meiner Familie für die Unterstützung und das Verständnis in dieser Zeit.

Voller Liebe danke ich meinem Mann Talu durch dessen Liebe, Geduld und Unterstützung ich immer wieder meinen Ehrgeiz entfachen und mein Potential entfalten konnte.

›› Last but not least, I want to thank me. I want to thank me for believing in me, I want to thank me for doing all this hard work, I want to thank me for having no days off, I want to thank me for never quitting, I want to thank me for always being a giver and trying to give more than I receive, I want to thank me for trying to do more right than wrong, I want to thank me for just being me at all times. ‹‹ Calvin Cordozar Broadus Jr.

Zusammenfassung

Das additive Fertigungsverfahren Laser Powder Bed Fusion (LPBF) hat sich in einigen Bereichen zum Serienfertigungsverfahren entwickelt, bspw. im Turbomaschinenbau und in der Medizintechnik. Durch die Industrialisierung wird auch zunehmend Bedarf am LPBF-Verfahren für Ersatzteile und Kleinserien in der Werkzeugindustrie abgeleitet, um die Standzeiten zu steigern und Entwicklungszeiten zu verkürzen. Im Vergleich zur konventionellen Fertigung sind die Integration innenliegender Kühlkanäle oder der Einsatz von Gitterstrukturen zur Gewichtseinsparung im Zusammenhang mit einer höheren Geometriefreiheit Schlüssel zur Herstellung komplexer, individueller Sonderanfertigungen für die Werkzeugindustrie. Daher kann abgeleitet werden, dass die Werkstoffauswahl für das LPBF-Verfahren um weitere Werkzeugstähle erweitert werden muss. Für den Einsatz als Schneidwerkzeug eignen sich insbesondere hochlegierte, karbidhaltige, abrasionsbeständige Werkzeugstähle wie Schnellarbeitsstähle. Jedoch neigen hochlegierte Werkzeugstähle bei der Verarbeitung mittels LPBF aufgrund innerer Spannungen zur Rissbildung. Im Rahmen dieser Arbeit wird die Verarbeitbarkeit von Schnellarbeitsstählen am Beispiel von HS6-5-3-8 anhand unterschiedlicher LPBF-Prozessführungen untersucht. Ziel ist die grundlegende Untersuchung der Einfluss-Wirk-Zusammenhänge zwischen der LPBF-Prozessführung (Vorheizungstemperaturen), Systemtechnik (Schutzgasführung), Bauteilanzahl und Bauteilhöhe sowie der chemischen Zusammensetzung auf die resultierende Defektdichte, Gefüge und Bauteilhärte von HS6-5-3-8. Die entwickelte Prozessführung soll als Ausgangspunkt für die Fertigung von einem Technologiedemonstrator genutzt werden. Die verbleibenden Herausforderungen bei der Verarbeitung von Schnellarbeitsstahl HS6-5-3-8 mittels LPBF werden dabei vorgestellt. Die erfolgreiche Verarbeitbarkeit (große Bauteildichte, rissfreie Proben und homogenes Gefüge) bei Einsatz von Vorheiztemperaturen ≤ 450 °C kann demonstriert werden.

Abstract

The additive manufacturing process Laser Powder Bed Fusion (LPBF) has developed into series production in some areas, e.g. in turbomachinery construction and medical technology. Due to industrialization, there is also an increasing demand for the LPBF process for spare parts and small series in the tool industry in order to increase service life or shorten development times. Compared to conventional production, the integration of internal cooling channels or the use of lattice structures for light weight in conjunction with greater geometrical freedom are keys to the manufacturing of complex individual special design tools for the tool industry. It can therefore be deduced that the material selection for the LPBF process must be extended to include other tool steels. High-alloy, carbide-containing, abrasion-resistant tool steels such as high-speed steels are particularly suitable for use as cutting tools. However, high-alloy tool steels tend to crack during processing by LPBF due to internal stresses. In this work, the processability of high-speed steels is investigated using HS6-5-3-8 as an example based on different LPBF process designs. The aim is to fundamentally investigate the influence-effect relationships between LPBF process control (preheating temperatures), system technology (preheating and inert gas control), component number and component height, and chemical composition on the resulting defect density, microstructure and component hardness of HS6-5-3-8. The developed process control is to be used as a starting point for the manufacturing of a technology demonstrator. The remaining challenges in processing high-speed steel HS6-5-3-8 by LPBF will be presented. The successful processability (large component density, crack-free specimens and homogeneous microstructure) when using preheating temperatures ≤ 450 °C can be demonstrated.

Inhalt

1 Einleitung

Unter der additiven Fertigung (englisch: Additive Manufacturing, AM) werden Fertigungsverfahren gefasst, welche durch einen schichtweisen Aufbau von Bauteilen eine große geometrische Flexibilität im Design bieten. Eines der weiter verbreiteten additiven Verfahren ist das Laser Powder Bed Fusion (LPBF), mit dem pulverbettbasiert metallische Bauteile mithilfe von Laserstrahlung hergestellt werden können. Das Verfahren hat sich in einigen Bereichen längst von der Prototypenfertigung hin zur Serienfertigung (z.B. für Implantate, Triebwerksteile) entwickelt [1, 2]. LPBF wird heute durch die Industrialisierung auch zunehmend für Ersatzteile und Kleinserien im Werkzeugbau interessant [3]. Dabei hat die Werkzeugindustrie einen mittleren Umsatzanteil von 10,2 % am Gesamtumsatz der Metallindustrie in Deutschland in den Jahren 2015 und 2020 erwirtschaftet [4]. Zu der Werkzeugindustrie werden die Herstellung u.a. von Handwerkzeugen, Maschinenwerkzeugen und Werkzeugen für die Metallbearbeitung gezählt. Im Jahr 2020 erzielte die deutsche Werkzeugindustrie einen Umsatz in Höhe von rund 4,7 Mrd. Euro [4] und einen hohen Bedarf für neue Innovationen bspw. zur Steigerung der Standzeiten oder Verkürzung von Entwicklungszeiten wird abgeleitet.

Durch die endkonturnahe Fertigung beim LPBF ist ein verringerter Aufwand der Nachbearbeitung von Bauteilen möglich. Weiterhin ist im Vergleich zur konventionellen Fertigung die Einbringung von Funktionen bspw. durch Integration innenliegender Kühlkanäle oder Gewichtseinsparungen durch Einsatz von Gitterstrukturen sowie eine höhere Geometriefreiheit bspw. zur Herstellung komplexer individueller Sonderanfertigungen im Werkzeugbau möglich. Für die Werkzeugindustrie sind Werkzeugstähle und deren Eigenschaften in vielen Anwendungen von hoher Relevanz. Gegenwärtig ist die Werkstoffauswahl auf Warmarbeits- oder martensitaushärtende Stähle begrenzt, da diese bspw. durch Einsatz einer Vorheizung während des Prozesses mittels LPBF verarbeitet werden oder erst nach aufwendiger Wärmebehandlung eingesetzt werden können. Jedoch ist die Verschleißbeständigkeit der bislang qualifizierten Werkzeugstähle begrenzt und die Eigenschaften sind ungeeignet bspw. für den Einsatz als Schneidwerkzeug. Für diese Anwendungen sind insbesondere hochlegierte, karbidhaltige, abrasionsbeständige Werkzeugstähle wie Schnellarbeitsstähle für die Werkzeugindustrie interessant.

Besonders im Bereich der Schneidwerkzeuge können die Vorteile des additiven Verfahrens LPBF zu erheblich kleineren Entwicklungskosten im Sonderwerkzeugbau oder zu gesteigerter Perfomance durch integrierte

Kühlkanälen führen. Jedoch gelten die dafür konventionell eingesetzten hochlegierten Schnellarbeitsstähle durch große Kohlenstoffanteile sowie Karbide als nicht-schweißbar. Durch die verfahrensbedingten thermischen Zyklen und Temperaturgradienten im LPBF-Verfahren entstehen bei diesen Werkstoffen große Eigenspannungen und Ausscheidungen, welche zur Rissbildung führen.

Im Rahmen dieser Arbeit soll daher die Verarbeitbarkeit von Schnellarbeitsstählen am Beispiel von HS6-5-3-8 anhand unterschiedlicher LPBF-Prozessführungen untersucht werden und eine Analyse der Einfluss-Wirk-Zusammenhänge zwischen LPBF-Prozessführung und Gefüge ermöglicht werden. Die entwickelte Prozessführung soll als Ausgangspunkt für die Fertigung von Demonstratoren genutzt werden.

2 Stand der Wissenschaft und Technik

Im Stand der Wissenschaft und Technik werden die Grundlagen für die wissenschaftlichen Diskussionen in dieser Arbeit gegeben. Zunächst werden die werkstofftechnischen Grundlagen von Schnellarbeitsstählen erörtert. Anschließend werden das Verfahrensprinzip Laser Powder Bed Fusion und der Stand der Technik zur Verarbeitung mittels LPBF von Schnellarbeitsstählen im Gegensatz zu ähnlichen Stählen aufgeführt.

2.1 Werkstoffgrundlagen

In diesem Abschnitt werden vorbereitend für den Kontext der LPBF-Verarbeitung die Werkstoffgrundlagen von Stahl insbesondere Schnellarbeitsstahl beschrieben. Nach der Zuordnung von Schnellarbeitsstahl in Werkstoffgruppen und Stahlgruppennummern sowie der Unterscheidung innerhalb der Werkzeugstähle werden die Gefüge von Stählen beschrieben. Darauf aufbauend wird der Einfluss ausgewählter Legierungselemente auf die Eigenschaften von Schnellarbeitsstahl sowie die konventionelle Wärmebehandlung erläutert. Abschließend werden die Eigenschaften des in dieser Arbeit genutzten Schnellarbeitsstahls HS6-5-3-8 beschrieben.

2.1.1 Einteilung und Eigenschaften von Schnellarbeitsstahl

Die Werkstoffgruppe Stahl umfasst Legierungen in denen Eisen (Fe) als Hauptelement vorliegt. Neben Fe beinhalten Stähle zumeist mehrere Legierungselemente, um die Eigenschaften der Legierung einzustellen (siehe Kapitel 2.1.3). Stähle sind schmiedbare Fe-Knetlegierungen [5, S. 1]. Neben anderen Legierungselementen kann Kohlenstoff (C) in Stählen mit typischerweise bis zu 2 Gew.-% enthalten sein. Nach DIN EN 10020 werden Schnellarbeitsstähle sowie Maschinenbaustähle, Wälzlagerstähle und Werkzeugstähle den legierten Edelstählen zugeordnet. Die Unterteilung und weitere Werkstoffgruppen werden in Bild 1 dargestellt. [6]

Bild 1: Einordnung von Schnellarbeitsstahl in Stähle gemäß DIN EN 10020 [6, 7]

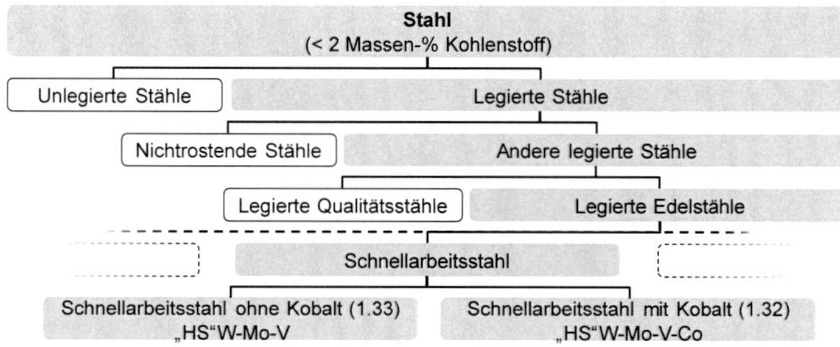

Stähle können nach DIN EN 10027-2 mit Stahlgruppennummern unterteilt werden. Dabei wird zwischen Schnellarbeitsstahl mit Kobalt-(Co)-Zusatz (Stahlgruppennummer 1.32) und ohne Co-Zusatz (Stahlgruppennummer 1.33) unterschieden [7]. Durch Co wird die Warmfestigkeit von Schnellarbeitsstählen erhöht [8, S. 56-57] (siehe Kapitel 2.1.3). Die Benennung von Stahl nach der chemischen Zusammensetzung wird bei Schnellarbeitsstählen durch Kurznamen nach DIN EN ISO 4957 ersetzt. Die Bezeichnung wird durch „HS" (aus dem englischen: high-speed steel) eingeleitet und Ziffern mit der prozentualen Angabe der Legierungselemente in der Reihenfolge Wolfram (W), Molybdän (Mo), Vanadium (V) und Co folgen [9]. Für Schnellarbeitsstähle ohne Co-Zusatz entfällt die letzte Ziffer.

Nach DIN EN ISO 4957 wird Schnellarbeitsstahl den Werkzeugstählen zugeordnet. Angelehnt an die historischen Anwendungsgebiete werden die Stähle in Kaltarbeitsstahl (legiert und unlegiert), Warmarbeitsstahl und Schnellarbeitsstahl eingeteilt [9]. Die drei Gruppen werden durch die erreichbare Härte und den Verlauf der Härte in Abhängigkeit der Anlasstemperatur charakterisiert, siehe Bild 2.

Bild 2:
Anlasskurven für Werkzeugstähle nach [10, S. 150]

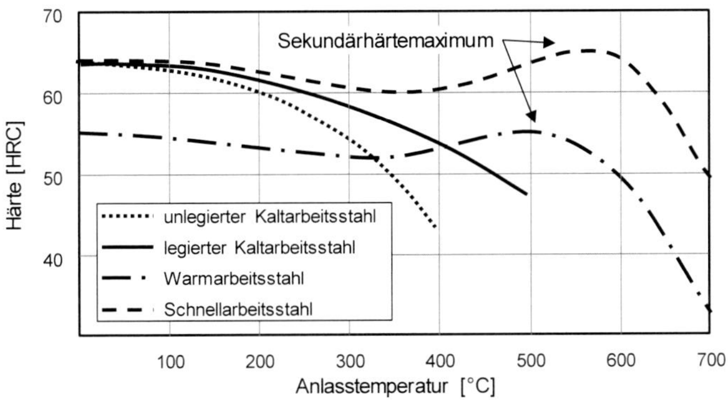

Durch die Anlassbeständigkeit wird die Temperaturempfindlichkeit im Hinblick auf einen Härteabfall bei einer gewählten Anlasstemperatur beschrieben. Unlegierte Kaltarbeitsstähle werden durch eine große Ausgangshärte (größer 60 HRC) und einer stark abfallenden Härte ab Einsatztemperaturen größer 200°C durch fehlende Anlassbeständigkeit charakterisiert. Durch das Legieren von Kaltarbeitsstählen kann eine weniger stark abfallende Härte bei Anlasstemperaturen größer 200 °C erreicht werden. Warmarbeitsstähle werden durch kleinere Härten (ca. 55 HRC) als bei Kaltarbeitsstählen gekennzeichnet, jedoch ist die Härte bis zu Einsatztemperaturen von ca. 550 °C nahezu konstant. Durch Schnellarbeitsstähle werden sowohl eine große Ausgangshärte (größer 60 HRC) sowie eine große Anlassbeständigkeit erreicht. Bei Temperaturen größer 500 °C werden bei Warmarbeitsstählen sowie Schnellarbeitsstählen ein Maximum der Härte erreicht, das sogenannte Sekundärhärtemaximum. Diese Sekundärhärte wird durch die Bildung von Sonderkarbiden sowie die Umwandlung von Restaustenit in Martensit hervorgerufen (siehe nachfolgende Kapitel). [10, S.149-158, 11, S. 781–784]

Entsprechend der genannten Eigenschaften sowie unter Berücksichtigung der Verarbeitbarkeit sowie Materialkosten werden Kaltarbeitsstähle bspw. für Handwerkzeuge, Schneid- und Stanzwerkzeuge und Kaltumformwerkzeuge eingesetzt. Warmarbeitsstähle werden für Spritzgießwerkzeuge, Presswerkzeuge, Walzen und Druckgusswerkzeuge verwendet. Schnellarbeitsstähle können für Dreh-, Fräs- und Bohrwerkzeuge sowie Feinschneidwerkzeuge, Schneidplatten, Innenformstempel, Massivumformwerkzeuge und Hochleistungslager eingesetzt werden. [10, S. 180-188, 11, S. 781–784, 12, S. 47–113]

Durch den ursprünglichen Einsatz von Schnellarbeitsstählen in der spanenden Bearbeitung werden von dem Werkstoff zumeist eine große Warmhärte, große Anlassbeständigkeit, großer Verschleißwiderstand und hinreichende Zähigkeit gefordert. Der C-Gehalt von 0,8 bis 1,4 Gew.-% sowie der große W-, Mo- und V-Gehalt führt zur Bildung von primären Karbiden in einer sekundärhärtenden Matrix. Die Elemente W und Mo können entsprechend des Atomgewichtes im Verhältnis 2:1 ausgetauscht werden. Dadurch können Schnellarbeitsstähle grundsätzlich in Wolframstähle, Molybdänstähle oder Wolfram-Molybdän-Stähle eingeteilt werden. [10, S. 180–188, 13, S. 300–306]

2.1.2 Gefüge von Schnellarbeitsstahl

Der Begriff Gefüge beschreibt das Zusammenspiel von Körnern (Kristalliten), Phasen und Ausscheidungen sowie von Defekten in Metallen. Eine Phase wird definiert durch die chemische Zusammensetzung sowie Anordnung bzw. Struktur der Atome. Die Anordnung von Atomen wird durch Kristallgitter oder auch Elementarzellen bestimmt und ist für Metalle oft kubisch-raumzentrierte (krz) oder kubisch-flächenzentrierte (kfz). [14, S. 19–20]

Bei Stahl, insbesondere Schnellarbeitsstahl, können folgende Phasen gebildet werden: Austenit, Ferrit sowie Karbide. Daraus können folgende Gefüge bzw. Phasengemische gebildet werden: Perlit, Bainit und Martensit. Bei der konventionellen Erstarrung von Stahl aus der Schmelze wird Austenit (kfz) gebildet. Das erstarrte Gefüge besteht vollständig aus Austenitkristallen, wie im vereinfachten Eisen-Kohlenstoff-Zustandsdiagramm in Bild 3 rechts dargestellt. Dabei können in dem kfz-Gitter aufgrund der großen Gitterlücken C-Atome vollständig gelagert werden. Dieser Zustand wird als Ausgangspunkt für Phasenumwandlungen genutzt.

In Bild 3 wird links ein Zeit-Temperatur-Umwandlungsdiagramm (ZTU-Diagramm) dargestellt, welches anhand der Abkühlgeschwindigkeit die Ausbildung unterschiedlicher Gefüge zeigt. Bei unendlich langsamer Abkühlung sind die Umwandlungen der Gefügebestandteile mit den entsprechenden Phasengrenzen im Zustandsdiagramm rechts gleichzusetzen. [14, S. 128–132, 15]

Bild 3: Zusammenhang zwischen Zeit-Temperatur-Umwandlungs-(ZTU)-Diagramm und Eisen-Kohlenstoff-Zustandsdiagramm nach [14, S. 129]

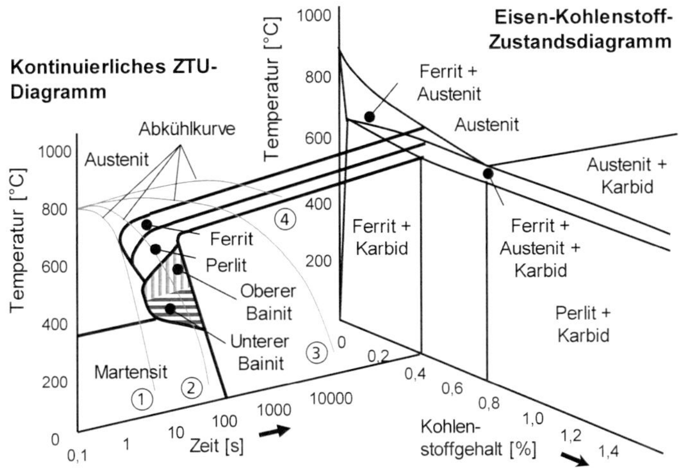

Bei der gleichgewichtsnahen Abkühlung von Stahl aus dem kfz Austenit (siehe Abkühlkurve 3 und 4 in Bild 3) werden die Phasen Ferrit (krz) und Karbide ausgeschieden. Das Gefüge aus einer abwechselnden Folge von Lamellen aus Ferrit und Karbiden wird Perlit genannt. Dazu muss die Möglichkeit der Diffusion der Fe- und C-Atome gegeben sein, welche durch langsame Abkühlung (kleiner 1 K/s) ermöglicht wird. [14, S. 128–132, 15, S. 290–294]

Bei erhöhten Abkühlgeschwindigkeit kann eine Umwandlung zu dem Gefüge Bainit auftreten. Dabei findet die Umwandlungen bei kleineren Temperaturen statt. Dadurch können sowohl Fe- sowie C-Atome nicht oder nur sehr eingeschränkt diffundieren. Aufgrund der Bildungsmechanismen wird zwischen oberem Bainit (Überlappung zu Perlit) und unterem Bainit (Überlappung zu Martensit) unterschieden. In der oberen Bainitstufe werden mittels Diffusion plattenförmige krz Ferritplatten und Karbide in den Zwischenräumen gebildet. In der unteren Bainitstufe werden aufgrund der Zwangslösung von Kohlenstoffatomen Karbide innerhalb der krz Ferritplatten diffusionslos ausgeschieden. Die Bestimmung und Beschreibung von bainitischem Gefüge ist unter anderem aufgrund ähnlicher morphologischer Charakteristika zu Martensit eine Herausforderung. Der Temperaturbereich für die Bainitstufe wird allgemein bei kontinuierlicher Umwandlung zwischen 250 und 550 °C gesetzt. [14, S. 103, 15, S. 173–175]

Die Bildung des Gefüges Martensit kann nur bei ausreichend großer Abkühlgeschwindigkeit (größer 500 K/s [16, S. 167]) beobachtet werden. Durch die schnelle Abkühlung wird Diffusion unterbunden und das kfz Austenitgitter wird durch eine diffusionslose, gekoppelte, koordinierte Bewegung von ganzen Atomgruppen in eine tetragonale Gitterstruktur umgewandelt. Aufgrund der Verhinderung von Diffusion werden die Kohlenstoffatome zwangsgelöst. Durch die Umwandlung von kfz zu krz wird durch eine Volumenzunahme von ca. 3 % eine Verspannung ausgelöst und eine große tetragonale Verzerrung des kubischen Kristallgitters wird hervorgerufen, welche Versetzungsbewegungen im Kristallgitter stark hemmt. Dadurch wird die große Härte und Festigkeit sowie auch kleine Zähigkeit des martensitischen Gefüges im Vergleich zu den anderen Gefügen erreicht. Entsprechend des C-Gehaltes in der Legierung werden zwei Formen von Martensit unterschieden: der Lanzettenmartensit (auch Latten- oder Massivmartensit) und der Plattenmartensit. Der Lanzettenmartensit wird überwiegend in kohlenstoffarmen Stählen (C kleiner 0,4 Gew.-%) gebildet. Durch zunehmenden C-Gehalt entsteht ein Übergangsbereich für C = 0,4 bis 1,0 Gew.-% in dem beide Martensitformen ausgebildet werden. Ab einem C-Gehalt größer 1 Gew.-% wird überwiegend Plattenmartensit gebildet. Lanzettenmartensit ist aufgrund der großen Versetzungsdichte deutlich besser verformbar als Plattenmartensit. Plattenmartensit wird bei tieferen Temperaturen gebildet und der primäre Mechanismus der plastischen Umformung ist die Bildung von Zwillingen statt Gleit- und Erholungsvorgänge wie beim Lanzettenmartensit. [14, S. 107–116, 15, S. 145–166]

Die Umwandlung von Austenit in Martensit beginnt bei schneller Abkühlung und ab einer legierungsabhängigen Martensit-Starttemperatur M_s (s = start). Mit Erreichen der Martensit-Endtemperatur M_f (f = finish) ist Austenit vollständig in Martensit umgewandelt. Jedoch kann bei erhöhtem C-Gehalt (größer 0,5 Gew.-%) der Austenitkörner die vollständige Umwandlung nicht erreicht werden. Ein erhöhter C-Gehalt verursacht größere Gitterverzerrungen nach der Umwandlung, welche weitere Umwandlungen zunehmend erschweren. Die Temperaturen M_s und M_f hängen stark vom C-Gehalt der Austenitkörner ab (Bild 4 links). Wird die M_s-Temperatur unterschritten, wachsen spontan Martensit-Kristalle durch einen Platzwechsel von Atomgruppen. Mit sinkender Temperatur läuft die Bildung von Martensit aus Austenit kaskadenartig, diskontinuierlich ab (Bild 4 rechts). [14, S. 114–115, 15, S. 155–160]

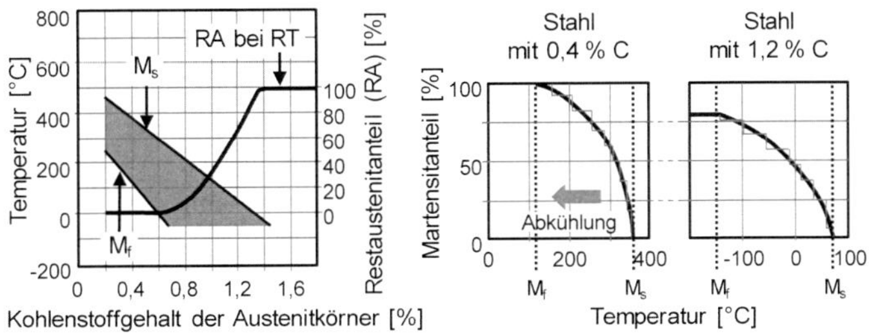

Bild 4: Martensitbildung und Restaustenitgehalt von unlegierten Stählen (links), diskontinuierliche Umwandlung von Austenit zu Martensit (rechts) nach [14, S. 117, 15, S. 159]

Ist der C-Gehalt in Austenitkörnern ≥ 0,6 Gew.-% kann die Martensitbildung mit Erreichen von 25 °C nicht abgeschlossen werden (siehe Bild 4 rechts). Der im Stahl enthaltene nicht umgewandelte Austenit wird Restaustenit (RA) genannt. Abhängig vom C-Gehalt der Austenitkörner kann der RA-Gehalt im Gefüge nach dem Abschrecken abgeschätzt werden. RA ist sehr weich und führt deswegen im gesamten Gefüge zu einer kleineren Härte. Unter gewissen Bedingungen kann RA in Martensit umgewandelt werden bspw. durch Temperaturen größer 150 °C (Wärmebehandlung), mechanische Spannung oder Verformung. Aufgrund der unterschiedlichen Volumina von RA und Martensit werden Spannungen sowie ggf. unerwünschte Maßänderungen erzeugt. Um eine große Härte sowie eine große Maßhaltigkeit von Schnellarbeitsstahl zu erreichen, ist die Beseitigung des RA durch Umwandlung in Martensit vor dem Einsatz erforderlich. [14, S. 117–119]

Karbide sind interstitielle Mischkristalle bzw. Phasen mit sehr großem Schmelzpunkt und großer Härte [17, 34-36]. Bei der Abkühlung von übereutektoiden Stählen (C-Gehalt größer 0,8 Gew.-%) aus dem homogenen Austenit werden Karbide vorwiegend netzartig ausgeschieden [15, S. 98]. Bei der Erstarrung der Schmelze werden Primärkarbide der Form MC (M = Metall, Legierungselement) sowie bei der eutektischen Reaktion die Sekundärkarbide M_6C und M_2C ausgeschieden. Karbide der Form M_6C und MC sind auch bei Temperaturen oberhalb von 1150 °C stabil [18, S. 235–248]. Sekundärkarbide werden nahe der Solidustemperatur aus übersättigten Austenitkristallen an Austenitkorngrenzen durch die Kohlenstoffentmischung erzeugt und sind deutlich feiner ausgebildet als Primärkarbide. Eine erhöhte Menge dieser sogenannten Korngrenzenkarbide ist aufgrund der zusätzlichen Versprödung des Gefüges zu vermeiden. Zusätzlich können Sonderkarbidbildung von MC und M_2C bei der Wärmbehandlung des Werkstoffs ab Temperaturen von 400 °C auftreten. Diese Karbide sind die

Ursache für die Ausbildung eines Sekundärhärtemaximums von Schnellarbeitsstahl. [13, S. 48–53]

2.1.3 Legierungselemente von Schnellarbeitsstahl

Viele Legierungselemente bilden mit Fe Mischkristalle bzw. Phasen (Austenit und Ferrit). Die Bildung dieser Mischkristalle ist die Ursache für die vielfältigen Eigenschaften von Legierungen. Die Legierungselemente können in Austenitbildner und Ferritbildner eingeteilt werden, entsprechend der bevorzugten Bildung von krz oder kfz Gitterstrukturen. Zu den Austenitbildnern gehören: Nickel (Ni), C, Co, Mangan (Mn), Stickstoff (N). Mithilfe dieser Elemente wird die Temperaturbeständigkeit des Austenits erweitert. Zu einer bevorzugten Ferritbildung führen folgende Legierungselemente: Cr, Aluminium (Al), Titan (Ti), Tantal (Ta), Silizium (Si), Mo, V, W. Diese bewirken, dass der Existenzbereich der Austenit-Mischkristalle eingeengt wird, so dass ab einem bestimmten Legierungsgehalt Ferrit sogar bis zur Solidustemperatur beständig bleiben kann. [17, S. 154–160]

Ein wichtiges Legierungselement für die Einstellung der Eigenschaften von Schnellarbeitsstahl ist Kohlenstoff. Durch C ist die Härtung des Werkstoffs durch Martensit- und Karbidbildung möglich. Bei großem C-Gehalt wird durch Abkühlen nach dem Härten neben Martensit auch zu einem großen Teil metastabiler RA im Gefüge gebildet. Bei der Karbidbildung kann mithilfe von C die Gesamtkarbidmenge gesteigert werden. [13, S. 14–18, 15, S. 74–77, 19]

Vanadium, Wolfram, Molybdän und Chrom gehören neben den Ferritbildnern zu den Karbidbildnern. V führt vermehrt zur Bildung von harten hitzebeständigen Primärkarbiden der Karbidform MC. Dadurch wird der Verschleißwiderstand erhöht [20]. W verzögert die Ferritbildung, durch eine kleinere Löslichkeit im krz Gitter. Durch W wird die Warmhärte und Anlassbeständigkeit erhöht sowie die Verschleißbeständigkeit durch Bildung von harten W-Karbiden (M_6C) gesteigert [21]. Weiterhin wird durch W eine Mischkristallverfestigung der Matrix erreicht und der M_2C-Zerfall zu M_6C und MC wird gefördert [13, S. 48–53]. Mo ist vorrangig an der Bildung von M_2C-Karbiden beteiligt und bewirkt die Ferrit- bzw. Perlitbildung bei langsameren Abkühlkurven, zugunsten der Bainitbildung [17, S. 154–160]. Durch Cr wird hingegen im ZTU-Diagramm der Ferritbereich sowie der umwandlungsträge Bereich zwischen der Perlit- und Bainitstufe erweitert [22, S. 181, 23]. Durch das Legierungselement Cr wird die Löslichkeit der Sekundärkarbide erhöht, wodurch eine steigende Härtbarkeit erzeugt wird. Mithilfe von Cr wird die Aushärtung der Matrix gesteigert und leichtlösliche Karbide werden gebildet [10, S. 41]. Aus diesen Gründen enthalten Schnellarbeitsstähle ca. 4 % Cr [13, S. 303].

Kobalt als Austenitbildner wird in der Matrix gelöst und erhöht die Warmhärte und Anlassbeständigkeit. Die C-Diffusion im Austenit wird durch Co beschleunigt und führt damit zur schnelleren und vollständigeren RA-Umwandlung in Martensit beim Anlassen durch beschleunigte Karbildbildung. Die Ausscheidungen beim Härten werden feiner und wachsen langsamer durch Co. Im Ferrit hingegen wird eine C-Diffusion erschwert und dadurch die Karbidbildung behindert. Insgesamt führt dies zu einer Verschiebung des Sekundärhärtemaximums zu größeren Anlasstemperaturen. Die Zugabe von Mangan als Austenitbildner zur Legierung wirkt mischkristallverfestigend und führt zu einer Erhöhung der Zähigkeit. [10, S. 35–52, 17, S. 154–160]

2.1.4 Wärmebehandlung von Schnellarbeitsstahl

Durch die Wärmebehandlung können die Eigenschaften von Schnellarbeitsstählen so eingestellt werden, dass diese für den gewünschten Einsatz geeignet sind. Dabei ist die Wärmebehandlung nach DIN EN 10 052 eine bestimmte Zeit-Temperatur-Folge, um Änderungen des Gefüges und/oder der Eigenschaften zu erreichen. Dabei wird in drei Hauptgruppen unterschieden: dem Glühen, dem Härten und dem Vergüten bzw. Anlassen.

Beim Spannungsarmglühen werden die durch die Erstarrung eingebrachten Spannungen durch Temperaturen von 600-700 °C abgebaut, ohne wesentliche Änderungen der Festigkeitseigenschaften zu bewirken. Durch das Weichglühen soll eine kleinere Härte des Stahles erreicht werden, sodass eine formgebende Bearbeitung erleichtert wird. Die Glühtemperatur liegt dabei bei ca. 650-800 °C im Bereich der Temperatur, bei der die Bildung von Austenit beginnt. Dadurch kann die Verformbarkeit des Werkstoffs gesteigert und der Werkstoff bei der konventionellen Nachbearbeitung leichter verarbeitet werden. [10, S. 180–188, 14, S. 77–96]

Beim Härten werden Härtetemperaturen (Austenitisierungstemperaturen) abhängig von der Legierungszusammensetzung nahe der Solidustemperatur und eine schnelle Abkühlung angewandt. Der RA-Gehalt und die Härte des Werkstoffs werden durch die Härtetemperatur bestimmt, siehe Bild 5 links. Da die Legierungselemente in Form von Karbidausscheidungen vorliegen, ist die Matrix des weichgeglühten Zustands arm an dem Legierungselement C, welches zur Härtbarkeit benötigt wird. Deshalb wird eine Lösung der Sekundärkarbide bei sehr großen Härtetemperaturen von 1180-1320 °C angestrebt. Dabei verhindern nicht gelöste Primärkarbide ein übermäßiges Kornwachstum. Durch Überhitzung oder Überzeitung (zu lange andauernde Behandlung) beim Härten können übermäßiges Kornwachstum der Primärkarbide. Karbide oder Anschmelzungen im Gefüge entstehen. Das schnelle Abkühlen beim Härten führt zu der Ausbildung einer Martensitphase, die bedingt durch den großen C-Gehalt eine große Härte aufweist. Nach dem Härten liegt ein Gefüge aus ungelösten Primärkarbiden, neu gebildeten

Sekundärkarbiden an den Korngrenzen, sowie Martensit und RA vor. Die Korngröße, erreichte Abschreckhärte und Höhe des RA-Gehalts wird über die Härtetemperatur und Abkühlgeschwindigkeit festgelegt. Zu große Abkühlgeschwindigkeiten können zum Verzug des Bauteils und zu Härterissen führen. Bei zu kleinen Abkühlgeschwindigkeiten können aufgrund von Korngrenzkarbiden und zunehmenden Anteilen oberen Bainits im Gefüge Zähigkeitsverluste auftreten, welche eine Versprödung bewirken. Aus diesem Grund kann nach der Härtung ein Warmbad bei ca. 500 °C vor der Abschreckung folgen, um beim Abkühlen die Ausscheidung von Korngrenzkarbiden zu verringern. [10, S. 184–186, 13, S. 64–68, 14, S. 98–107]

Bild 5: Härte und RA-Gehalt von Schnellarbeitsstahl über Härtetemperatur (links), Härte von Schnellarbeitsstahl (HS6-5-2) über Anlassdauer, Temperatur und Wiederholung [10, S. 184–186]

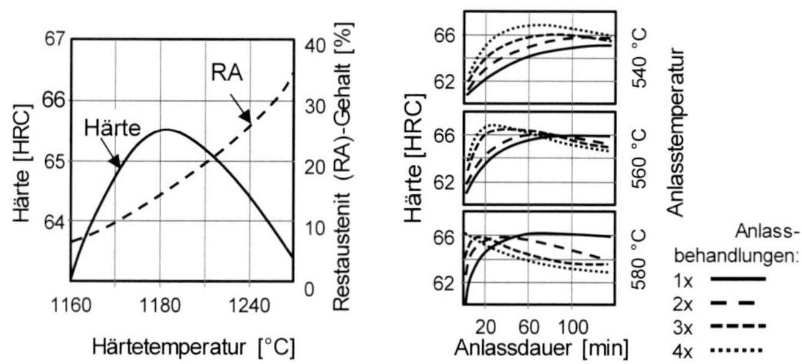

Beim Anlassen von Schnellarbeitsstahl hängt die erreichbare Härte von Anlasstemperatur, Anlassdauer und Anzahl der Anlassbehandlungen ab. Üblicherweise findet das Anlassen im Bereich des Sekundärhärtemaximums bei 550-600 °C statt. Das Anlassen führt zur Ausscheidung von Sonderkarbiden, welche durch die thermische Stabilität einen Einsatz des Werkstoffs bei Arbeitstemperaturen von bis zu 600 °C ermöglichen. Dieser Effekt kann gesteigert werden, je größer die Härtetemperatur und damit verbunden je mehr gelöstes Mo, Cr und V im Werkstoff vorhanden sind. Bei Anlasstemperaturen oberhalb von 600 °C werden nadelförmige M_2C-Karbide gebildet, aus denen anschließend Agglomerate der sehr stabilen M_6C-Karbide gebildet werden können. Die daraus folgende Warmversprödung verringert die Warmfestigkeit. Der kohlenstoff- und legierungselementreiche RA im Werkstoff wird durch das Anlassen instabil. Beim Abkühlen wird dieser RA teilweise in Martensit umgewandelt, welcher durch eine zweite Anlassbehandlung ausgehärtet werden muss. In kobaltreichen Schnellarbeitsstählen kann nach dem ersten Anlassen RA im Gefüge verbleiben. Deswegen sind für Schnellarbeitsstähle zwei bis drei Anlassbehandlungen notwendig, um die maximale Härte zu erreichen, siehe Bild 5 rechts. Das Ziel ist zumeist eine vollständige Umwandlung des RAs in

Martensit. Zusätzlich zur Härte wird die Festigkeit und Zähigkeit abhängig von der Anlasstemperatur beeinflusst. Die Fließgrenze und Bruchfestigkeit können zusammen mit der Härte zu einem maximalen Wert angelassen werden. Dagegen wird die Zähigkeit an diesem Punkt minimal. [10, S. 180–188, 13, S. 300–304, 14, S. 160–170]

2.1.5 Schnellarbeitsstahl HS6-5-3-8

Der kobaltlegierte Schnellarbeitsstahl HS6-5-3-8 wird unter der Stahlgruppennummer 1.3294 [11, S. 784] oder auch 1.3244 [9] geführt. Bekannte Handelsnamen des Werkstoffs sind ASP 2030 [24] oder PM 30, aufgrund der konventionellen pulvermetallurgischen (PM) Herstellungsroute [11, S. 784]. HS6-5-3-8 wird durch die große Anlassbeständigkeit bis 600 °C sowie den großen Verschleißwiderstand (großer Karbidgehalt) für die Anwendung in der Zerspannung bei schwerer Beanspruchung für Spiralbohrer oder Räumwerkzeuge eingesetzt [11, S. 784–794]. Außerdem kann der Werkstoff für Gewindebohrer, Schaftfräser, Wälzfräser, Schneidräder und Kaltarbeit eingesetzt werden [24].

In Tabelle 1 wird die chemische Zusammensetzung von HS6-5-3-8 mit den vorgeschriebenen Grenzwerten sowie der zulässigen Abweichungen nach DIN EN 4957 dargestellt.

Tabelle 1: Chemische Zusammensetzung von HS6-5-3-8 nach DIN EN 4957 [9]

	C	Cr	W	Mo	V	Co	Si	Mn	Fe
Min.	1,23	3,8	5,9	4,7	2,7	8,0			Bal.
Max	1,33	4,5	6,7	5,3	3,2	8,8	0,7	0,4	Bal.
Abweichung	±0,04	±0,1	±0,1	±0,1	±0,1	±0,1	+0,03		Bal.

In Massen-%

In Bild 6 wird das ZTU-Diagramm für die konventionelle Herstellungsroute (Heißisostatisches Pressen, HIP, von gasverdüstem Pulver) von HS6-5-3-8 dargestellt. Die Martensitstartemperatur M_s von HS6-5-3-8 liegt unterhalb von 200 °C. Durch geeignete Abkühlgeschwindigkeiten können die Phasenumwandlungen und die daraus folgenden Gefüge gezielt eingestellt werden.

Bild 6: ZTU-Diagramm der konventionellen Fertigung von HS6-5-3-8 nach [24]

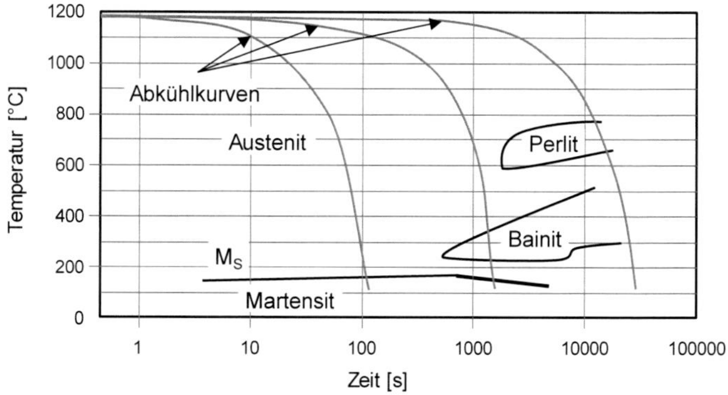

Die komplexe Legierungszusammensetzung von HS6-5-3-8 in Kombination mit einer spezifischen Wärmebehandlung ermöglicht eine Härte von bis zu 68 HRC. Bei der konventionellen Herstellung kann eine Wärmebehandlung mit Spannungs-armglühen, Weichglühen, Härten und Anlassen durchgeführt werden. Für das Spannungsarmglühen von HS6-5-3-8 werden Temperaturen von 600-700 °C empfohlen. Die Glühtemperaturen beim Weichglühen liegen bei 850-900 °C. Danach wird langsam abgekühlt, um eine Spannungsbildung zu vermeiden. Die Härtetemperatur liegt je nach Anwendungszweck um 1180 °C. [10, S. 180–188, 24]

Beim Anlassen von HS6-5-3-8 wird das dreimalige Anlassen für je mindestens eine Stunde bei 560 °C empfohlen [24]. Dabei ist das Ziel eine vollständige Umwandlung des RA in Martensit. In Bild 7 sind die Vorgänge beim Anlassen als Härte in Abhängigkeit zur Anlasstemperatur für den konventionell verarbeiteten HS6-5-3-8 dargestellt. Die Anlasskurve für HS6-5-3-8 ist das Resultat aus drei Mechanismen beim Anlassen von Schnellarbeitsstahl. Zum einen wird ein Härteabfall des vorher gebildeten Martensits bei größeren Temperaturen in Kurve 2 dargestellt. Eine Härtesteigerung kann durch die Ausscheidung von Sonder- bzw. Sekundärkarbiden (Kurve 3) sowie durch die Umwandlung des RAs in Martensit (Kurve 4) ermöglicht werden. [10, S. 184–185]

Bild 7:
Vorgänge beim Anlassen in Form von der Anlasskurve von HS6-5-3-8 (Haltezeit 2 h) nach [9, 10]

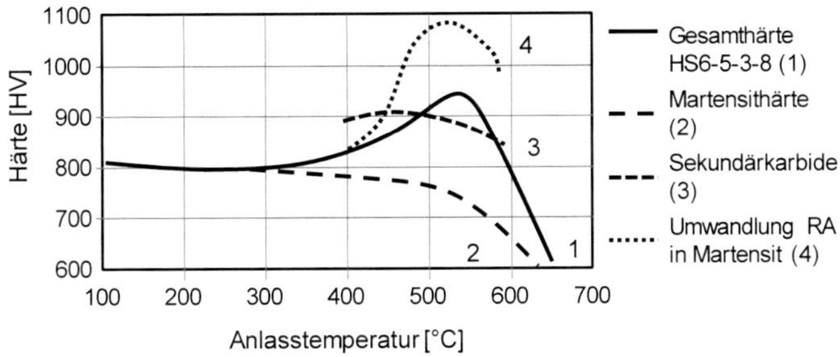

Die physikalischen Eigenschaften von HS6-5-3-8 sind im Anhang 12.1 in Tabelle 7 aufgeführt. Der Wärmeausdehnungskoeffizient von HS6-5-3-8 liegt bei $\alpha_{20\text{-}400°C}$ = 11,8 10^{-6} K^{-1}. Die Wärmeleitfähigkeit steigt von 24 W/mK bei 25 °C auf 28 W/mK bzw. 27 W/mK bei 400 °C bzw. 600 °C.

2.2 Laser Powder Bed Fusion

In diesem Kapitel werden das LPBF-Verfahrensprinzip und die LPBF-Verfahrensparameter erläutert. Im Anschluss wird die verfahrensbedingte Ausbildung des Gefüges beschrieben. Weiterhin werden die unterschiedlichen Mechanismen zur Entstehung von Eigenspannungen aufgeführt. Abschließend werden bisherige Arbeiten in der Forschung zur Verarbeitung von Schnellarbeitsstählen sowie allgemein Werkzeugstählen zusammengefasst.

2.2.1 Verfahrensprinzip

Laser Powder Bed Fusion (LPBF) nach [25], auch Selective Laser Melting (SLM) genannt, zählt zu den pulverbettbasierten additiven Fertigungsverfahren. Das Fraunhofer-Institut für Lasertechnik (ILT) in Aachen patentiert Mitte der 1990er Jahre das Verfahren unter dem Namen Direktes Selektives Laser Sintern [26, 27]. Das Verfahrensprinzip wird in Bild 8 dargestellt.

Bild 8: Verfahrensprinzip und Ablauf des LPBF-Prozesses

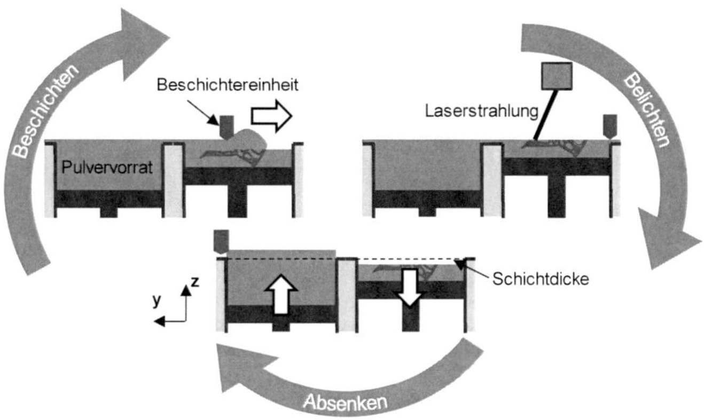

Ausgehend von dem CAD-Modell des zu fertigenden Bauteils wird das Modell in Schichten definierter Dicke aufgeteilt (Slicen). Dabei werden die Informationen zur Steuerung der Laserstrahlung durch Scanvektoren eingebracht. [28, 29]

Zur Fertigung des Bauteils werden im Prozess für jede Schicht die drei Verfahrensschritte Beschichten, Belichten und Absenken durchgeführt. Im ersten Schritt (Beschichten) wird auf die Substratplatte eine Schicht des

Pulvermaterials mithilfe der Beschichtereinheit aufgetragen. Anschließend wird beim Belichten dieser Schicht selektiv entlang der zuvor definierten Scanvektoren Pulver durch den Energieeintrag des Laserstrahls aufgeschmolzen. Die Pulverpartikel werden durch den Energieeintrag zu einem Schmelzbad aufgeschmolzen und erstarren anschließend in Form einer Schweißspur. Abschließend wird beim Absenken die Bauplattform um die vorher definierte Schichtdicke heruntergefahren und der Zyklus beginnt erneut mit dem Auftrag einer neuen Pulverschicht. Diese drei Prozessschritte werden iterativ durchgeführt, bis das Bauteil vollständig gefertigt ist. [28, 30]

Abschließend wird das Bauteil aus der Prozesskammer entnommen und weitere Arbeitsschritte an dem Bauteil vorgenommen. Dazu werden alle Pulverrückstände entfernt. Im Zuge der Nachbearbeitung können in Abhängigkeit vom Anwendungsfall bspw. Wärmebehandlungen zur Einstellung bestimmter Werkstoffeigenschaften, werkzeuggebundene Bearbeitungsschritte zur Einstellung der Bauteilfunktionalität, sowie Oberflächenbehandlungen zur Einstellung der gewünschten Oberflächengüte vor oder nach dem Trennen der Bauteile von der Substratplatte erfolgen. [28, 30]

Die schematische Darstellung der Aufschmelzung mittels Laserstrahlung und die daraus resultierende Schweißspuren sowie die ausgewählten Verfahrensparameter des LPBF-Prozesses sind in Bild 9 dargestellt.

Bild 9: Schematische Darstellung der Aufschmelzung mittels Laserstrahlung (links) und LPBF-Verfahrensparameter (rechts)

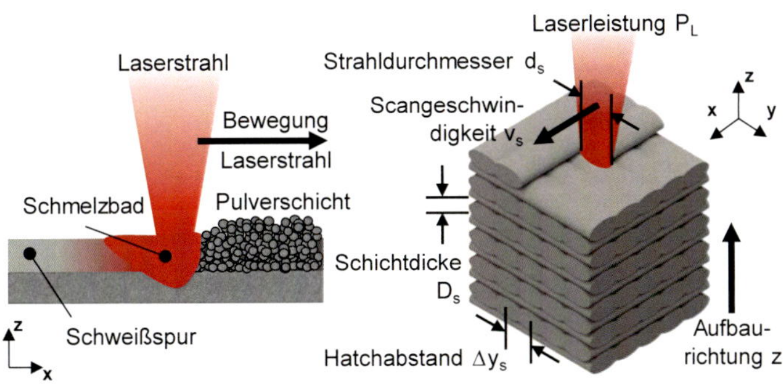

Mithilfe der LPBF-Verfahrensparameter Laserleistung P_L, Schichtdicke D_s, Hatchabstand (auch Scanvektor- oder Spurabstand) Δy_s und Scangeschwindigkeit v_s kann die Volumenenergiedichte E_V nach Formel 1 definiert werden.

Formel 1

$$E_{\mathrm{V}} = \frac{P_{\mathrm{L}}}{d_{\mathrm{s}} \cdot \Delta y_{\mathrm{s}} \cdot v_{\mathrm{s}}} \left[\frac{J}{mm^3}\right]$$

Durch die Volumenenergiedichte kann die Variation einzelner oder mehrerer LPBF-Verfahrensparameter trotz deren Wechselwirkungen theoretisch gegenübergestellt werden. Jedoch ist diese vereinfachte Formel nicht ausreichend, um die komplexen physikalischen Wechselwirkungen des Prozesses abzubilden [31].

Eine weitere Vergleichsgröße im LPBF-Prozess ist die theoretische Aufbaurate V‘, siehe Formel 2.

Formel 2

$$V' = d_s \cdot \Delta y_s \cdot v_s \left[\frac{mm^3}{s}\right]$$

Mithilfe der theoretischen Aufbaurate kann die Produktivität von unterschiedlichen Verfahrensparameter-Kombinationen verglichen werden. Jedoch werden die anlagenabhängigen Prozessnebenzeiten, wie beispielsweise die Sprungzeiten zwischen den Scanvektoren, nicht berücksichtigt.

Während des LPBF-Prozesses werden abhängig von den Verfahrensparametern unterschiedliche Schmelzbadformen erzeugt, welche entscheidend für die Bildung und Emission von Prozessnebenprodukten sind. Dabei ist das Verhältnis der Schweißspurtiefe zur -breite, das sogenannte Aspektverhältnis, charakteristisch. Neben dem Wärmeleitschweißen mit einem Aspektverhältnis der Schweißspur von kleiner 1:2 werden mit der Bildung von Dampfkapillaren sogenanntes Einschweißen (kleiner 2:1) oder Tiefschweißen (größer 2:1) erzeugt. Im LPBF-Prozess treten folgende Prozessnebenprodukte auf: Metalldampf, schmelzflüssige Pulverpartikel, mitgerissene Pulverpartikel sowie Spritzer (aus der Schmelze emittiertes Material). [32, S. 52]

Eine schematische Darstellung der Prozessnebenprodukte unter Vernachlässigung des Einflusses einer Schutzgasströmung ist in Bild 10 zu sehen.

Bild 10: Schematische Darstellung der Prozessnebenprodukte unter Vernachlässigung des Einflusses einer Schutzgasströmung [33, 34]

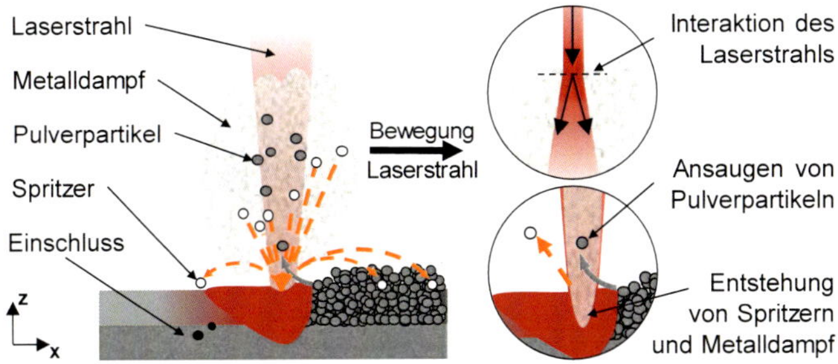

Metalldampf wird durch Phasenumwandlungen des aufgeschmolzenen Metalls gebildet [35]. Wird der Metalldampf nicht ausreichend durch eine Schutzgasströmung abgetragen, können Ansammlungen des Dampfes direkt über der Bearbeitungsebene gebildet werden. Dabei kann durch Interaktion zwischen Laserstrahlung und Metalldampf eine Änderung der Intensität der Laserstrahlung in der Bearbeitungsebene ausgelöst werden [36].

Durch die Interaktion des Laserstrahls mit der Atmosphäre in der Prozesskammer kann eine zum Laserstrahl gerichtete Strömung induziert werden, wodurch das umliegende Pulver angesaugt wird [37]. Dadurch werden einzelne Pulverpartikel direkt in den Bereich über dem Schmelzbad befördert. Bei Interaktion der Laserstrahlung mit diesen Partikeln kann Laserleistung absorbiert werden.

Wenn Spritzer im schmelzflüssigen Zustand auf das Pulverbett treffen, werden durch Ansinterungen unregelmäßig geformte Agglomerate gebildet. Bereits erstarrte Spritzer werden aufgrund der Oberflächenspannung als kugelige Partikel ausgebildet und können in der Bearbeitungsebene auf noch zu belichtende Flächen fliegen und ansintern. Wenn Spritzer nicht mit ausreichend Energie aufgeschmolzen werden, können Einschlüsse oder Fehlstellen im Material gebildet werden [33].

Durch mehrere Bauteile auf der Bauplattform können in Folge der vielen belichteten Flächen gegenseitige Beeinflussungen durch die Prozessnebenprodukte im LPBF-Prozess beobachtet werden. Aus diesem Grund ist eine geeignete Schutzgasführung notwendig, um eine möglichst vollständige Abfuhr der Prozessnebenprodukte und somit reproduzierbare Bauteilqualitäten zu gewährleisten.

2.2.2 Gefügeausbildung

Das Gefüge wird maßgeblich durch die Erstarrung und Abkühlung des Materials bei der Herstellung beeinflusst. Die Ausprägung der Gefüge ist dabei abhängig von den Erstarrungsbedingungen und dem Verhältnis des Temperaturgradienten G [K/mm] zu der Erstarrungs- bzw. Abkühlgeschwindigkeit v_l [mm/s]. Das Produkt stellt gemäß Formel 3 die Abkührate dT/dt dar und bestimmt die Feinheit des Gefüges [38].

Formel 3

$$G * v_l = \frac{dT}{dt}$$

In Bild 11 ist die Abhängigkeit der Morphologie und Feinheit der Mikrostruktur von der Erstarrungsgeschwindigkeit und dem thermischen Gradienten schematisch dargestellt. [39, S. 139–142, 40, S. 377–410, 41, S. 23–27]

Bild 11: Ausbildung des Gefüges in Abhängigkeit vom thermischen Gradienten G und der Erstarrungsgeschwindigkeit v_l nach [39, S. 142]

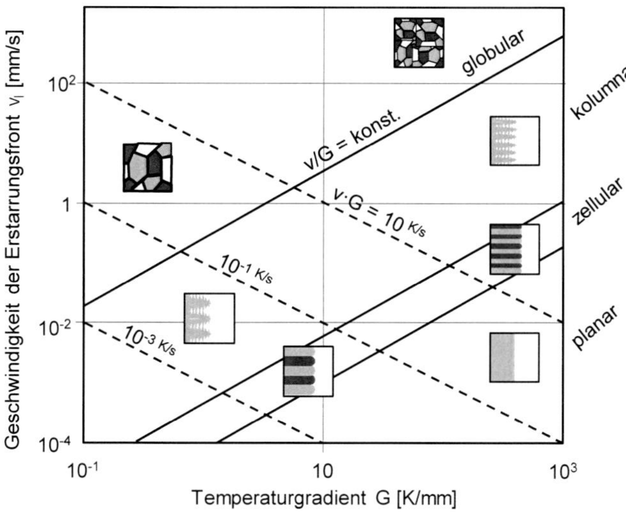

Die Morphologie der Mikrostruktur wird durch das Verhältnis der Geschwindigkeit der Erstarrungsfront zu dem Temperaturgradienten beeinflusst. In Bild 11 ist die Morphologie in die vier Abschnitte: planar, zellular, kolumnar (dendritisch) und globular unterteilt.

Bei einer größeren Abkühlrate steht weniger Zeit für das Kristallwachstum zur Verfügung, die Keimbildungsrate wird erhöht und die Mikrostruktur wird feiner ausgebildet. Im Vergleich zu konventionellen Herstellungsverfahren wie Guss bildet das LPBF-Verfahren durch kleinere Schmelzvolumen und große Abkühlraten (ca. 10^6 K/s [42, S. 32]) deutlich feinere Primärkörner aus. Weiterhin ist die thermische Historie beim LPBF-Verfahren durch das wiederholte Aufschmelzen der Schichten, auch thermische Zyklierung genannt, hochkomplex. [13, S. 37, 43, S. 105–111]

Schließlich wird nach der chemischen Zusammensetzung durch den Wärmehaushalt (lokale Temperaturen, Verweilzeiten und lokale Abkühlgradienten) die Ausbildung der späteren Phasen maßgeblich bestimmt [44]. Dabei hängt der Wärmehaushalt von der Bauraumtemperierung, dem Energieeintrag und der lokalen Wärmeabfuhr ab. Häufig werden dazu Konvektion und Strahlung im LPBF-Prozess vernachlässigt, wodurch die Wärmeabfuhr durch die Wärmeleitung bestimmt wird [43, S. 91].

Die Textur beschreibt die Gesamtheit der Orientierungen aller Körner und kann regellos sein oder Vorzugsorientierungen aufweisen. Wenn benachbarte Zellen/Dendriten die gleiche Kristallorientierung haben bilden diese zusammen ein Korn. Eine ausgeprägte Vorzugsorientierung wird durch viele Körner mit der gleichen kristallografischen Orientierung dargestellt. Dabei werden mechanische Eigenschaften (z. B. Zugfestigkeit) eines Werkstoffes richtungsabhängig (anisotrop). [39, S. 38]

Die Mikrostruktur von LPBF-Bauteilen weist häufig eine ausgeprägte Vorzugsorientierung in positive z-Richtung parallel zur Baurichtung auf [41, S. 32]. Dieser Effekt ist in Bild 12 schematisch dargestellt.

Bild 12: Ausprägung einer kristallographischen Vorzugsorientierung und epitaktisches Kornwachstum

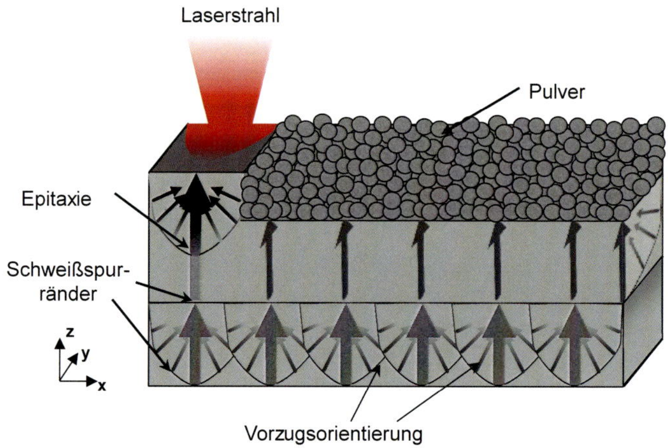

Die kristallografische Wachstumsrichtung des jeweiligen Korns wird dabei durch die z-Richtung mit der kleinsten Fehlorientierung zum Wärmestrom bestimmt. Im LPBF-Prozess wirken die Substratplatte und die bereits erstarrten Schichten als Wärmesenke, sodass der Wärmestrom bei der Erstarrung des Schmelzbades in Richtung der Normalen der Schweißspurgrenze verläuft. Durch die gerichtete Wärmeabfuhr werden bevorzugt längliche Kristalle, sogenannte Stängelkristalle gebildet. Liegt bei Beginn der Erstarrung des Schmelzbads in der darunterliegenden Schicht eine Kristallorientierung parallel zur Richtung des Wärmestroms vor kann das Korn energetisch bevorzugt epitaktisch wachsen. Dabei wird die kristallografische Orientierung der bereits vorhandenen Körner durch die Keime an der Erstarrungsfront übernommen. Aus diesem Grund sind die Körner in der Mitte der Schweißspuren in LPBF-Bauteilen meist in z-Richtung parallel zur Baurichtung orientiert und werden über die Schweißspurgrenze hinweg ausgebildet. [45]

2.2.3 Eigenspannungen

Eigenspannungen werden durch nahezu alle Fertigungs- und Bearbeitungsverfahren in den Werkstoff von Bauteilen eingebracht. Diese Eigenspannungen verbleiben ohne Einwirkung äußerer Kraft im Innern der Bauteile in einem stationären Gleichgewichtszustand [46]. Eine Einteilung von Eigenspannungen wird anhand der räumlichen Ausdehnung vorgenommen. Makroskopische Eigenspannungen 1. Art erzeugen können Maß- oder

Formänderung (Verzug) eines Bauteils erzeugen, welche über mehrere Körner des Gefüges konstant ausgebildet werden. Liegen in einem Korn benachbarte Phasen mit unterschiedlichen Eigenschaften (z. B. Wärmeausdehnungskoeffizienten) vor, können Eigenspannungen der 2. Art entstehen. Diese können über hinreichend viele Körner im Gleichgewicht sein und können bei Eingriff makroskopische Maßänderungen verursachen. Eigenspannungen aufgrund von Gitterstörungen (z.B. Versetzungen) treten ohne Maß- und Formänderungen auf und werden als Eigenspannungen 3. Art klassifiziert. [14, S. 77–79]

Verfahrensbedingt werden im LPBF-Prozess Eigenspannungen 1. und 2. Art thermisch induziert. Hierbei basiert die Entstehung auf der Wärmeausdehnung metallischer Werkstoffe. Im Bereich des Wärmeeintrags durch die Laserstrahlung wird eine Ausdehnung hervorgerufen, während durch das umliegende kalte Material die Ausdehnung behindert wird und Druckspannungen die Folge sind. Bei Erreichen der Fließgrenze wird durch die aufgestauten Druckspannungen eine plastische Verformung bewirkt. Bei der Abkühlung des Werkstoffs erfolgt eine Kontraktion, wodurch Zugspannungen ausgebildet werden. Übersteigen die Zugspannungen die Fließgrenze, wird der Werkstoff ebenfalls plastisch verformt. Dieses Prinzip zur Entstehung von Eigenspannung wird als Temperaturgradient-mechanismus (TGM) bezeichnet und wird schematisch in Bild 13 dargestellt. [14, S. 77–79, 47]

Bild 13: Schematische Darstellung des TGM [26, S. 82, 48]

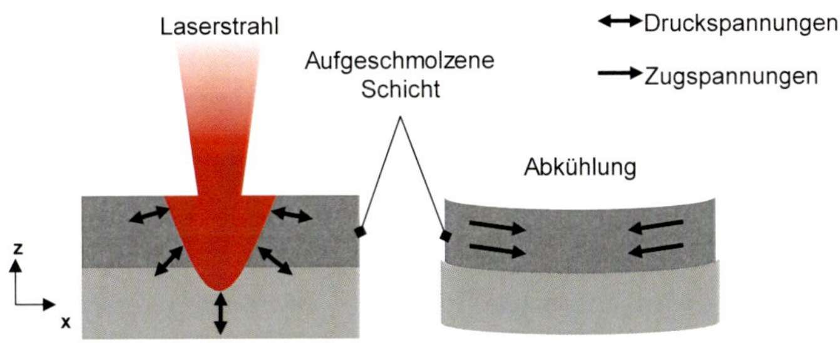

Der TGM kann sowohl innerhalb einer Schicht als auch zwischen zwei oder mehreren Schichten erfolgen. Ein größerer Temperaturgradient sowie größere Bauteile mit mehr Schichten führen dabei prinzipiell zu mehr Eigenspannungen und Verzug infolge der erhöhten Schrumpfung beim Abkühlen. [14, S. 77–79, 47]

Bei Phasenumwandlungen in Werkstoffen werden Eigenspannungen durch zwei mögliche Mechanismen beeinflusst. Bei einer Volumenänderung durch diffusionsgesteuerte Phasenübergänge wie der Umwandlung von Austenit zu Ferrit, Perlit oder Bainit können Eigenspannungen durch Ausscheidungen induziert werden. Durch diffusionslose Phasenübergänge wie der Umwandlung von Austenit in Martensit können auch Eigenspannungen verringert werden. Die Martensitumwandlung erfolgt durch eine kooperative Scherbewegung der Gitterstruktur des Austenits. Dabei findet die Umwandlung bevorzugt in einer Richtung statt, die den vorhandenen Eigenspannungen entgegenwirken kann [49]. Die Ergebnisse der Untersuchungen an drei uniaxial eingespannten Stahlproben zur Reduzierung von Eigenspannungen durch Phasenumwandlungen aus [49] sind in Bild 14 schematisch dargestellt.

Bild 14: Schematische Darstellung des Spannungsverlaufs bei der Abkühlung von Austenit, Bainit und Martensit nach [49]

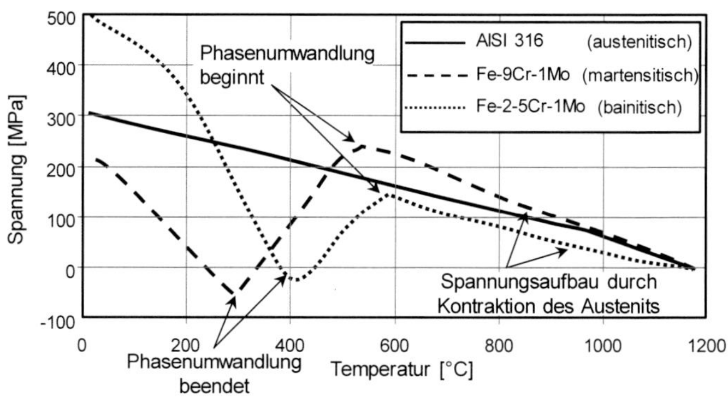

Die thermisch bedingte Kontraktion von Austenit führt bei der Abkühlung zunächst zu einem kontinuierlichen Anstieg der Spannung aller uniaxial eingespannten Proben. Bei der Umwandlung zu Martensit und Bainit wird eine starke Reduzierung der Spannungen bis unter das Anfangsniveau festgestellt. Bei weiterer Abkühlung und abgeschlossener Umwandlung steigt die Spannung erneut durch die thermische Kontraktion an. Bei 25 °C weist das bainitische Gefüge eine größere Spannung auf als der austenitische Werkstoff. Bei Martensit hingegen wird nach der Abkühlung eine kleinere Spannung als bei Austenit beobachtet. [49]

2.2.4 Verarbeitung von Schnellarbeitsstahl und ähnlichen Stählen

Im Folgenden werden Veröffentlichungen zur Verarbeitung von Werkzeugstählen insbesondere von Schnellarbeitsstählen mittels LPBF aufgeführt. Dabei werden die Herausforderungen in der Verarbeitung dieser Stähle bezüglich der Rissbildung und der beobachteten Gefüge unter Einsatz von Vorheiztemperaturen an der Bauplattform fokussiert.

Erste Arbeiten zu der Verarbeitung von Schnellarbeitsstahl HS6-5-2 (1.3343, M2, mit 0,9 Gew.-% C) mittels LPBF werden 2006 von Wright et al. [50] und 2007 von Badrossamay et al. [51] veröffentlicht. Dabei werden Anlagensysteme mit einem Laserspotdurchmesser größer 550 µm und einer Laserleistung kleiner 200 W genutzt, wodurch kleine Bauteildichten (kleiner 67 % [50]) erreicht werden.

Durch Liu et al. werden Untersuchungen von Schnellarbeitsstahl HS6-5-2 nach der Verarbeitung mittels LPBF veröffentlicht [52–54]. In [52] wird gezeigt, dass durch Erhöhung der Vorheiztemperatur von 100 °C auf 180 °C eine Rissreduzierung bei Proben der Größe 20x20x20 mm³ hervorgerufen wird. Eine Bauteildichte von 97 % und Bauteilhärten von 700-870 HV0,1 werden festgestellt. Das Gefüge wird in zwei Phasen eingeteilt: hell und dunkel. Die helle Phase wird als nadelförmige martensitische Struktur bezeichnet, die nicht weiter identifiziert werden kann, während die dunkle Phase dendritisch und zellular ist und als Martensit/Ferrit definiert wird. Dabei wird in der hellen Phase mit 859 HV0,1 eine größere Bauteilhärte als in der dunklen Phase mit 655 HV0,1 festgestellt [53]. Durch Röntgendiffraktion (englisch: X-ray diffraction, XRD) wird festgestellt, dass hauptsächlich Ferrit (krz) sowie kleinere Mengen von Austenit (kfz) im Gefüge detektiert werden können, welche jedoch nicht näher quantifiziert werden. Weiterhin wird ein größerer Austenitanteil festgestellt, wenn Proben mit einer Scangeschwindigkeit von 700 mm/s im Vergleich zu 250 mm/s gefertigt werden. Karbide können nicht detektiert werden, was auf sehr kleines Vorkommen fein verteilter Karbide oder auf keine Karbide durch die großen Abkühlraten beim Prozess und die kleine Zeit, diese zu bilden, zurückgeführt wird [53]. In [54] werden mittels Transmissionselektronenmikroskopie (TEM) in den homogenen und kontinuierlichen netzwerkartigen Dendriten ein großes Aufkommen von Karbiden festgestellt.

Bei weiteren Untersuchungen werden Prozesseinflüsse auf die Verarbeitbarkeit mittels LPBF von Kempen et al. [55] untersucht. Dabei wird eine Rissvermeidung bei einer Vorheiztemperatur von 200 °C beobachtet. Bei der Fertigung von Quadern 20x20x10 mm³ werden eine Bauteildichte von 99,88 % sowie eine Bauteilhärte von 57 HRC erzeugt. Außerdem wird festgestellt, dass ein zweimaliges Aufschmelzen pro Schicht zu einer größeren Bauteilhärte von 64 HRC, einem großen Anteil an sprödem Martensit (mittels XRD gemessen und nicht quantifiziert) und zur Rissbildung führt.

Von Zumofen et al. [56] werden der Einfluss unterschiedlicher Vorheiztemperaturen auf die Verarbeitbarkeit und Eigenspannungen des Schnellarbeitsstahls HS6-5-2 untersucht. Dabei werden Würfelproben mit Maßen 10x10x10 mm³ mit einer Bauteildichte von 99,2 % gefertigt. Bei schrittweiser Erhöhung der Vorheiztemperatur von 160 °C auf 400 °C wird eine Abnahme des Verzugs festgestellt.

Durch Greenen et al. [57] wird die Mikrostruktur des Schnellarbeitsstahls HS6-5-3 (1.3344, M3:2, mit 1,22 Gew.-% C) nach der Verarbeitung mittels LPBF untersucht. Dabei werden Quader der Größe 5x5x2,55 mm³ nur teilweise rissfrei bei einer Vorheiztemperatur von 200 °C gefertigt. Mit der Erhöhung der Temperatur auf 300 °C wird eine kleinere, aber unregelmäßige Rissausbildung festgestellt. Bei Untersuchungen zum Pulverrecycling wird ein steigender Sauerstoffgehalt von 187 ppm auf 243 ppm im Pulver nach 30-facher Wiederbenutzung festgestellt. Die Mikrostruktur der Proben besteht aus dendritischen, zellularen oder netzartigen heterogenen Strukturen. Zwischen dem Gefüge von Proben, die mit 200 °C oder 300 °C gefertigt werden, können keine Unterschiede ermittelt werden. Die Zellen haben eine längliche Form. Eine Zellgröße von 0,5 bis 1,5 µm sowie Zellwände mit einer Breite von 0,05 µm werden festgestellt. Durch energiedispersive Röntgenspektroskopie (englisch: energy dispersive X-ray spectroscopy, EDX) Messungen werden Mo, V und W in den Zellwänden detektiert, welche auf niedrigschmelzende Karbide vom Typ MC, M_2C und M_6C hinweisen. Weiterhin wird vermutet, dass die Zellwände aus RA oder aus Karbiden bestehen, jedoch sind diese zu klein, um diese mit den genutzten Analysen zu detektieren.

In Veröffentlichungen von Kunz et al. [58, 59] und Saewe et al. [60] wird der Schnellarbeitsstahl bzw. Wälzlagerstahl 80MoCrV42-16 (1.3551, M50 mit 0,8 Gew.-% C) bzw. HS0-4-1 untersucht. In [58] wird die Mikrostruktur von Proben, die bei ca. 25 °C (Raumtemperatur, RT) und einer Vorheiztemperatur von 500 °C gefertigt werden, analysiert. Dabei sind die Proben mit den Maßen 10x10x10 mm³ rissfrei und haben eine Bauteildichte von 99,9 % sowie Bauteilhärten von 727 HV30 bzw. 789 HV30 nach der Fertigung bei RT bzw. bei der Vorheiztemperatur von 500 °C. In der Probe, welche mit 500 °C Vorheiztemperatur gefertigt wird, werden dendritische Strukturen mit Bereichen von RA und nadelförmigen Martensit festgestellt. Weiterhin werden feine Mo-reiche Karbide auf den Dendriten (M_2C) vermutet und mittels XRD-Analyse 52% Ferrit/Martensit und 48% RA detektiert. Für die bei RT gefertigte Probe werden gröbere Mikrostrukturen mit Martensitplatten (Lanzettenmartensit) sowie feinen Martensitbereichen und RA festgestellt. Dabei zeigt eine XRD-Analyse 61% Ferrit/Martensit und 39% RA. In [59] werden die mechanischen Eigenschaften (Härte, Dauerschwingfestigkeit und Zähigkeit) von Proben aus HS0-4-1 und unterschiedlichen Wärmebehandlungs-routen analysiert. Die gewählten Parameter für das HIP führen zu einer Erhöhung der Härte der LPBF Proben. Die gehärteten und angelassenen LPBF-Proben haben eine Dauerschwingfestigkeit von 377 MPa. Durch Hinzufügen von HIP in die Wärmebehandlungskette steigt die Dauerschwingfestigkeit auf 950 MPa (konventionelles Referenzmaterial liegt bei 1180 MPa) und die Streuung der Dauerschwingfestigkeit nimmt deutlich ab. Dies scheint auf die Verringerung der Porosität zurückzuführen zu sein. Bei [60] werden unterschiedlicher Verfahrensparameter (Laserleistung 130 W und 260 W) sowie die Fertigung bei RT und den Vorheiztemperaturen 200 °C und 500 °C gegenübergestellt. Die Bauteildichte aller Proben mit den Maßen 10x10x10 mm^3 ist größer 99,5 % und Risse können durch Vorheiztemperaturen vermieden werden. Die Bauteilhärte nach der Fertigung bei einer Laserleistung von 130 W liegt bei 728 HV10 während bei gleicher Volumenenergiedichte und 260 W Laserleistung die Bauteilhärte auf 849 HV10 steigt. Für eine Laserleistung von 130 W steigt die Bauteilhärte in Abhängigkeit zur steigenden Bauteilhöhe, was durch einen Wärmestau sowie eine längere Prozessdauer und somit durch Wärmebehandlungseffekte erklärt wird. Mit der Vorheiztemperatur von 200 °C werden ähnliche Bauteilhärten (700-800 HV) wie nach der Fertigung bei RT gemessen. Eine dendritische Mikrostruktur wird in dem mittleren Bauteilbereich festgestellt, während in dem unteren Bereich nadelförmige Strukturen beobachtet werden. Durch die Fertigung bei einer Vorheiztemperatur von 500 °C wird eine Bauteilhärte von 792 HV10 gemessen, welche linear abhängig zur steigenden Bauteilhöhe steigt. Dabei zeigt der mittlere und untere Bauteilbereich eine ähnliche homogene und säulenförmig dendritische Mikrostruktur.

In Arbeiten von Saewe et al. [61, 62] wird der Schnellarbeitsstahl HS6-5-3-8 (1.3294, ASP2030, mit 1,3 Gew.-% C) auf Verarbeitbarkeit mittels LPBF untersucht. In [61] ist eine Fertigung bei RT durch Rissbildung in den Proben während des Prozesses nicht möglich. Bei Verwendung einer Vorheiztemperatur von 500 °C können Proben mit den Maßen 10x10x10 mm^3 rissfrei und mit einer Bauteildichte von 99,9 % gefertigt werden. Dabei liegt die Bauteilhärte im Mittel bei 697 HV10, während die rissbehafteten Proben aus dem Versuch bei RT eine Bauteilhärte von 536 HV10 aufweisen. Weiterhin kann mit steigender Volumenenergiedichte bei 500 °C Vorheiztemperatur in der Fertigung eine steigende Bauteilhärte gemessen werden. Eine dendritische Mikrostruktur kann für alle Proben festgestellt werden. In [62] wird der Schnellarbeitsstahl bei Vorheiztemperaturen von 200 °C bis 600 °C mit einem zu [61] anderen Anlagen und unterschiedlichem Vorheizkonzept (nun Widerstandsheizung statt Induktionsheizung) verarbeitet. Die Bauteildichte der 10x10x10 mm^3 Proben liegt bei 99,9 %. Bei einer Vorheiztemperatur von 350 °C werden im Vergleich weniger bis keine Risse festgestellt. Bei den Proben, die mit der höchsten Vorheiztemperatur von 600 °C gefertigt werden, werden die meisten Risse beobachtet. Eine steigende Bauteilhärte mit zunehmender Vorheiztemperatur mit einem Maximum von 940 HV10 bei einer Fertigung mit der Vorheiztemperatur

500 °C wird festgestellt (deutlich höher im Vergleich zu [61], die fehlende Anlagenübertragbarkeit kann auf die verschiedenen Vorheizkonzepte (Induktiv/Widerstand) zurückgeführt werden). Bei Proben, welche mit einer Vorheiztemperatur von 600 °C gefertigt werden, werden kleinere Härtewerte ermittelt. Die Bauteilhärte ist mit steigender Bauteilhöhe nicht konstant. Je nach Vorheiztemperatur kann eine zunehmende Bauteilhärte (200 °C – 500 °C) oder eine abnehmende Bauteilhärte (600° C) mit steigender Bauteilhöhe festgestellt werden. Dieses Verhalten wird durch in-situ-Wärmebehandlungsprozesse erklärt, bei denen die unteren Bereiche der Proben länger der Vorheiztemperatur ausgesetzt sind als die oberen Bereiche. Für das Gefüge einer Probe, welche mit kleinerer Vorheiztemperatur gefertigt wird, werden nadelförmige Dendriten beobachtet, während bei größerer Vorheiztemperatur im gefertigten Gefüge größere zellförmige Körner aufgenommen werden.

Durch Kunz et al. [63] wird die chemische Zusammensetzung von Metallpulver des Schnellarbeitsstahls HS6-5-3-8 durch Zumischung des Schnellarbeitsstahls HS7-7-7-11 (1.3292, ASP2060, mit 2,2 Gew.-% C) in drei Schritten (30:70, 50:50, 70:30) angepasst und mittels LPBF verarbeitet. Dabei werden Quader der Größe 10x10x10 mm³ bei einer Vorheiztemperatur von 500 °C gefertigt und alle Proben weisen Risse auf. Mit zunehmendem Anteil HS7-7-7-11 wird eine größere Rissanfälligkeit der Legierung in LPBF festgestellt sowie eine Verschiebung von nadelförmigen Dendriten zu einer gleichachsigen zellförmigen Mikrostruktur mit kleinerer Textur. Die stark erhöhte Rissbildung wird auf größere Karbidnetzwerke und MC-Karbide zurückgeführt.

Die vorausgegangene Studie ist Teil der Dissertation von Kunz [64] in der die Werkstoffentwicklung neuer hochlegierter, kohlenstoffhaltiger Stähle adressiert wird. Dazu werden zunächst konventionelle Wälzlager- und Werkzeugstähle mittels LPBF verarbeitet und untersucht: HS0-4-1, HS6-5-3-8 und HS7-7-7-11. Bei der Fertigung von Quadern 10x10x10 mm³ unter Nutzung der Vorheiztemperatur von 500 °C werden aus HS0-4-1 makrorissfreie Proben mit einer Bauteildichte von 99,9 % sowie eine Bauteilhärte von 832 HV10 erzeugt. Teilweise werden Mikrorisse (Heißrisse) im Querschliff festgestellt. Das dendritische Gefüge besteht hauptsächlich aus Martensit und RA sowie Karbiden. Ein geringer Einfluss der Prozessparameter auf die Bauteilhärte und das Gefüge können festgestellt werden. Eine rissfreie Verarbeitung von HS6-5-3-8 sowie HS7-7-7-11 mittels LPBF ist nicht möglich. Die Kaltrisse entstehen bei der Abkühlung in der Prozesskammer. Das Gefüge ist dendritisch und weist Karbide auf, wobei eine Abhängigkeit von den Prozessparametern festgestellt wird. Ein großer Energieeintrag führt zu einem gröberen Gefüge und zu größerer Bauteilhärte. Weiterhin wird die Auswirkung unterschiedlicher Wärmebehandlungen auf die mechanischen Eigenschaften untersucht. Die gezielte Anpassung der

Legierungszusammensetzung wird herangezogen, um so das Prozessfenster für eine rissfreie Verarbeitung von hochlegierten kohlenstoffhaltigen Stählen zu vergrößern. Dabei werden fünf neue Schnellarbeitsstahllegierungen entwickelt, mittels LPBF verarbeitet und untersucht: LM2-8-3-8, LM7-6-3-9, LM2-10-3, LM1-3-2-Cr15. Dabei können nur teilweise die Proben in einem Versuch rissfrei verarbeitet werden. Eine Bauteildichte der Proben von bis zu 99,4 % kann erreicht werden. Die Bauteilhärte und der Anteil RA sowie das Gefüge sind abhängig von den Prozessparametern. Je größer der Energieeintrag desto größer die Bauteilhärte und kleiner der RA-Anteil. Die maximale Bauteilhärte liegt zwischen 700 und 800 HV10. Das Gefüge ist meist gerichtet dendritisch. Durch die Veränderung der chemischen Zusammensetzung werden die Karbide MC und M_2C/M_6C sowie der Ausscheidungszeitpunkt beeinflusst, welche die Verarbeitbarkeit begünstigen sollen.

In Arbeiten zur Verarbeitung von Kaltarbeitsstählen mittels LPBF werden folgende Legierungen erprobt: X45NiCrMo4, X65MoCrWV3-2, X90CrMoNbV5-3, X110CrMoVAl8-2 und Fe85Cr4Mo8V2C1 mit einem C-Gehalt von 0,45 bis 1,04 Gew.-% [41, 65–70].

In Untersuchungen von Chen et al. [65] wird der Kaltarbeitsstahl 5CrNi4Mo (laut Veröffentlichung) bzw. X45NiCrMo4 (nach chemischer Zusammensetzung) (mit 0,45 Gew.-% C) mittels LPBF verarbeitet. Dabei werden Proben mit einer Bauteildichte von 98 % gefertigt. Im Bereich nahe der Schweißspurgrenze werden ultrafeine lanzettenförmige Martensitbündel mit einer mittleren Lanzettenbreite kleiner als 0,4 µm festgestellt. Das Gefüge im Zentrum der Schweißspur erscheint gröber mit einer mittleren Lanzettenbreite von etwa 0,58 µm. An Martensitgrenzen werden keine Karbide beobachtet, was darauf zurückgeführt wird, dass die Karbidbildner dazu neigen, in festen Lösungen mit Fe zu bleiben anstatt Karbide zu bilden.

Durch Boes et al. [66, 67] werden der Kaltarbeitsstahl X65MoCrWV3-2 mittels LPBF verarbeitet und die Mikrostruktur untersucht. Bei der Fertigung von Quadern der Maße 5x5x3,27 mm^3 treten ohne Vorheiztemperaturen Risse auf. Durch Erhöhung der Vorheiztemperatur auf 200 °C und 300 °C kann die Rissbildung von 6,98 10^{-4} $µm^{-1}$ auf 0,41 10^{-4} $µm^{-1}$ (nach DIN EN ISO 643) reduziert werden [66]. Eine zellulär-dendritische Struktur mit Mikroporen sowie ein heterogenes dendritisches Gefüge bestehend aus gleichachsigen Dendriten und Dendriten mit länglicher Form können festgestellt werden. Die unterschiedliche Größe der Dendriten kann auf den wiederholten Wärmeeintrag durch die Laserstrahlung zurückgeführt werden. Ein martensitisches Gefüge mit einer überwiegenden nadel- oder lanzettenartigen Morphologie wird nach der Fertigung mit 200 °C Vorheiztemperatur festgestellt. An Proben, welche mit einer Vorheiztemperatur von 300 °C gefertigt werden, wird ein martensitisches Gefüge mit gröberen, plattenförmigen Elementen beobachtet. Entsprechend wird vermutet, dass die Martensitmorphologie von der Vorheiztemperatur abhängig ist. Bei den Proben werden durch den LPBF-Prozess lokal inhomogene Härteeigenschaften festgestellt, abhängig vom Abstand der Messung zu den zuletzt erstarrten Schichten. In diesem Zusammenhang werden Anlasseffekte vermutet, die durch das wiederholte Aufschmelzen verursacht werden [67].

In Arbeiten von Kang et al. [68] wird ein Kaltarbeitsstahl mit der chemischen Zusammensetzung X90CrMoNbV5-3 mit 0,89 Gew.-% C untersucht. Dazu werden Würfel mit den Maßen 10x10x10 mm³ mit zwei Scangeschwindigkeiten 50 mm/s und 2000 mm/s gefertigt. Dabei wird ein größerer RA-Gehalt bei Proben mit der großen Scangeschwindigkeit ermittelt als mit der kleinen. Die kleinste Menge an RA wird in der Mitte der Proben gemessen, was auf die thermischen Zyklen zurückgeführt wird, denen die Mitte der Probe länger ausgesetzt ist. Durch kleine Scangeschwindigkeit wird ein großer Energieeintrag erzeugt, welcher zu kleinerem RA-Gehalt und größeren Korngrößen führt.

Von Feuerhahn et al. [69] werden die Mikrostruktur und die mechanischen Eigenschaften des Werkzeugstahls X110CrMoVA18-2 (mit 1,04 Gew.-% C) untersucht. Mit einer Vorheiztemperatur von 240 °C können rissfreie Würfel mit der Größe 10x10x10 mm³ und einer Bauteilhärte von 493 HV10 gefertigt werden. Das Gefüge weist feine Karbide auf und ist fein sowie homogen ausgebildet.

In Arbeiten von Sander [41] und Sander et al. [70] wird ein eigens entwickelter Stahl Fe85Cr4Mo8V2C1 (1 Gew.-% C) mittels LPBF verarbeitet und analysiert. Dabei werden mit einer Vorheiztemperatur von 500 °C Würfel mit den Maßen 4x4x4 mm³ und einer Bauteilhärte von 883-900 HV0,1 gefertigt [70]. Im Zentrum der Schweißspuren wird eine dendritisch Phasenanordnung mit langen nadelförmigen Austenit- und Martensitkörnern festgestellt, welche meist in Aufbaurichtung orientiert sind. An den Schweißspurgrenzen werden kugelförmige Austenit- und Martensitkörner beobachtet. Durch die homogene Verteilung der karbidbildenden Elemente Mo, V und Cr in dem feinen Netzwerk werden Karbide vermutet. Mittels EBSD-Messungen wird nachgewiesen, dass die Legierung aus Martensit, Austenit und Karbiden des Typs M_2C besteht, wobei die erhaltenen Muster häufig unscharf sind, was auf eine durch Gitterdefekte und große Eigenspannungen ungeordnete Kristallstruktur hinweist [70].

Die Untersuchung zur Verarbeitbarkeit von Warmarbeitsstählen mittels LPBF wird zumeist an der Legierung X40CrMoV5-1-1 (1.2344, H13) seltener an X37CrMoV5-1 bzw. X38CrMoV5-1 (1.2343, H11) mit einem C-Gehalt von 0,4 bzw. 0,38 Gew.-% durchgeführt.

Von Over [42] werden die verschiedene Prozessführungen für die Verarbeitung des Warmarbeitsstahls X38CrMoV5-1 mittels LPBF untersucht. Bauteildichten von 99 % bei einer Schichtdicke von 100 µm und Scangeschwindigkeiten kleiner 150 mm/s können gemessen werden. Für kleinere Schichtdicken von 30 µm werden Bauteildichten größer 99,5 % bis zu einer Scangeschwindigkeit von 350 mm/s festgestellt. Dabei werden Vorheiztemperaturen bis 500 °C angewandt und eine große Verzugsminimierung kann bereits ab einer Vorheiztemperatur von 150 °C festgehalten werden. Ein RA-Anteil von 28 % an ohne Vorheiztemperaturen gefertigten Proben und von 21 % an Proben, welche mit einer Vorheiztemperatur von 500 °C gefertigt werden, wird bestimmt.

Von Casati et al. [71] werden die Mikrostruktur des Warmarbeitsstahls X37CrMoV5-1 und der Pulvermischung mit einem unlegierten Stahl untersucht. Dabei können Proben mit den Maßen 5x5x5 mm³ sowie 12x12x5 mm³ mit einer Bauteildichte von 99,9 % und einer Bauteilhärte von 506 HV1 gefertigt werden. Mittels XRD werden Ferrit bzw. Martensit und Austenit analysiert, wodurch ca. 15 % RA festgestellt werden kann. Das Gefüge besteht aus ferritische Primärzellen. An den Zellrändern wird C ausgeschieden, wodurch Austenit und Karbide formiert werden.

In Arbeiten von Huber et al. [72] wird die Verarbeitbarkeit des Warmarbeitsstahls X37CrMoV5-1 untersucht. Quader mit der Größe 10x10x10 mm³ werden mit einer Bauteildichte von 99,7 % und einer Bauteilhärte von 642 HV1 mit einer Vorheiztemperatur von 500 °C gefertigt. Dabei wird aufgrund des ZTU-Diagramms des Werkstoffs vermutet, dass im gefertigten Zustand überwiegend oberer Bainit mit feinem nadelförmigem Ferrit vorliegt, umgeben von Zementit, anderen Metallkarbiden und RA. Der RA-Gehalt wird mittels Elektronenrückstreubeugung (englisch: electron backscatter diffraction, EBSD) auf 4,2 % bestimmt. Das Vorheizsystem erreicht bei eingestellter Vorheiztemperatur von 500 °C eine gemessene Temperatur von 381 °C auf der Substratplatte.

Die Untersuchung zu X40CrMoV5-1-1 von Holzweissig et al. [73] ist eine der ersten Veröffentlichungen mit einem Laserstrahldurchmesser kleiner 250 µm. Vorherige Veröffentlichungen fokussieren die Fertigung von Einzelspuren [51, 74, 75] und/oder nutzen Laserstrahldurchmesser von größer 250 µm, welche heute nicht mehr Stand der Technik sind [42, 50]. In [73] werden Zugproben der Größe 8x5x1,5 mm³ mit einer Bauteilhärte von 620-670 HV5 unter Einsatz einer Vorheiztemperatur von 100 °C gefertigt. Anlasseffekte können in den Proben im unteren Bereich an der Substratplatte festgestellt werden. Mittels XRD können Ferrit und Austenit festgestellt werden. Aufgrund der Diffusion von C aus dem Martensit in den Austenit wird eine Austenitstabilisierung vermutet. Die rissfreie Verarbeitung des Stahls mittels LPBF wird durch RA in den Proben begründet.

Von Mertens et al. [76] wird der Stahl X40CrMoV5-1-1 bei RT und den Vorheiztemperaturen 200 °C und 400 °C mittels LPBF verarbeitet. Würfel mit den Maßen 10x10x10 mm³ werden mit einer Bauteildichte größer 99 % und Bauteilhärten von 667-894 HV0,5 abhängig von der Vorheiztemperatur gefertigt. Bei der feinen zellularen Struktur können keine Unterschiede zwischen den Proben, welche bei verschiedenen Vorheiztemperaturen hergestellt werden, festgestellt werden. Durch XRD-Analysen werden Austenit und Ferrit nachgewiesen, wobei in Proben nach der Fertigung bei 200 °C der kleinste Ferritgehalt im Vergleich zu Proben, die mit RT oder 400 °C gefertigt werden, gemessen wird. In Proben, die mit einer Vorheiztemperatur von 400 °C gefertigt werden, wird die Bildung von Bainit statt Martensit vermutet.

In den Arbeiten von Yan et al. [77, 78] wird der Stahl X40CrMoV5-1-1 mittels LPBF bei einer Vorheiztemperatur von 200 °C verarbeitet. An den gefertigten Würfeln der Größe 10x10x10 mm³ werden Bauteildichten von 99,7 % und eine Bauteilhärte von 57 HRC (ca. 630-640 HV) festgestellt [77, 78]. Die Mikrostruktur besteht nach XRD-Analysen dominierend aus Ferrit sowie aus Eisenkarbiden und RA. Eine Orientierung des Kornwachstums in Aufbaurichtung kann festgestellt werden. Weiterhin wird Austenit festgestellt, in dem die Legierungselemente Cr, Mo und V angereichert sind und welche, nicht in einem Gleichgewichtszustand vorliegt [77].

Von Wang et al. [79, 80] wird der Stahl X40CrMoV5-1-1 mittels LPBF zu Quadern der Größe 10x10x3 mm³ verarbeitet. Dabei werden Bauteildichten von 98,6 % sowie Bauteilhärten von 580 HV5 [79] bzw. 597 HV5 [80] gemessen. Da die Ausscheidung von Karbiden mittels Diffusion Zeit benötigt, wird vermutet, dass aufgrund der großen Abkühlgeschwindigkeiten beim LPBF-Prozess keine Karbide in der Matrix entstehen können. Stattdessen werden die karbidstabilisierenden Elemente aufgrund der hochlegierten Einschlüsse entlang der Korngrenzen angehäuft. Etwa 18 % RA wird gleichmäßig in der Eisen-Matrix verteilt. In der Mikrostruktur werden etwa 1 µm große Zellen und Lanzettenmartensit festgestellt [79]. In [80] wird ein RA-Gehalt von 11,5 % in Bauteilen (19x30x3,2 mm³) nach der Fertigung mit 90 °C Vorheizung festgestellt. Während der Martensitumwandlung kann ein Teil von C durch Kohlenstoffüberlagerung aus dem kohlenstoff-übersättigten Martensit in den Austenit stabilisiert werden.

In Untersuchungen von Krell et al. [81] wird der Stahl X40CrMoV5-1-1 mittels LPBF mit den Vorheiztemperaturen 100 °C, 200 °C und 300 °C verarbeitet. Dabei werden Quader mit den Maßen 5x5x10 mm³ und einer Bauteildichte von 99,5 % sowie einer maximalen Bauteilhärte von 575 HV10 gefertigt. Eine hellere Phase (Austenit) mit einem Anteil von 20-25 % an der Mikrostruktur und eine dunklere Phase (Ferrit) mit einem Anteil von 75-80 % wird ermittelt. Durch Austenit werden die ferritischen Zellen (ca. 0,5 bis 2 µm) netzwerkartig umschlossen. Die Zellwände haben eine Dicke von ca. 0,1-0,2 µm. Die Mikrostrukturen sind bei allen Vorheiztemperaturen ähnlich. Durch die Existenz von Austenit und das konstante Verhältnis zu Ferrit bei allen Vorheiztemperaturen wird festgestellt, dass die Prozesse, die für die Bildung der beobachteten Mikrostruktur verantwortlich sind, nicht zwischen RT und 300 °C stattfinden. Weiterhin werden Risse bei verschiedenen Prozessparametern beobachtet und können nur bei einer Vorheiztemperatur von 300 °C vermieden werden.

Von Deirmina et al. [82] und Pellizzari et al. [83, 84] werden die nachgelagerte Wärmebehandlung [82] sowie die Bruchzähigkeit [83] und die Dauerschwingfestigkeit [84] des Stahls X40CrMoV5-1-1 nach der Fertigung mittels LPBF untersucht. In [82] werden Quader mit den Maßen 30x30x7 mm³ mit einer resultierenden Bauteildichte von 98,9 % gefertigt. Im LPBF-gefertigten Zustand kann die typische Mikrostruktur mit dunklen und hellen Bereichen festgestellt werden, während auch sehr feine Sekundärkarbide detektiert werden können. Diese treten vermutlich durch prozessbedingtes Anlassen des Gefüges auf. Neben hauptsächlich Martensit wird ein Anteil von bis zu 19 % RA detektiert. Die Zellgröße von Austenit nimmt mit zunehmender Volumenenergiedichte zu, was auf eine sinkende Abkühlrate zurückgeführt wird. In [83] werden Quader der Größe 30x30x6,5 mm³ mit einer Bauteildichte von 99,3 % und einer Bauteilhärte von 591 HV1 gefertigt. Dabei kann ein zelluläres und dendritisches Gefüge mit Mikroseigerung festgestellt werden. Für die hellen Bereiche wird feiner gleichachsiger und leicht angelassener Martensit vermutet, während im dunkleren Bereich langgestreckte Strukturen aus angelassenem Martensit beschrieben werden. Zusätzlich werden Cr-, V- und Mo-reiche Karbide und eine Stabilisierung von RA an den Zellgrenzen vermutet. In [84] werden keine Verfahrensparameter genannt, allerdings Proben (d = 10 mm, h = 70 mm) gefertigt und eine Bauteildichte von 99,3 % sowie eine Bauteilhärte von 475-497 HV0,1 festgestellt.

In Untersuchungen von Lee et al. [85] wird der Einflüsse unterschiedlicher Scangeschwindigkeiten auf die Zugfestigkeit und Schlagzähigkeit des Stahls X40CrMoV5-1-1 erörtert. Dabei werden die Testproben (max. 12,5x3x2 mm²) mit einer Bauteildichte von 99,8 % und einer Bauteilhärte zwischen 470-585 HV gefertigt. Durch größere Scangeschwindigkeiten bei der Fertigung werden geringere Zugfestigkeit getestet, welche auf größere Porosität zurückgeführt werden kann. Die säulenförmigen Körner wachsen in Aufbaurichtung mit einer Größe von 0,5-2 µm. Dabei stehen Martensit und RA im Verhältnis von 4:1. Weiterhin werden V- und Mo-Karbide (M_2C mit Mo, MC mit V) identifiziert.

Von Narvan et al. [86, 87] wird der Stahl X40CrMoV5-1-1 mittels LPBF mit einer Vorheizungstemperatur von 200 °C und bei RT verarbeitet. Dazu werden Quader der Maße 10x10x15 mm³ mit einer Bauteildichte von 99,7 %

und einer Bauteilhärte von 650-689 HV0,2 gefertigt [86]. Die Mikrostruktur der Proben, die mit und ohne Vorheizung gefertigt werden, zeigen die gleichen Phasen. Dabei ist Martensit die dominante Phase und ein kleiner RA-Gehalt kann detektiert werden (nicht direkt quantifiziert). Der Anteil RA ist um etwa 66% größer nach der Fertigung bei 200 °C Vorheizung, als bei RT. Karbide können in der Mikrostruktur nicht detektiert werden, was auf den LPBF-Prozess und den eingeschränkten Diffusionsmechanismus durch die großen Abkühlraten zurückzuführen ist. Die Körner im Gefüge sind gleichachsig und säulenförmig sowie unregelmäßig verteilt mit einer Größe von ca. 0,52 µm [86]. Die helle Phase wird als Austenit und die dunkle Phase als Ferrit/Martensit identifiziert. Eine Seigerung während der Erstarrung, die für die lokale Stabilisierung von Austenit im Gefüge verantwortlich ist, wird bei der Verarbeitung mittels LPBF vermutet. Risse in den Proben können teilweise nach der Fertigung bei 200 °C Vorheiztemperatur beobachtet werden. Bei der Fertigung mit der kleinsten Laserleistung von 100 W treten keine oder nur wenige Risse in den Proben auf, allerdings geht dies mit einer kleinen Bauteildichte einher. Durch den Einsatz größerer Laserleistungen im Prozess werden Bauteildichten bis zu ca. 99 % erreicht und gleichzeitig tritt eine verstärkte Rissbildung auf [86]. In einer weiteren Studie werden die Eigenspannungen an Proben und Canitlevern untersucht [87]. Dabei wird festgestellt, dass die Art der resultierenden Eigenspannungen von zwei gegensätzlichen Effekten bestimmt wird: Zugeigenspannungen verursacht durch die Kontraktion während der Erstarrung sowie dem Temperaturabfall und Druckeigenspannungen aufgrund der Ausdehnung, die durch die martensitische Phasenumwandlung entsteht. Eine Dominanz der letzteren kann abgeleitet werden. Durch die Anwendung von der Vorheiztemperatur von 200 °C werden einerseits die Rissbildung reduziert und die Bauteildichte der Proben gesteigert sowie die martensitischen Phasenumwandlung gemindert [87].

Durch Nguyen et al. [88] wird das mechanische Verhalten des Stahls X40CrMoV5-1-1 nach Verarbeitung mittels LPBF untersucht. Dabei werden Würfel mit Kantenlänge 10 mm gefertigt und neben der Existenz von Eisenkarbiden wird in der Mikrostruktur eine netzartige Phase mit einer Größe von 1,42 µm, umgeben von einer zellenförmigen eisenreichen Phase festgestellt.

Von Ren et al. [89] wird der Stahl X40CrMoV5-1-1 mittels LPBF verarbeitet und untersucht. Dabei werden Würfel der Maße 10x10x10 mm³ und einer Bauteildichte von 99,2 % sowie einer Bauteilhärte von 561 HV0,5 gefertigt. Zellgrößen von ca. 1 µm werden gemessen. Kleine Mengen von RA (nicht quantifiziert) werden neben Martensit in den Proben festgestellt. In der Analyse des Pulvers wird kein RA gemessen. Das Gefüge ist zellförmig mit einigen groben Ausscheidungen. Bei dem feinen Lanzettenmartensit wird eine

Korngröße von 1 µm gemessen. Dabei wird eine Unterdrückung der Karbidbildung vermutet.

In der Arbeit von Fonseca et al. [90] wird die Verarbeitung des Stahls X40CrMoV5-1-1 mittels LPBF und die resultierende Mikrostruktur untersucht. Dazu werden Würfel der Maße 10x10x10 mm³ gefertigt und eine Bauteildichte von max. 99,39 % sowie eine Bauteilhärte von 552-624 HV10 festgestellt. Ein zelluläres und dendritisches Gefüge, welches entlang der Aufbaurichtung orientiert ist, wird beobachtet. In den Zellwänden wird C sowie Cr- und V-Seigerung gemessen, welche auf Austenit sowie auf Ausscheidung von Karbiden hinweisen kann. Im Gefüge werden Lanzettenmartensit und RA, jedoch keine massiven Karbidausscheidungen festgestellt. Im unteren Bereich des Bauteils wird stärker angelassener Martensit mit kleinerer Bauteilhärte gemessen. Mittels XRD wird neben Martensit ein Austenitanteil im Bereich von 16,5-29,7 % ermittelt. Dabei können keine Korrelationen der Verfahrensparameter mit den Austenit-Messungen gefunden werden. Die Versuche werden bei RT durchgeführt und Rissbildung kann nicht vermieden werden. Die Rissbildung wird mit größerer Bauteildichte der Proben häufig verstärkt.

Von He et al [91] wird der Stahl X40CrMoV5-1-1 mittels LPBF verarbeitet und die Rissbildung sowie Mikrostruktur untersucht. Dabei werden Einzelspuren sowie Quader der Größe 15x10x10 mm³ unter variierenden Verfahrensparametern gefertigt. In der Mikrostruktur wird ein kontrastreicheres zelluläres Netzwerk festgestellt. Als Ergebnis wird eine Korrelation der Verfahrensparameter mit den Schweißspurgeometrien sowie eine Kategorisierung der Schweißspuren abgeleitet.

Durch Yonehara et al. [92] wird der Einfluss von Prozessparametern bei der Verarbeitung Stahls X40CrMoV5-1-1 mittels LPBF untersucht. Dazu werden Quader der Größe 15x15x10 mm³ mit einer Bauteildichte von 99,9 % hergestellt. Weiterhin wird ein Martensitanteil von 83,5% and ein RA-Gehalt von 16,5% im horizontalen Querschnitt sowie 65,9% Martensit und 34,1% RA im vertikalen Querschnitt analysiert. Die Korngröße beträgt dabei ca. 1 µm.

Von Kunz et al. [93] wird der Stahl X40CrMoV5-1-1 mittels LPBF zu unterschiedlichen Bauteildichten verarbeitet und die Auswirkungen unterschiedlicher Wärmebehandlungen auf die Mikrostruktur untersucht. Die Porosität von 0,6 %, 0,9 % und 2,2 % wird mithilfe von drei Parametersätzen eingestellt. Eine Argonversprödung mit zunehmender Porosität wird festgestellt, welche bei den Zug-, Kerbschlagzähigkeits- und Ermüdungsversuchen Auswirkungen auf die Ergebnisse hat.

Die Veröffentlichungen zur Verarbeitung von Schnellarbeitsstählen mittels LPBF werden im Anhang 12.3 in Tabelle 8 aufgeführt. Zusammenfassend wird bei der Verarbeitung von Werkzeugstählen insbesondere Schnellarbeitsstählen mittels LPBF folgendes festgestellt:

- Zellulare dendritische Strukturen durch die charakteristischen Abkühlraten und den schichtweisen Aufbau des LPBF-Prozesses werden beobachtet (siehe Kapitel 2.2.2). Zellgrößen von 0,5-2 µm und Zellwände kleiner 0,2 µm werden festgestellt.

- Martensit tritt für Warmarbeitsstähle meist in Form von Lanzettenmartensit auf, während bei größerem Kohlenstoffgehalt wie bei Schnellarbeitsstahl nadelförmiger Martensit (Plattenmartensit) festgestellt wird.

- RA wird in den Proben nach der Fertigung gemessen. Teilweise wird Rissfreiheit aufgrund von RA vermutet [73]. Der RA-Anteil ist abhängig von dem Werkstoff, der Vorheiztemperaturen und den Verfahrensparametern:

    - 80MoCrV42-16: 48% RA nach Fertigung bei 500 °C bzw. 39% nach Fertigung bei RT [58]

    - X37CrMoV 5-1: 4,2% RA nach Fertigung bei 500 °C [72]

    - X40CrMoV5-1-1: 16,5-29,7% RA nach Fertigung bei RT [90]; 11,5% RA nach Fertigung bei 90 °C [80]; 16,5-34% RA nach Fertigung bei 200 °C [92] und 20-25% RA nach Fertigung bei 100-300 °C [81]

- Durch den Einsatz von Vorheiztemperaturen kann eine Rissreduzierung bis Rissvermeidung festgestellt werden und durch Vorheiztemperaturen kann eine Beeinflussung des RA-Gehaltes vermutet werden. Bspw. wird durch Erhöhung der Vorheiztemperatur ein erhöhter RA-Gehalt gemessen [58]

- In-situ Wärmebehandlung durch zahlreiche Prozesseinflüsse (z.B. Laserleistung, schichtweiser Aufbau, Vorheiztemperatur) wird festgestellt. [58, 62, 66, 81]

- Zum einen wird davon ausgegangen, dass sehr fein verteilte Karbide im Gefüge vorliegen, welche die Anzahl der Ausscheidungen von konventionelle Fertigungsverfahren übertrifft. Karbide sind aufgrund der feinen Auflösung schwer zu detektieren und werden vornehmlich an primären Korngrenzen bzw. Zellwänden vermutet. [52–54, 57, 58, 65, 69–71, 77, 83, 85, 88, 90]

- Zum anderen wird in einigen Veröffentlichungen vermutet, dass keine Karbidbildung stattfinden kann. Für die Ausscheidung von Karbiden ist Diffusion erforderlich, welche wiederum Zeit benötigt. Aufgrund der großen Abkühlgeschwindigkeiten beim LPBF-Prozess wird davon ausgegangen, dass keine Karbide gebildet werden können und stattdessen die karbidstabilisierenden Elemente aufgrund der hochlegierten Einschlüsse entlang der Subkorngrenzen angehäuft werden. [53, 65, 79, 80, 89]

3 Problemstellung, Zielsetzung und Vorgehensweise

Bei Betrachtung des Standes der Technik wird deutlich, dass nur wenige Veröffentlichungen zur Verarbeitung von Schnellarbeitsstählen mittels LPBF vorliegen und zwar die Analyse von Bauteildichten und Mikrostrukturen durchgeführt, aber keine Betrachtung der Prozessführung fokussiert wird. Dabei wird erkennbar, dass die Herausforderung bei der Verarbeitung von Schnellarbeitsstählen die Rissbildung ist, welche aufgrund von Gefügeumwandlungen und Eigenspannungen hervorgerufen wird. Durch Vorheiztemperaturen kann der Temperaturgradient im Prozess reduziert, die Eigenspannungen verringert und somit teilweise rissfreie Bauteile gefertigt werden. Zunächst führt das Vorheizen zu einer Verringerung der relativen Wärmeausdehnung durch einen kleineren Temperaturunterschied. Weiterhin sinkt die Streckgrenze bei vielen Werkstoffen mit steigender Temperatur, sodass Eigenspannungen durch kleine lokale, plastische Verformungen abgebaut werden können. Insbesondere Letzteres ist für die effektive Verringerung von Eigenspannungen durch Vorheiztemperaturen verantwortlich [94].

Die Verwendung einer Vorheizung kann jedoch für hochlegierte Werkstoffe wie den Schnellarbeitsstahl HS6-5-3-8 durch komplexe Wechselwirkungsmechanismen der Wärmebehandlung im Prozess zu inhomogenen Mikrostrukturen und Phasenumwandlungen führen, welche wiederum inhomogene Materialeigenschaften verursachen. Neben der Anpassung des Wärmeeintrags durch LPBF-Verfahrensparameter oder Vorheiztemperaturen im Prozess ist eine erfolgreiche Verarbeitbarkeit von HS6-5-3-8 durch eine Anpassung der Legierungszusammensetzung denkbar.

Für die Industrialisierung der Fertigung von Schnellarbeitsstahl mittels LPBF bedarf es einer erfolgreichen Verarbeitbarkeit, welche sich durch einen rissfreien Aufbau von Proben mit einer Bauteildichte größer 99,5 % und einem homogenen Gefüge über die Bauteilhöhe auszeichnet.

3.1 Zielsetzung und Forschungsfragen

Auf Basis der abgeleiteten Problemstellung wird für diese Arbeit folgende Zielsetzung aufgestellt, um den Stand der Technik zu erweitern:

Ziel ist die grundlegende Untersuchung der Einfluss-Wirk-Zusammenhänge der LPBF-Prozessführung (Vorheiztemperaturen), Systemtechnik (Schutzgasführung), Bauteilanzahl und Bauteilhöhe sowie der chemischen

Zusammensetzung auf die resultierende Defektdichte (Porosität, Risse), das Gefüge und die Bauteilhärte von HS6-5-3-8.

Entsprechend soll im Rahmen dieser Arbeit folgende zentrale Forschungsfrage beantwortet werden:

Wie kann der Schnellarbeitsstahl HS6-5-3-8 erfolgreich für die industrielle Anwendung mittels LPBF verarbeitet werden, so dass ein rissfreier Aufbau von Proben mit einer Bauteildichte größer 99,5 % und einem homogenen Gefüge auch unter Berücksichtigung einer Anpassung der chemischen Zusammensetzung möglich ist?

Daraus abgeleitet ergeben sich folgende Teilfragen:

1. Welchen Einfluss hat die LPBF-Prozessführung (Verfahrensparameter, Vorheiztemperaturen) sowie die Systemtechnik (Schutzgasführung) auf die Verarbeitbarkeit (Defektdichte, Gefüge und Bauteilhärte) von HS6-5-3-8? (siehe Kapitel 5)

2. Wie wird die Verarbeitbarkeit von HS6-5-3-8 durch Bauteilanzahl und Bauteilhöhe im LPBF-Prozess beeinflusst? (siehe Kapitel 6)

3. Wie beeinflusst die chemische Zusammensetzung (insbesondere Kohlenstoff) die Verarbeitbarkeit von HS6-5-3-8 mittels LPBF? (siehe Kapitel 7)

3.2 Vorgehensweise

Um die Forschungsfragen zu beantworten und die Ziele zu erreichen, wird die Arbeit in neun Kapitel gegliedert, siehe Bild 15.

Bereits ausgeführt sind Kapitel 1 mit einer Einleitung in die Arbeit sowie Kapitel 2 mit dem Stand der Wissenschaft und Technik zur Schaffung der grundlegenden Kenntnisse für diese Arbeit. In diesem Kapitel 3 wird die Problemstellung aus dem Stand der Technik zusammengefasst und der Forschungsbedarf in Form von Forschungsfragen und der Zielsetzung abgeleitet sowie die Gliederung der Arbeit vorgestellt. Die verwendete Anlagentechnik sowie Analysemethodik dieser Arbeit werden in Kapitel 4 erläutert.

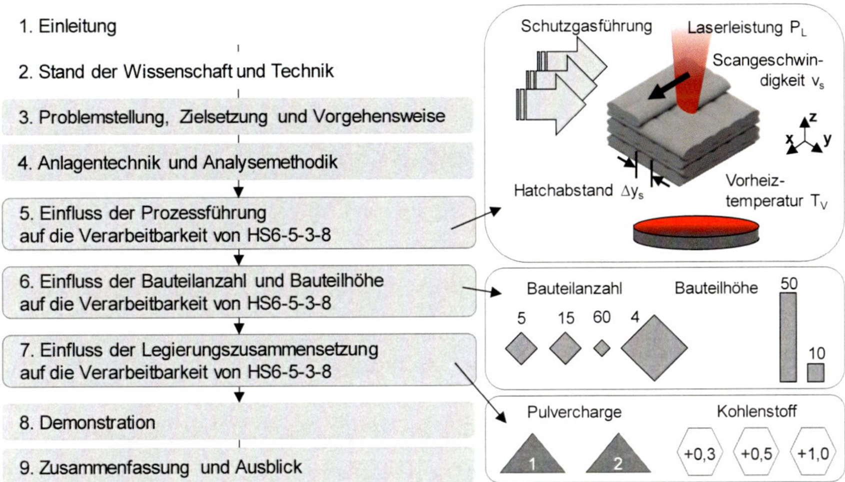

Bild 15: Gliederung der Arbeit

In Kapitel 5 „Einfluss der Prozessführung auf die Verarbeitbarkeit von HS6-5-3-8" werden die grundlegenden Verfahrensparameter wie Laserleistung und Scangeschwindigkeit auf die Defektdichte untersucht und eine zentrale Verfahrensparameterkombination für die nachfolgenden Untersuchungen ermittelt. Ausgehend von dieser Parameterkombination werden die Vorheiztemperaturen schrittweise variiert und der Einfluss auf das Gefüge und die Bauteilhärte erörtert. Weiterhin wird der Einfluss der Systemtechnik auf die Verarbeitbarkeit untersucht, indem zwei Schutzgasführungen erprobt und bewertete werden.

In Kapitel 6 „Einfluss der Bauteilanzahl und der Bauteilhöhe auf die Verarbeitbarkeit von HS6-5-3-8" wird der Einfluss der Bauteilanzahl anhand gleichbleibender und variierender Bauteilquerschnitte (Belichtungsfläche) auf das Gefüge und die Bauteilhärte untersucht. Weiterhin wird der Einfluss der Bauteilhöhe auf die Verarbeitbarkeit untersucht, wobei Thermografieaufnahmen zur Analyse des Temperaturverhaltens hinzugezogen werden.

In Kapitel 7 „Einfluss der Legierungszusammensetzung auf die Verarbeitbarkeit von HS6-5-3-8" werden zum einen die zwei in dieser Arbeit genutzten Pulverchargen charakterisiert und deren Einfluss auf das Gefüge gegenübergestellt. Weiterhin wird der C-Gehalt einer Pulvercharge durch gezieltes Zufügen von C-Elementarpulver adaptiert und der Einfluss auf das Gefüge und die Bauteilhärte untersucht.

In Kapitel 8 „Demonstration" wird abschließend ein Technologiedemonstrator mit der entwickelten Prozessführung gefertigt. Die verbleibenden Herausforderungen bei der Verarbeitung von Schnellarbeitsstahl HS6-5-3-8 mittels LPBF werden dabei vorgestellt.

4 Anlagentechnik und Analysemethodik

In diesem Kapitel werden die in dieser Arbeit genutzte Anlagentechnik und das Vorheizprinzip sowie die Methode zur Prozessbeobachtung mittels Thermografie vorgestellt. Weiterhin wird die Pulvercharakterisierung sowie die Geometrie der Proben und die Probenpositionen der Versuche beschrieben. Zuletzt werden die eingesetzten Analyseverfahren zur Ermittlung der Bauteildichte und -härte sowie zur Untersuchung der Gefügestrukturen aufgeführt.

4.1 LPBF-Laboranlage

Im Rahmen dieser Arbeit wird eine modifizierte LPBF-Laboranlage Aconity MIDI der Firma Aconity3D GmbH verwendet. Die Anlage und wesentliche Bestandteile werden in Bild 16 dargestellt.

Bild 16: Darstellung der LPBF-Laboranlage Aconity MIDI

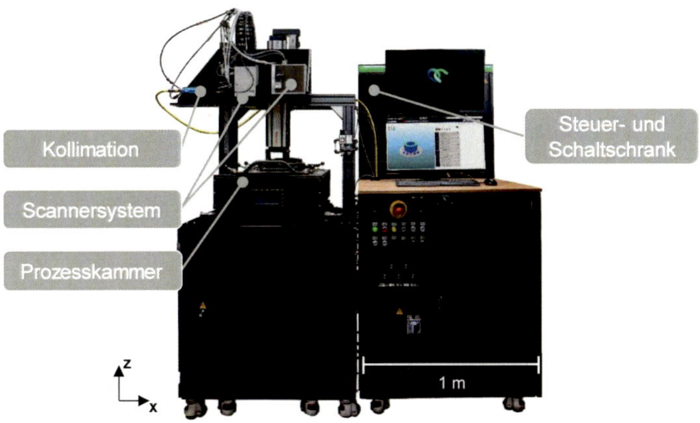

Die Laserstrahlquelle ist ein Ytterbium Faserlaser der Firma IPG Laser GmbH mit einer maximalen Ausgangsleistung von 400 W. Die Laserstrahlung wird über eine Kollimation der Firma IPG Laser GmbH zum Scannersystem der Firma SCANLAB GmbH geführt. Das Scannersystem besteht aus einem varioSCAN 40i zur Fokussierung der Laserstrahlung und einem intelliSCAN 20 zur Strahlablenkung. Die maximale Scangeschwindigkeit wird durch das Scannersystem auf 4 m/s begrenzt. Der Laserstrahl weist im Fokus einen Strahldurchmesser von ca. 80 µm sowie eine gaußförmige Intensitätsverteilung auf. Das Ergebnis der Strahlkaustik-Vermessung wird im Anhang 0 dargestellt.

Die Prozesskammer der LPBF-Laboranlage verfügt über einen zylindrischen Bauraum mit einem Durchmesser von 170 mm und einer maximale Bauraumhöhe von 200 mm. Mithilfe eines Vorheizungsmoduls der Firma Aconity3D GmbH können Vorheiztemperaturen an der Substratplatte eingestellt werden (siehe Kapitel 4.1.1). Durch das Modul wird der Bauraum auf einen Durchmesser von 100 mm und eine maximale Bauraumhöhe von 150 mm eingeschränkt. In Bild 17 wird eine schematische Innenansicht der Prozesskammer dargestellt.

Bild 17: Schematische Innenansicht der Prozesskammer Aconity MIDI

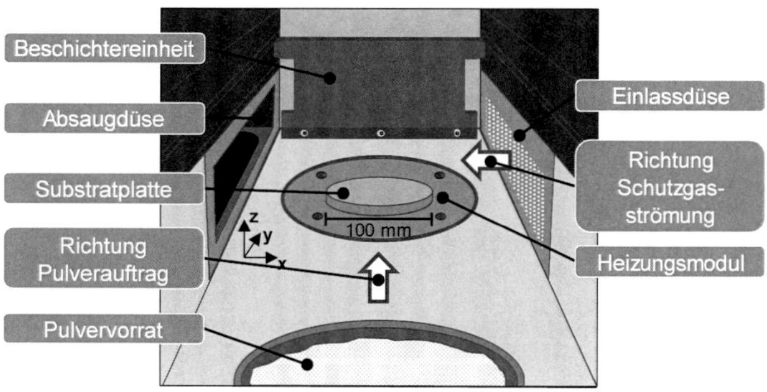

Ein weiterer Zylinder wird als Pulvervorrat genutzt. Durch die Beschichtereinheit wird mithilfe einer Kohlefaserbürste das Pulver auf die Substratplatte in positive y-Achsrichtung aufgetragen. Der LPBF-Prozess wird unter Argon-Schutzgasatmosphäre mit einem Restsauerstoffgehalt kleiner 100 ppm durchgeführt. Das Schutzgas wird mithilfe der Einlassdüse über die Substratplatte geführt. Mithilfe der Absaugdüse wird das Schutzgas abgeführt und in ein Filtersystem zur Filterung von Prozessnebenprodukten geleitet. Danach wird das Schutzgas über eine Umwälzpumpe wieder zur Einlassdüse geführt. Aufgrund von Weiterentwicklungen der Anlage werden nach der initialen Schutzgasführungsversion (SGFV) Null zwei weitere Schutzgasführungen (Version A und B) mit unterschiedlichen Komponenten entlang der Einlassströmung für die Versuche dieser Arbeit genutzt und im Anhang 12.13 gegenübergestellt. Wenn nicht anders beschrieben, wird in den Experimenten die SGFV A genutzt.

4.1.1 Vorheizprinzip

Zur Wärmeerzeugung wird bei dem eingesetzten Vorheizungsmodul eine Keramikheizplatte genutzt. Dabei können Vorheiztemperaturen bis zu $T_{V, max}$ = 800 °C eingestellt werden. Das Vorheizungsmodul ist mit einer Wasserkühlung und zwei Thermoelementen ausgestattet. Durch die Thermoelemente wird die Temperatur der Heizplatte ($T_{current}$) und die Kontakttemperatur ($T_{contact}$) an der Kontaktstelle zwischen Stromkabel und Heizplatte bestimmt.

Die Ansteuerung des Vorheizungsmoduls erfolgt über die Software HeatControl der Firma Aconity3D GmbH. Mithilfe eines PID-Reglers in der Software wird die Stromzufuhr zum Vorheizungsmodul geregelt. Die feste Aufheiz- und Abkühlgeschwindigkeiten von 10 K/min können über Angabe der Zieltemperatur und Aufheiz- bzw. Abkühlzeit eingestellt werden. Die reale Vorheiztemperatur der Vorheizung wird an der Heizkeramik gemessen. Mit der eingestellten Aufheizgeschwindigkeit wird auf die gewünschte LPBF-Prozesstemperatur aufgeheizt. Nach einer Haltezeit von 10 min wird der LPBF-Prozess gestartet und die vorgegebene Temperatur so lange gehalten, bis die Fertigung abgeschlossen ist. Mit Fertigstellung der letzten Schicht wird die Abkühlphase ebenfalls mit einer konstanten Abkühlrate von 10 K/min gestartet. Bis zu einer Temperatur von ca. 150-200 °C wird eine geregelte Abkühlung durch die Stromzufuhr der Heizung durchgeführt. Darunter wird durch die Kühlung des Vorheizungsmoduls eine freie Abkühlung (ohne Regelung) mit einem flacheren Temperaturabfall erzeugt.

In dieser Arbeit werden drei Versionen des Vorheizungsmoduls (Vorheizungsversion (VHV) 1, 2 und 3) eingesetzt, siehe Bild 18. Die VHV 1 wird bei Auslieferung der Anlage (Jahr 2017) bereitgestellt. Durch Weiterentwicklung der Anlagentechnik wird eine VHV 2 mit robuster Einhausung von der Firma Aconity3D GmbH entwickelt, welche weitere Dichtungen für einen pulverdichteren Einsatz der Heizung sowie Kabelführungen für eine kleinere Gefahr der Kabelschädigung gewährleistet. Weiterhin wird in der Weiterentwicklung VHV2 eine Molybdänplatte zum Schutz der Heizkeramik eingesetzt. Ein Einfluss der Molybdänplatte auf die Temperaturhistorie bzw. die Bauteileigenschaften kann festgestellt werden (Kapitel 5.2), weswegen mit VHV 3 die VHV 2 ohne Molybdänplatte eingesetzt wird. Dadurch ist eine größere Substratplattenhöhe von ca. 22 mm für VHV 3 statt der ca. 15 mm für VHV 1 und 2 notwendig.

Bild 18: Schematische Darstellung der VHV 1-3

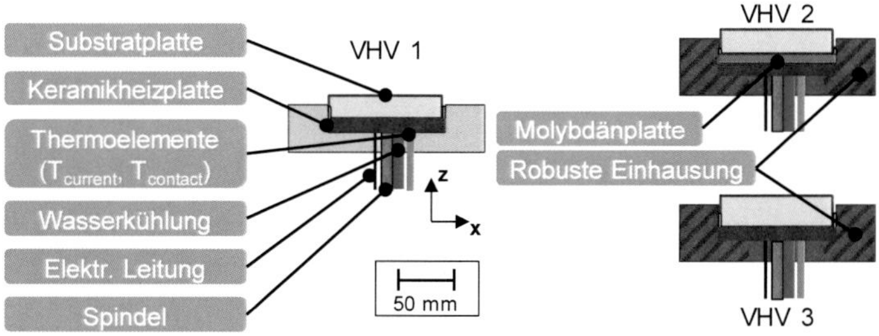

Der Einfluss der unterschiedlichen Funktionsweisen der VHV auf die Verarbeitbarkeit von Schnellarbeitsstahl HS6-5-3-8 wird im Anhang 12.13 untersucht.

4.1.2 Thermografie

Zur thermografischen Prozessbeobachtung wird eine Infrarot (IR)-Thermografiekamera Optris PI640 mit dem Standardobjektiv (33°-Sichtfeld; 18,7 mm Brennweite) der Firma Optris GmbH eingesetzt. Die Kamera ermöglicht Aufnahmen mit einer Auflösung von 640 x 480 Pixeln bei einer Bildwiederholungsfrequenz von 32 Hz [95]. Gemessen wird in einem Spektralbereich von 8 µm bis 14 µm. Der Temperaturbereich ist in drei Messbereiche unterteilt. Im Rahmen dieser Arbeit wird der Messbereich 150 °C bis 900 °C gewählt. Die thermische Empfindlichkeit (Noise Equivalent Temperature Difference) beträgt 75 mK. [96]

Durch die in Bild 19 dargestellte Modifikation des Kammerdeckels mit eingebauter Scheibe aus Zinkselenid (ZnSe) werden Thermografie-Aufnahmen in einem Beobachtungswinkel β von ca. 20° zur z-Achse ermöglicht. Ein möglichst kleiner Winkel zur optischen Achse ist von Vorteil, um den Einfluss von Winkelabhängigkeiten auf die Temperaturmessung zu reduzieren. Die Transmissivität der ZnSe-Scheibe ist größer 0,9 im Wellenlängenbereich von 3 µm bis 14 µm und ist somit als Beobachtungsfenster für die IR-Thermografie geeignet (siehe Anhang 0).

Bild 19: Aufbau zur Thermografie-Messung im LPBF-Prozess

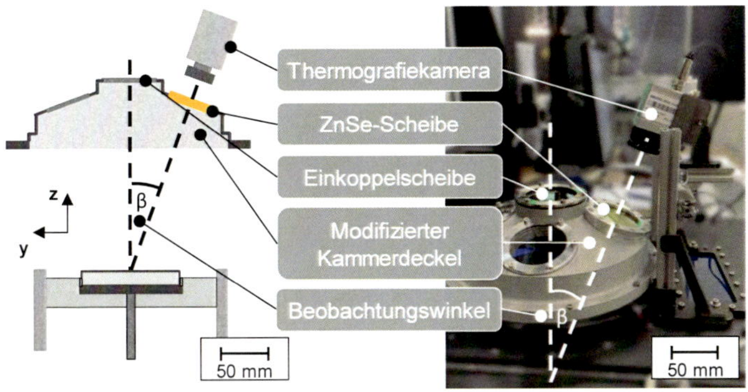

Zur Prozessbeobachtung werden Momentaufnahmen und Videos mit der IR-Thermografiekamera während des LPBF-Prozesses erstellt. Nach Beendigung der Belichtung der letzten Probe einer Schicht werden die Momentaufnahmen nach einer Dauer von 1 s aufgenommen, bevor der Beschichter für den Pulverauftrag bewegt wird. Damit können Temperaturen einzelner Proben über mehrere Schichten ermittelt werden, in dieser Arbeit Grundtemperaturen genannt, siehe Bild 20 (Probe Nr. 2). Mit den Videos wird die gesamte Belichtungsphase einer Schicht und der jeweils darauffolgenden Schicht aufgezeichnet. Für die zuletzt belichtete Probe einer Schicht wird prozessbedingt die Abkühlkurve abgeschnitten, siehe Bild 20 Probe Nr. 15.

Zur Auswertung der Aufnahmen müssen definierte Messfelder für die Proben erstellt werden. Mithilfe der Software PIX Connect der Firma Optris GmbH und einem eigens entwickelten Matlab-Programm, in dem die Dateien mit Scanvektoren aus der Datenaufbereitung eingeladen werden können, werden diese Messfelder für jede Probe automatisch erstellt. Ein Vergleich der Genauigkeit und Reproduzierbarkeit zwischen der automatischen und der händischen Messfelderstellung in PIX Connect ist im Anhang 12.6 aufgeführt. Über jedes Messfeld wird das Mittel der Temperatur aller enthaltenen Pixel gebildet, sodass jedem Bauteil zu jedem Zeitpunkt eine mittlere Temperatur zugeordnet werden kann. Der zeitliche Verlauf dieser Temperatur wird in einem Temperatur-Zeit-Diagramm aufgetragen und zur weiteren Verarbeitung exportiert.

Zur Berechnung der Temperatur der Messfelder wird in dieser Arbeit ein konstanter Emissionsgrad von $\varepsilon = 0{,}169$ genutzt (siehe Anhang 12.6). Ein exemplarischer Temperatur-Zeit-Verlauf für zwei Proben wird in Bild 20 dargestellt.

Bild 20: Exemplarischer Temperatur-Zeit-Verlauf der Proben Nr. 2 und Nr. 15 (rechts) aus einem 15 Quader-Versuch (links)

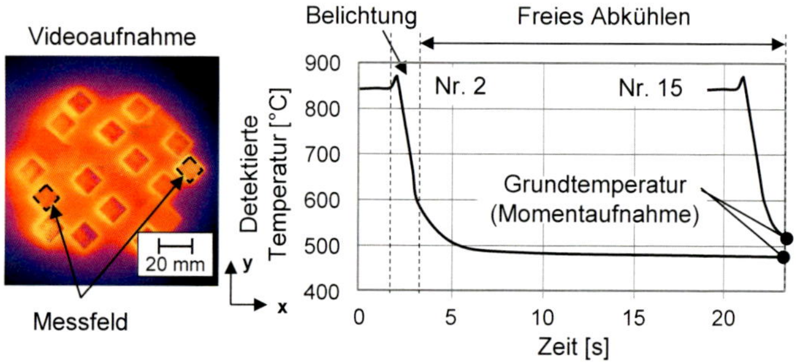

Die in Bild 20 dargestellte Abkühlkurve kann in drei Phasen unterteilt werden. Die Phase vor der Belichtung wird aufgrund des abweichenden Emissionsgrades von Pulver und der damit dargestellten falschen Temperatur nicht analysiert. In der Phase der Belichtung wird das Pulver auf der Probenoberfläche aufgeschmolzen und erstarrt. Dadurch werden im Messfeld Pulver, Schmelze und Festkörperoberfläche mit unterschiedlichen Emissionsgraden gleichzeitig gemessen und die Messwerte gemittelt. Da der ermittelte und angewandte Emissionsgrad nur für Festkörper gilt, sind die Temperaturverläufe erst bei abgeschlossener Belichtung des Bauteils aussagekräftig. Die Phase nach der Belichtung wird hier als freies Abkühlen bezeichnet. Die Zeit zur freien Abkühlung wird durch die Belichtungsreihenfolge für die letzten belichteten Proben reduziert, wie in dem dargestelltem Verlauf für Probe Nr. 15 in Bild 20 beobachtet werden kann.

Bei der Auswertung der Aufnahmen ist zu beachten, dass die Grundtemperatur von der Richtung des Vorschubs bei der Belichtung (siehe Kapitel 4.3) abhängt. Dadurch werden in der Auswertung der Grundtemperatur je nach Bauteilposition Unterschiede zwischen geraden bzw. ungeraden Schichten festgestellt, siehe Bild 21.

Bild 21: Exemplarische Darstellung der Grundtemperatur in Abhängigkeit zur Bauteilhöhe von Probe Nr. 4 und Nr. 6 aus einem 15 Quader-Versuch

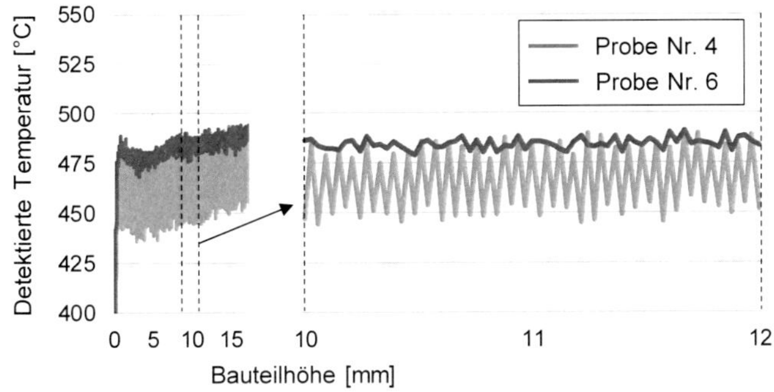

Durch die alternierende Belichtungsstrategie (siehe Kapitel 4.3) werden zwei Vorschubrichtungen (Schicht n und Schicht n+1) bei der Belichtung genutzt. Dadurch werden unterschiedliche Oberflächenstrukturen bzw. Oberflächenglanz zum Beobachtungswinkel der IR-Thermografiekamera verursacht, wodurch bei gleichbleibendem Emissionsgrad unterschiedliche detektierte Temperaturen gemessen werden. Der Einfluss des sogenannten Hatchwinkels auf die Strahlung wird bereits in Untersuchungen mit Optischer Tomografie (OT) in [33, S. 93–95] nachgewiesen. Da der Trend der Temperaturentwicklung auch mit dem Mittelwert dargestellt werden kann, wird der gleitende Mittelwert siebter Ordnung über die jeweils 6 benachbarten Schichten für die Darstellung der Grundtemperaturen in Kapitel 5 genutzt.

4.2 Pulver HS6-5-3-8 und Substrat

In dieser Arbeit wird das Pulver aus zwei Chargen HS6-5-3-8 von der Firma Deutsche Edelstahlwerke Specialty Steel GmbH & Co. KG verwendet. Zur Bestimmung der chemischen Zusammensetzung der in dieser Arbeit verwendeten Pulvercharge 1 und 2 in Kapitel 7 werden die Elemente C, O und S mittels Verbrennungsanalyse über IR-Absorption und das Element N mithilfe von Heißextraktion mit Wärmeleitfähigkeitsdetektion (WLD) gemessen. Die restlichen Elemente werden mittels optischer Funkenemissionsspektrometrie (F-OES) bestimmt.

Für die Charakterisierung der Pulverchargen in Kapitel 7 werden zunächst Aufnahmen von Pulver und Pulverquerschliffen zur Visualisierung von Partikelmorphologie und -größe für beide Pulverchargen genutzt. Zusätzlich wird die Partikelgrößenverteilung, der Absorptionsgrad sowie die Fließfähigkeit der Pulverchargen charakterisiert. Zur Bestimmung der Partikelgrößenverteilung wird das Gerät Camsizer X2 der Firma Microtrac

Retsch GmbH mit dem Prinzip der dynamischen Bildanalyse entsprechend ISO 13322-2 genutzt [97]. Der Absorptionsgrad der Pulverchargen wird mittels UV-VIS-NIR Spektroskopie (PerkinElmer Lambda 1050 der Firma PerkinElmer chemagen Technologie GmbH) für die Wellenlänge der Laserstrahlquelle dieser Arbeit von 1070 nm bestimmt. Zur Ermittlung der Fließfähigkeit wird das Gerät Revolution Powder Analyzer (RPA) der Firma PS Prozesstechnik GmbH eingesetzt. Durch die Bildanalyse der Oberfläche von Pulver in einer rotierenden Trommel wird der Lawinenwinkel sowie das Oberflächenfraktal bestimmt.

Bei der Verwendung einer Substratplattenvorheizung muss die Wärmeausdehnung des Substratplattenwerkstoffs berücksichtigt werden. Aufgrund unterschiedlicher Wärmeausdehnungskoeffizienten des aufzubauenden Werkstoffs und des Substratwerkstoffs können Spannungen auftreten [98, S. 18–19]. Um diese Spannungen zu vermeiden, werden in dieser Arbeit Substratplatten aus dem Werkstoff 1.4125 (X105CrMo17) mit dem Wärmeausdehnungskoeffizienten $\alpha_{20\text{-}400°C} = 11{,}6\ 10^{-6}\,K^{-1}$ (HS6-5-3-8: $\alpha_{20\text{-}400°C} = 11{,}8\ 10^{-6}\,K^{-1}$ siehe Kapitel 2.1.5) verwendet [99].

4.3 Probengeometrie und –position

Durch unterschiedliche Laserstrahlauslenkungen aufgrund verschiedener Bauteilpositionen auf der Bauplattform kann die Oberflächenqualität von Bauteilen beeinflusst werden [100]. Die Bauteileigenschaften können laut Kapitel 2.2.1 durch Prozessnebenprodukte und somit die Bauteilposition zur Schutzgasströmung beeinflusst werden. Dabei können durch diese Effekte Trends der Bauteileigenschaften abhängig von den Verfahrensparametern überlagert werden. Um diesen Einfluss zu reduzieren, wird eine randomisierte Zuordnung der Prozessparameterkombinationen zu den Proben gewählt.

Für die Bauteilposition auf der Bauplattform wird ein Muster basierend auf dem Laserstrahleinfallswinkel und dem Abstand zur Mitte genutzt, siehe Bild 22. Anhand des Laserstrahleinfallswinkels (fünf Kreise) und der Unterteilung der Bauplattform in Abschnitte mit einem Winkelabstand von 22,5° werden 15 Bauteilpositionen über die Bauplattform verteilt definiert. In den Versuchen in dieser Arbeit werden, wenn nicht anders beschrieben, 15 oder fünf Proben anhand der Darstellung in Bild 22 ausgerichtet und gefertigt.

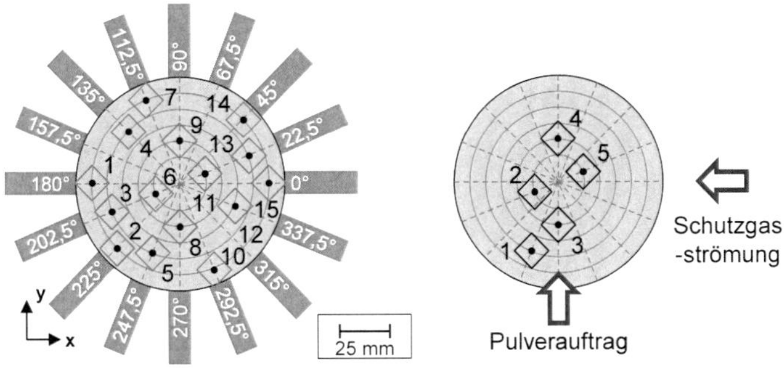

Bild 22: Schema der Substratplatte mit Bauteilpositionen für 15 (links) und fünf (rechts) Proben (Nummerierung entspricht Belichtungsreihenfolge)

Die Proben in dieser Arbeit werden in Form von Quadern mit einer Grundfläche von 10 x 10 mm² und wenn nicht anders angegeben mit einer Höhe von 11 mm gefertigt. Die Proben werden mittels Drahterosion max. 1 mm über der Substratplatte getrennt. Alle Proben sind in der x-y-Ebene in einem 45° Winkel zur Schutzgasrichtung ausgerichtet.

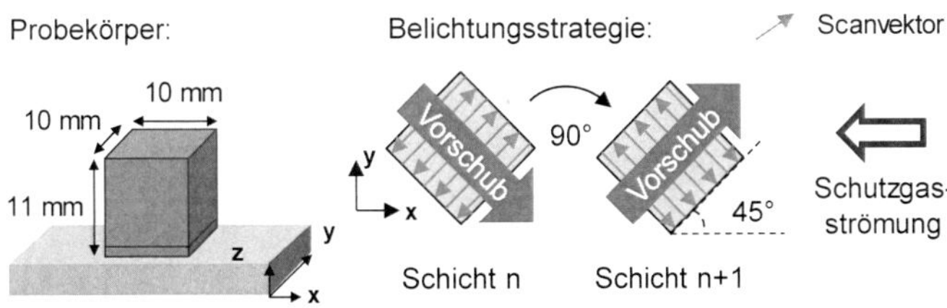

Bild 23: Probekörper und Belichtungsstrategie

Durch die Belichtungsstrategie wird der zeitliche Ablauf der Belichtung des Pulverbetts bestimmt. Die Scanvektoren sind in der vorliegenden Arbeit bidirektional ausgerichtet. Die Scanvektoren werden alternierend in entgegengesetzten Richtungen über den Querschnitt angeordnet. Die Orientierung des Vorschubs wird lagenweise um 90° (Hatchwinkel) alterniert (vgl. Bild 23). Die Vorschubrichtung verläuft durch die Anordnung der Proben auf dem Substrat in einem ± 45° Winkel entgegen der Schutzgasführung.

4.4 Analyseverfahren

Im Folgenden wird das Vorgehen bei der Probenauswertung beschrieben. Neben der metallografischen Präparation der Proben wird die Methodik zur Bestimmung der Bauteildichte sowie der Bauteilhärte erläutert. Weiterhin werden die Analysen der Schweißspurgeometrie und der Mikrostruktur aufgeführt.

4.4.1 Probenpräparation

Zur metallographischen Analyse werden Querschliffe der gefertigten Proben präpariert. Um Rissbildungen durch das Auftrennen der Probe mit einer Trennscheibe zu verhindern, werden alle Querschliffe durch Nassschleifen hergestellt. Dazu werden die Proben vollständig in der Warmeinbettpresse Opal 460 der Firma ATM GmbH eingebettet. Die Herstellung eines Querschliffs parallel zur Aufbaurichtung und senkrecht zu den letzten Schweißspuren erfolgt durch das Abtragen von min. 2 mm der Probe mittels Nassschleifens. Abschließend wird der Querschliff mit 1 µm Diamantsuspension poliert. Für das Nassschleifen und Polieren wird die automatisierte Schleif- und Poliermaschine Saphir 550 der Firma ATM GmbH verwendet.

Für die Auswertung mittels EBSD werden ausgewählte bereits präparierte Proben ausgebettet und in speziell elektrisch leitfähigem Einbettmittel eingebettet. Im Anschluss werden die Proben erneut nassgeschliffen und mit 1 µm Diamantsuspension sowie einer Suspension mit kolloidalem Siliziumdioxid poliert, um eine möglichst polierte Probenoberfläche für die EBSD-Analyse zu erhalten.

4.4.2 Analyse der Bauteildichte und Bauteilhärte

Die Auswertung der Bauteildichte der Proben wird anhand von lichtmikroskopischen (LM)-Aufnahmen durchgeführt. Dazu werden die Querschliffe der Proben mit einer 50-fachen Vergrößerung an einem Zeiss Axio Vert.A1 Auflichtmikroskop der Firma Carl Zeiss Microscopy GmbH erstellt. Wie in Bild 24 dargestellt werden diese an fünf Positionen über den Querschliff verteilt aufgenommen. Die Auswertung der Aufnahmen wird mit der Software Stream-Motion der Firma Olympus Corp. durchgeführt. Anhand eines definierten Schwellenwertes eines Grauwert-Abgleichs wird die Porosität erfasst und eine repräsentative Bauteildichte (100% minus Porosität) mithilfe von fünf Bereichen berechnet. Dabei werden Risse manuell aus der Messung ausgeschlossen.

Bild 24: Methode zur Auswertung der Porosität bzw. Bauteildichte, eingebettete Probe mit Messpositionen (links), LM-Aufnahme (mittig) und Auswertung (rechts)

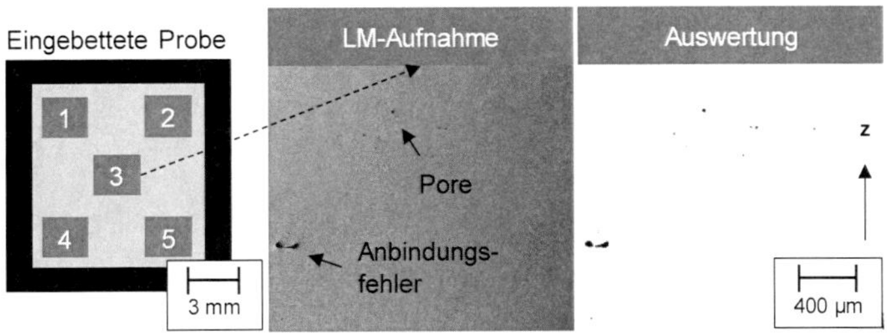

Die Bauteilhärte der Proben wird mit dem Härteprüfgerät Q30 A+ der Firma Qness GmbH und der Software Qpix desselben Herstellers ermittelt. Dabei erfolgt die Härteprüfung an den Querschliffen nach Vickers (HV) gemäß DIN EN ISO 6507-1 mit der Prüfvorschrift HV10, also einer Prüflast von 98,1 N und einer Einwirkdauer von 10 s, siehe Bild 25 [101].

Bild 25: Schematische Darstellung der Vickers Härte-prüfung und Prüfpositionen auf dem Querschliff

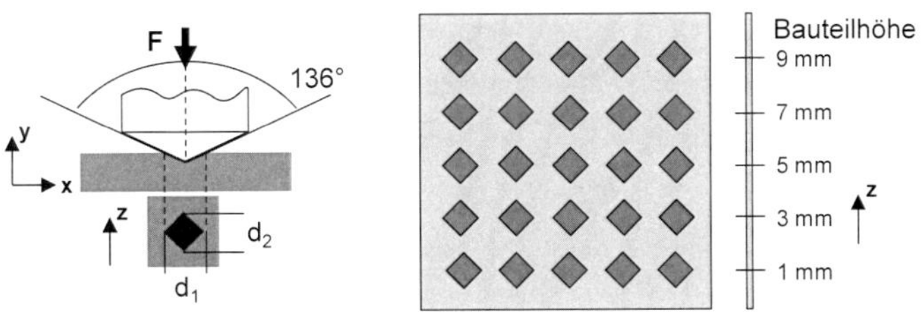

Die Positionen der Prüfpunkte werden in einem 5x5 Raster mit einer Maschenweite von 2 mm angeordnet.

4.4.3 Analyse der Schweißspur und Mikrostruktur

Für die Untersuchung der Schweißspuren werden die polierten Querschliffe bei Raumtemperatur mit 3 oder 10 %-iger alkoholischer Salpetersäure (englisch: nitric acid with alcohol, „Nital") geätzt, bis ein Gefügekontrast entsteht und die Schweißspurgrenzen sichtbar werden. Die lichtmikroskopischen Aufnahmen der Querschliffe werden an dem Lichtmikroskop BX53M der Firma Olympus Corp. erzeugt. Mithilfe der Aufnahmen werden jeweils die Schweißspurtiefe t_S und -breite t_b von min. fünf benachbarten Schweißspuren der letzten Schicht der Proben in der Mitte sowie in den beiden Randbereichen der Proben gemessen. Durch die Überlagerung der Schweißspuren wird die halbe Schweißspurbreite über eine Messung des x-Abstandes zwischen der Mittellinie des höchsten und tiefsten Punktes der Schweißspur und dem Punkt der äußersten Schweißspurgrenze angenähert. In Bild 26 werden schematisch Schweißspuren und die Messgrößen Schweißspurtiefe und -breite dargestellt.

Bild 26: Schematische Darstellung der Messgrößen Schweißspurtiefe und -breite

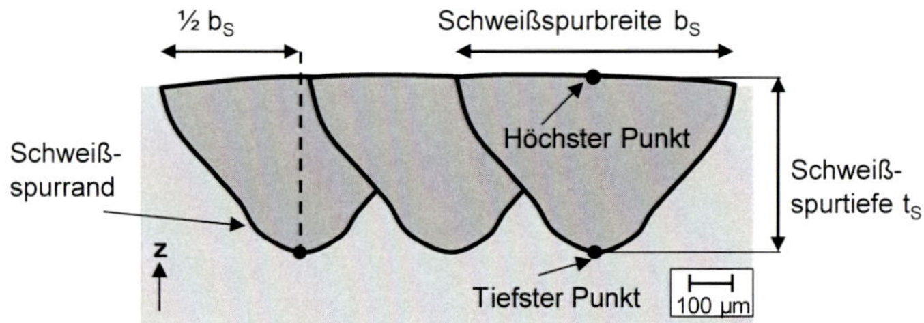

Die Analyse der Mikrostruktur wird mittels Rasterelektronenmikroskopie (REM) mit BSE-Detektor (englisch: backscattered electrons), energiedispersiver Röntgenspektroskopie (EDX) und Elektronenrückstreubeugung (EBSD) an Proben zum Teil mit (REM) und ohne Ätzung (REM, EDX, EBSD) durchgeführt. In dieser Arbeit werden verschiedene Mikroskope benutzt. Für die Auswertung der Proben werden jeweils die letzten Schichten und die Probenmitte der Querschliffe untersucht, wie in Bild 27 dargestellt.

Bild 27: Positionen der REM-Aufnahmen, EDX- und EBSD-Scans

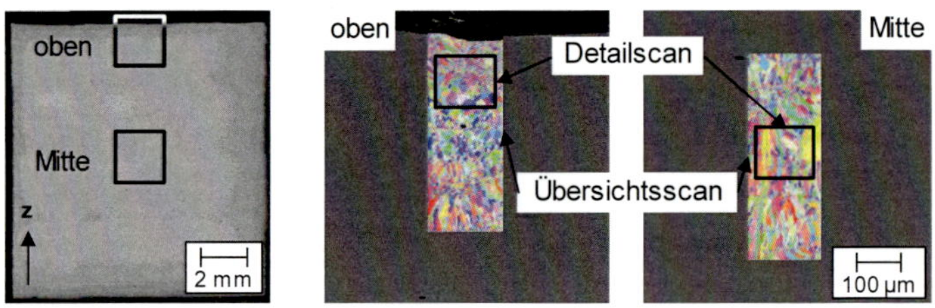

Um mittels EBSD eine kristallografische Orientierungskarte zu erstellen, wird der Elektronenstrahl über einen ausgewählten Oberflächenbereich gescannt und die resultierenden Kikuchi-Muster werden automatisch indiziert und analysiert. Für jedes Kikuchi-Muster wird ein Bildqualitätsparameter (englisch: Image Quality, IQ) und ein Vertrauensindex (englisch: Confidence Index, CI) aufgezeichnet. Die Ergebnisse der EBSD-Messung werden zumeist in Form von sogenannten Inversen Polfigur (IPF)-Maps dargestellt, die die kristallographische Orientierung jedes einzelnen Punktes angeben. Dabei wird ein EBSD-Koordinatensystem durch die Messmethodik, abweichend von dem Maschinenkoordinatensystem eingeführt. Die Aufbaurichtung z stimmt dabei mit z‘ überein, während x‘ und y‘ verdreht zu x und y vorliegen [102].

Die IQ ist eine Metrik, die die Qualität eines Beugungsmusters beschreibt. Eine IQ-Map wird erstellt, indem für jeden Punkt der gemessene IQ-Wert auf eine Grauskala übertragen wird, wobei die Helligkeit bei steigendem IQ-Wert steigt. Bspw. sind Korngrenzen mit kleiner IQ dunkel sichtbar. Der Kontrast der IQ-Map, kann durch Dehnung, Korngrenzen, Phase, Oberflächentopographie sowie andere Merkmale des Gefüges beeinflusst werden. [102, 103]

Der CI misst die Eindeutigkeit einer Orientierungslösung relativ zur Gesamtzahl der möglichen Lösungen. Daher ist der ideale CI-Wert bei jeder gegebenen Kornorientierung immer eins. In der Literatur werden CI-Grenzwerte von größer 0,1 bzw. 0,2 genutzt. Ab diesem Wert ist die Wahrscheinlichkeit für eine korrekte Zuweisung größer 95 %. Häufig werden Punkte an Korngrenzen mit kleineren CI-Werten belegt, auch wenn diese mit korrekten Orientierungen indiziert sind. [102, 104]

Für die Analyse mittels EBSD werden zwei unterschiedliche Systeme genutzt. Wenn nicht anders beschrieben, wird in allen Ergebniskapiteln das Analytik-Verfahren 1 eingesetzt. Dazu wird ein JSM-7000F Mikroskop der Firma JEOL (Germany) GmbH mit Feldemissionskathode (FE) und Schottky-Feldemitter sowie Hikari-Detektor der Frima EDAX Inc. für die EBSD-Analysen genutzt. Die Messaufnahmesoftware OIM Data Collection V7.3 und die Auswertesoftware OIM Analysis V8.0 der Firma Ametek GmbH werden eingesetzt. Die EBSD-Messfeldgröße ist 200 µm x 200 µm mit einem Punktabstand (Schrittweite) von 100 nm in einem hexagonalen Scanraster. Die Elektronenenergie ist konstant 15 eV mit einem Strahlstrom von ca. 30 nA. Für die EBSD-Auswertung wird der Software-Filter „Cleanup – Neighbor CI Correlation“ sowie für die Auswertung der Korngrößenmessung der Software-Filter „Cleanup – Grain CI Standardization (tolerance 5.0, min size 2, Multi Row 0)“ genutzt.

Bei dem Analytik-Verfahren 2 werden ein Sigma 500 der Firma Carl Zeiss AG mit FE und einem Hikari-Detektor der Firma EDAX Inc. für EBSD-Analysen, ein JEOL 6500 F der Firma JEOL (Germany) GmbH mit FE mit einem Digiview-Detektor für EBSD-Analysen, sowie ein Merlin mit FE der Firma Carl Zeiss AG genutzt. Für die Auswertung mittels EDX-Analyse wird die Software APEX der Firma EDAX Inc. verwendet. Die Phasenverteilung und Textur der Querschliffe werden mittels EBSD-Analyse an ausgewählten Proben untersucht. Die Software TSL OIM Data Collection der Firma EDAX Inc. wird zur Aufzeichnung der EBSD-Scans und die Software TSL OIM Analysis der Firma EDAX Inc. für deren Auswertung verwendet. In jedem Messbereich werden jeweils zwei EBSD-Scans durchgeführt. Der Übersichtsscan mit

150 µm x 450 µm deckt in der Breite etwa einer Schweißspur und in der Höhe etwa 15 Schichten ab. Die Schrittweite beträgt 500 nm. Der Detailscan umfasst eine Messfeld von 120 µm x 120 µm mit einer Schrittweite von 50 nm.

5 Einfluss der Prozessführung auf die Verarbeitbarkeit von HS6-5-3-8

In diesem ersten Ergebniskapitel wird nach der Ermittlung einer zentralen Parameterkombination zunächst der Einfluss der Vorheiztemperaturen auf das Gefüge und die Bauteilhärte erörtert. Anschließend werden durch Variation der Systemtechnik zwei Schutzgasführungen erprobt.

5.1 Auswahl einer zentralen Verfahrensparameterkombination

Die Untersuchungen dieser Arbeit sollen mit einer zentralen Verfahrensparameterkombination (engl. Center Point, CP) durchgeführt werden. Dazu werden in diesem Kapitel die Verfahrensparameter Laserleistung, Scangeschwindigkeit und Spurabstand variiert und die CP-Verfahrensparameterkombination festgelegt. Die Bewertung der Verarbeitbarkeit von HS6-5-3-8 erfolgt anhand der Defektdichte.

In dieser Versuchsreihe werden je 15 Proben mit der Geometrie 10x10x10 mm³ auf einer Bauplattform mittels LPBF gefertigt (abweichende Anordnung zu Kapitel 4.3, siehe Anhang 12.7 in Bild 91). Die Proben werden mit konstanter Schichtdicke $D_S = 30\ \mu m$ und den variierten Verfahrensparametern Laserleistung $P_L = 130,\ 200,\ 260\ W$, Spurabstand $\Delta y_S = 60,\ 80,\ 100\ \mu m$, Volumenenergiedichte $E_V = 70,\ 80,\ 90,\ 100\ J/mm^3$ sowie den daraus abgeleiteten Scangeschwindigkeiten $v_S = 480\text{-}1440\ mm/s$ gefertigt (siehe Tabelle in Bild 91 in Anhang 12.7). Die Experimente werden jeweils ohne Vorheizung (Raumtemperatur, RT) und bei den Vorheiztemperaturen $T_V = 200,\ 350,\ 500,\ 600\ °C$ durchgeführt. Dabei wird die VHV 1 sowie die SGFV Null der Anlage genutzt. Weiterhin wird die Pulvercharge 2 (siehe Kapitel 7.1) verwendet.

Ergebnisse

Bei der Fertigung der Proben bei RT wird der Prozess aufgrund von inhomogenem Pulverauftrag abgebrochen. Dieser wird durch das Ablösen der Proben während des Prozesses und der folgenden Behinderung bzw. Beschädigung der Beschichtereinheit ausgelöst. Der Abbruch erfolgt bereits nach ca. 2 mm Bauteilhöhe. In Bild 28 werden die Proben nach Entfernen des

Pulvers gezeigt. Der Aufbau von Proben aus HS6-5-3-8 mittels LPBF bei RT wird für diese Arbeit folgend ausgeschlossen.

Bild 28: Exemplarische Aufnahmen der Proben nach der Fertigung bei RT

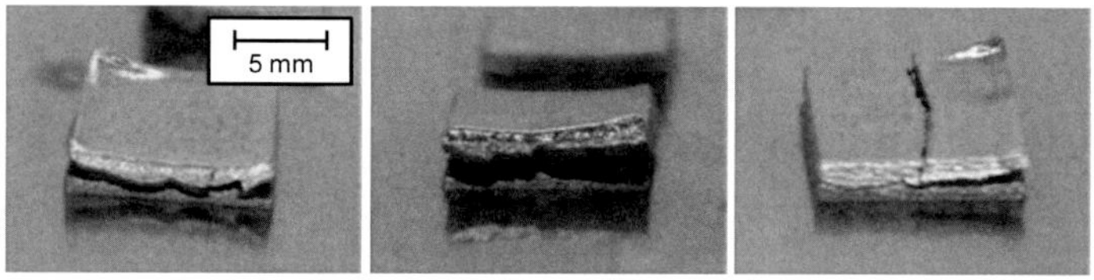

Für die Versuche bei den Vorheiztemperaturen 200, 350, 500 und 600 °C wird bei Prozessende eine Pulverschicht auf die zuletzt belichtete Probenoberfläche aufgetragen. Das Pulverbett wird während des Abkühlvorgangs beobachtet. Durch das Entstehen von Rissen während des Abkühlvorgangs im Bauteil entstehen Impulse, durch die das Pulver von der Probenoberfläche bewegt wird und die Proben freigelegt werden können. Dieser Effekt wird nachfolgend als Blow-Up bezeichnet und kann einen Aufschluss über Makrorisse in den Proben geben, die bei der Abkühlung entstehen. Ein Pulverbett mit Blow-Ups ist exemplarisch nach dem LPBF-Prozess bei einer Vorheiztemperatur von 200 °C in Bild 29 dargestellt. Die Aufnahmen des Pulverbettes aller Versuche werden im Anhang 12.7 in Bild 92 gezeigt.

Bild 29: Aufnahme des Pulverbettes nach dem Abkühlen von T_v = 200°C mit Blow-Ups (links), Probe mit Makroriss (rechts)

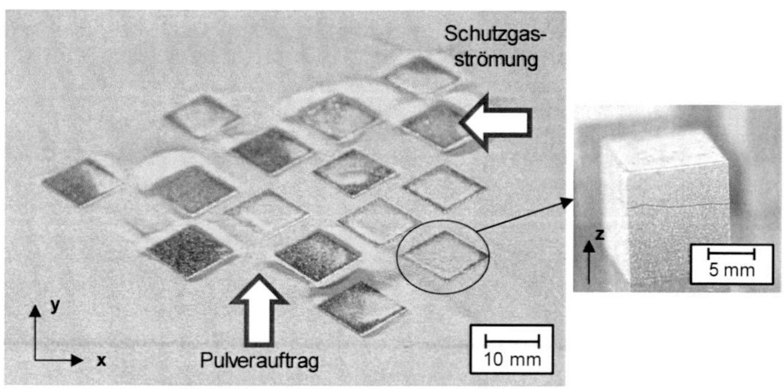

Nach der Entnahme der Substratplatte können an den Proben, welche Blow-Ups aufweisen, Makrorisse visuell festgehalten werden (siehe Bild 29 rechts). Dabei verlaufen die Risse senkrecht zur Aufbaurichtung. Für den Versuch bei einer Vorheiztemperatur von 500 °C werden ähnlich viele Blow-Ups wie für

den Versuch mit 200 °C beobachtet (siehe Anhang 12.7 in Bild 92). Die Rissbildung ist deutlich sichtbar an den Proben der Versuche bei 200 und 500 °C. Auf der Pulveroberfläche nach dem Versuch bei 350 °C kann nur ein Blow-Up an Probe Nr. 15 festgestellt werden und bis auf diese Probe sind alle Proben äußerlich rissfrei. Nach dem Versuch bei 600 °C werden keine Blow-Ups sichtbar. Jedoch sind diese Proben mehrfach äußerlich gerissen. Entsprechend ist die Rissbildung während des Prozesses bei 600 °C zu vermuten und nicht erst bei der Abkühlung.

In Bild 30 werden exemplarische Lichtmikroskop-(LM)-Aufnahmen von Querschliffe der Proben, die mit den Vorheiztemperaturen 200, 350, 500, 600 °C gefertigt werden, abgebildet. Die Probenpräparation wird in diesem Kapitel, anders als in Kapitel 4.4.1 beschrieben, mittels Trennschreibe durchgeführt.

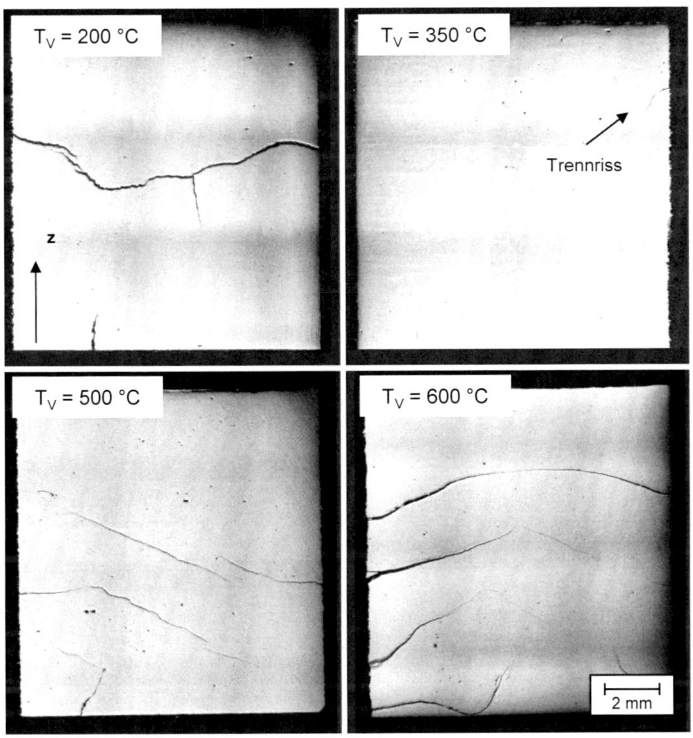

Bild 30: Exemplarische LM-Aufnahmen der Querschliffe von Versuchen mit T_V = 200, 350, 500, 600 °C

Insgesamt kann die Rissbildung bei den Versuchen nicht vollständig verhindert werden. Bis auf Probe Nr. 15 weisen alle Proben nach der Fertigung bei der Vorheiztemperatur von 350 °C visuell keine Risse an den Oberflächen auf. Bei der Erstellung von Querschliffen wird das Auftrennen der Proben mittels Trennscheibe vorgenommen und feine Risse entlang des Vorschubs der Trennung können in den Querschliffen beobachtet werden. Diese Risse können auf das mechanische Trennen zurückgeführt werden und werden deswegen Trennrisse genannt (siehe Anhang 12.7 in Bild 93). Durch den Trennvorgang können zusätzliche Spannungen in die Probe eingebracht werden. Dadurch wird eine lokale Festigkeitsüberschreitung bewirkt und die Rissbildung ausgelöst. Für die weitere Arbeit wird die Probenpräparation für die Untersuchungen angepasst und wie in Kapitel 4.4.1 beschrieben durchgeführt.

In Bild 31 wird die Bauteildichte in Abhängigkeit der Volumenenergiedichte für eine Laserleistung von 200 W und den Hatchabstand 80 µm (links) und 100 µm (rechts) dargestellt. Die Bauteildichten der Proben werden unter Nichtberücksichtigung der Risse (Kapitel 4.4.2) analysiert und für die Versuche bei den Vorheiztemperaturen 200, 350, 500 und 600 °C dargestellt. Die Ergebnisse für Proben, die mit der Laserleistung von 130 W und 260 W gefertigt werden, sind im Anhang 12.7 in Bild 94 dargestellt. An Proben, die mit einer Laserleistung von 130 W gefertigt werden, können durchschnittlich diekleinste Bauteildichten ermittelt werden. Mit der Laserleistung von 260 W werden lediglich zwei Proben gefertigt. An diesen Proben kann eine Bauteildichte größer 99,85 % festgestellt werden.

Für den Hatchabstand von 80 µm und einer Volumenenergiedichte größer 90 J/mm³ werden mittlere Bauteildichten größer 99,9 % bei allen Proben unabhängig von der Vorheiztemperatur erreicht. Für kleinere Volumenenergiedichten wird die größte Bauteildichte bei Proben erreicht, welche bei einer Vorheiztemperatur von 200 °C gefertigt werden. Mit den gleichen Verfahrensparameter und den Volumenenergiedichten 70 und 80 J/mm³ werden bei einer Vorheiztemperatur von 350 °C Proben mit der kleinsten Bauteildichte gefertigt. Bei den Proben mit einem Hatchabstand von 100 µm werden für alle Proben eine mittlere Bauteildichte größer 99,85 % gemessen. Eine zunehmende Bauteildichte bei steigender Volumenenergiedichte kann festgestellt werden. Für Proben, die mit der Volumenenergiedichte 90 und 100 J/mm³ gefertigt werden, werden bei allen Vorheiztemperaturen Bauteildichten größer 99,9 % erreicht.

Bild 31:
Bauteildichte über Volumenenergiedichte für P_L = 200 W und Δy_S = 80 µm (links) und 100 µm (rechts) bei T_V = 200, 350, 500, 600 °C

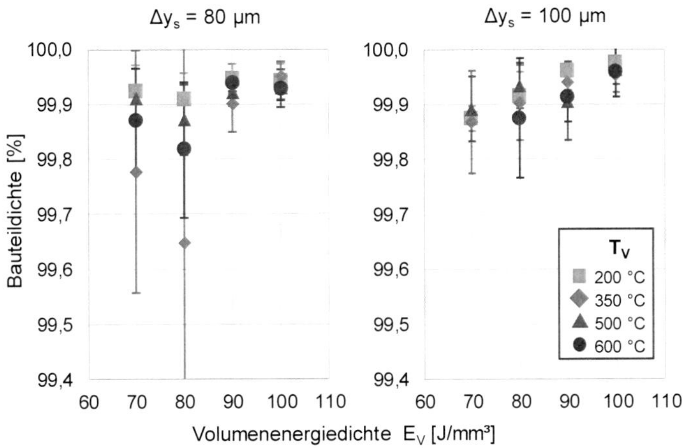

Der qualitative Verlauf der Bauteildichte in Abhängigkeit der Volumenenergiedichte ist charakteristisch für das LPBF. Durch kleine Volumenenergiedichten und damit große Scangeschwindigkeiten bei sonst konstanten Verfahrensparametern kann durch den verringerten Energieeintrag ein vollständiges Aufschmelzen der Pulverschicht nicht gewährleistet werden und Anbindungsfehler entstehen [105]. Bei Steigerung des Volumenenergieeintrags durch kleinere Scangeschwindigkeiten können Defekte in Form von runden Gasporen ausgelöst werden [105–107]. Die beiden Defekttypen können entsprechend anhand der geometrischen Form unterschieden werden. Anzumerken ist, dass die dargestellten Bauteildichten insgesamt größer 99,5 % sind, wodurch mit den Verfahrensparameterkombinationen das Niveau der definierten erfolgreichen Verarbeitung in Bezug auf die Bauteildichte erreicht wird.

Die Vorheiztemperatur hat insgesamt einen kleinen Einfluss auf die Bauteildichte. Auffallend ist, dass bei einem Hatchabstand von 80 µm und den Vorheiztemperaturen 350 °C und 600 °C die Bauteildichte für kleinere Volumenenergiedichten kleiner ist, als bei den Vorheiztemperaturen 200 °C und 500 °C. Nach dem Stand der Technik wird durch Erhöhung der Vorheiztemperatur meist eine Steigerung der Bauteildichte erreicht [42, S. 61]. Eine Begründung für die Abweichungen könnten lokale Inhomogenitäten beim Pulverauftrag in den Versuchen sein oder Inhomogenitäten in der Schutzgasführung.

Fazit

Anhand der Ergebnisse kann gezeigt werden, dass die Verarbeitung des Schnellarbeitsstahls HS6-5-3-8 mittels LPBF mit Bauteildichten größer 99,5 % und mit reduzierter Rissbildung möglich ist. Für die Vorheiztemperatur von 350 °C wird im Vergleich die geringste Rissneigung festgestellt. Aus diesem Grund wird die zentrale CP-Verfahrensparameterkombination für diese Arbeit wie folgt festgelegt:

- Laserleistung P_L = 200 W
- Spurabstand Δy_S = 100 µm
- Scangeschwindigkeit v_S = 740 mm/s
- Schichtdicke D_S = 30 µm
- (Resultierende Volumenenergiedichte E_V = 90 J/mm^3)
- Vorheiztemperatur T_V = 350 °C

Die Vorheiztemperatur bei der Fertigung von Proben mit HS6-5-3-8 hat einen deutlichen Einfluss auf die Rissbildung während oder nach dem LPBF-Prozess. Jedoch sind die Versuche in diesem Kapitel durch die Parametervariation der Proben und die initiale inhomogenen Schutzgasführung der Anlage nicht eindeutig zu interpretieren, da diese Faktoren jeweils die Reproduzierbarkeit über der Bauplattform beeinflussen. Eine detaillierte Betrachtung des Einflusses der Vorheiztemperatur auf die Verarbeitbarkeit von HS6-5-3-8 und Diskussion der Werkstoffmechanismen erfolgt in Kapitel 5.2 durch eine fokussierte Versuchsreihe mit der weiterentwickelten SGFV A.

5.2 Einfluss der Vorheiztemperatur

Der Einfluss der Vorheiztemperatur auf die Verarbeitbarkeit von HS6-5-3-8 wird im nachfolgenden Kapitel untersucht. Dazu werden Proben bei unterschiedlichen Vorheiztemperaturen gefertigt und hinsichtlich Defektdichte, Gefüge sowie Bauteilhärte analysiert.

Auf Basis der bisherigen Erkenntnisse werden Versuche bei den Vorheiztemperaturen von 200 °C bis 700 °C in 50 °C-Schritten durchgeführt, wobei die restlichen Verfahrensparameter nach der definierten CP-Verfahrensparameterkombination (siehe Kapitel 5.1) konstant gehalten werden. In den Versuchen werden fünf Proben gefertigt (siehe Kapitel 4.3). Aufgrund der ähnlichen Bauteilhärten aller Proben (siehe Anhang 12.8.1 in Bild 96) wird die Auswertung von Probe Nr. 3 aus jedem Versuch in diesem Kapitel fokussiert. Nachfolgend werden die Proben nach der Vorheiztemperatur benannt, so dass bspw. die mit einer Vorheiztemperatur von 350 °C gefertigte Probe Nr. 3 als Probe 350 bezeichnet wird. In den Versuchen wird die VHV 1 sowie die SGFV A der Anlage sowie die Pulvercharge 1 (siehe Kapitel 7.1) verwendet.

Ergebnisse

Während des LPBF-Prozesses werden zu verschiedenen Zeitpunkten IR-Thermografieaufnahmen erstellt und die daraus resultierenden Abweichungen zwischen Soll- und Ist-Temperatur werden im Anhang 12.8.1 in Bild 95 aufgeführt. Grundsätzlich wird für fast alle Vorheiztemperaturen eine Abweichung beobachtet, da ein fester Emissionsgrad, welcher für die Vorheiztemperatur von 350 °C ermittelt wird, für die Auswertung aller Aufnahmen genutzt wird. Dies kann zu teils starken Abweichungen zwischen realen und gemessenen Temperaturen führen, siehe Anhang 12.6. Bei allen Vorheiztemperaturen wird ein Anstieg der Grundtemperatur von Beginn zur Mitte der Proben festgestellt. Für die Vorheiztemperaturen 200 bis 500 °C wird zwischen Mitte und Ende eine zunehmende oder konstante Temperatur über die Bauteilhöhe von 10 mm detektiert. Für die Vorheiztemperaturen 600 und 700 °C wird nur ein kleiner Abfall der Temperatur von der Messung in der Mitte und am Ende des Prozesses festgestellt. Nähere Untersuchungen der Wechselwirkungen im Prozess unter Zuhilfenahme von Thermografieaufnahmen werden in Kapitel 6.2 aufgeführt.

Wie in Kapitel 5.1 beschrieben, wird die Oberfläche des Pulverbettes nach Ende des LPBF-Prozesses beim Abkühlen beobachtet, um Blow-Ups zu detektieren. Bei den Versuchen mit Vorheiztemperaturen von 500, 550 sowie 600 °C können diese nach dem Abkühlvorgang festgestellt werden. In Bild 32 links ist das Pulverbett nach der Abkühlung des Versuchs bei 500 °C dargestellt. An den Proben dieser Versuche können Makrorisse, die senkrecht zur Aufbaurichtung verlaufen, visuell festgehalten werden (Bild 32 rechts).

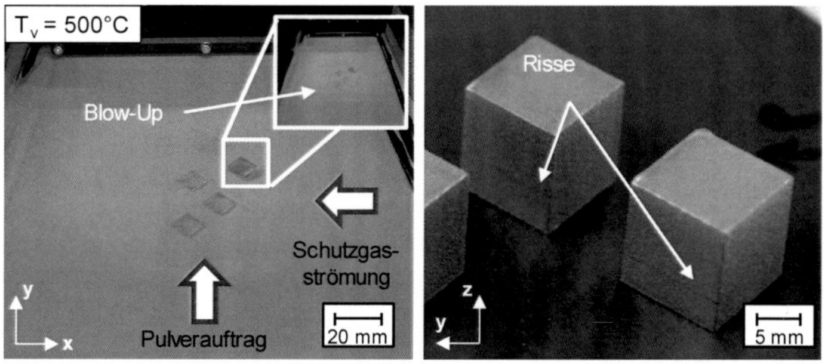

Bild 32: Darstellung der Pulverschicht nach dem Abkühlen von T_v = 500°C mit Blow-Ups (links) und Makrorissen an den Proben (rechts)

In Bild 33 werden ausgewählte Probenquerschliffe, die mit unterschiedlichen Vorheiztemperaturen gefertigt werden, dargestellt. Eine Darstellung aller Querschliffe ist im Anhang 12.8.1 in Bild 98 abgebildet.

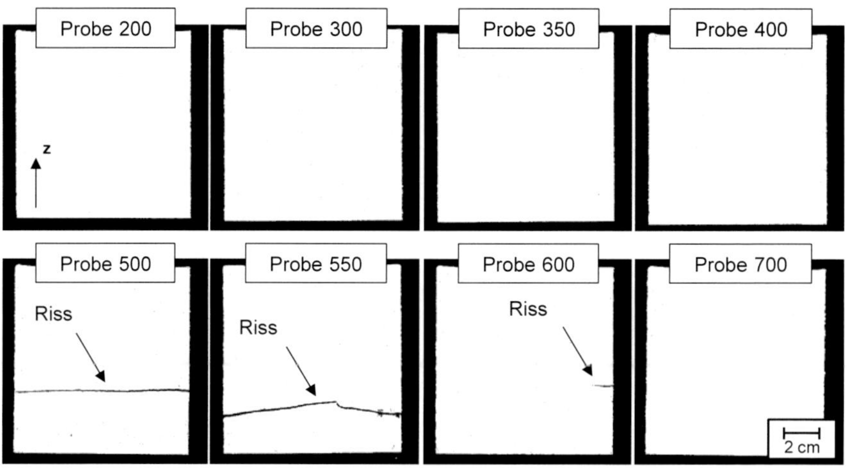

Bild 33: Ausgewählte LM-Aufnahmen von mit verschiedenen Vorheiztemperaturen gefertigten Probenquerschliffen

Zunächst ist festzustellen, dass für alle Proben eine Bauteildichte von mindestens 99,96 % gemessen wird (siehe Anhang 12.8.1 in Bild 97). Entsprechend kann kein Einfluss der Vorheiztemperatur auf die Bauteildichte festgestellt werden. An den Proben 500, 550 und 600 können die zuvor beobachteten visuellen Risse an der Oberfläche der Bauteile auch in den Querschliffen festgestellt werden. Dabei verlaufen die Risse bei den Proben 500 und 550 über den gesamten Querschliff parallel zur Substratplatte. Bei der Probe 600 wird ein Riss ebenfalls parallel zu Substratplatte und mit ca. 1 mm Länge festgestellt.

Durch die Versuchsbeobachtungen, bei der Blow-Ups und somit Risse während des Abkühlvorgangs auftreten, können diese Risse der Kategorie Kaltrisse zugeordnet werden. Diese werden in der Literatur bei Stählen mit großem C-Gehalt auf thermisch induzierte Eigenspannungen zurückgeführt [13, S. 165–168]. Dabei entstehen Zugspannungen durch den Temperaturgradienten während der Erstarrung und Druckspannungen durch die Ausdehnung bei der Martensitumwandlung. Die Druckspannungen sind bei Werkzeugstählen (inkl. Schnellarbeitsstählen) meist ausgeprägter [87].

In Bild 34 werden REM-Aufnahmen mit BSE-Detektor von der Probenmitte der Probe 200 dargestellt. Die Schweißspurgrenze sowie Korngrenzen werden beispielhaft hervorgehoben.

Im Innern der Schweißspur (Detail 1) können zwei Formen des Kristallwachstums festgestellt werden. Zum einen wird säulenförmiges kolumnares Kristallwachstum beobachtet. Die Wachstumsrichtung wird, entsprechend des Temperaturgradienten im Prozess, entlang der Schweißspurgrenze zum Zentrum der Schweißspur und in Aufbaurichtung z festgestellt. Zum anderen können entlang der Schweißspurgrenze und bei Detail 2 nahezu gleichachsige Kristalle beobachtet werden, welche in Aufbaurichtung gerichtet sind.

Die Dendriten entstehen durch die schnelle Erstarrung und die starke konstitutionelle Unterkühlung der Schmelze während des LPBF-Prozesses (siehe Anhang 12.2) und werden durch die gerichtete Wärmeabfuhr zu länglichen säulenförmigen kolumnaren Körnern geformt [39, S. 139–142, 108]. An der Grenze zum Festkörper (Schweißspurgrenze) kann eine große Keimzahl für eine heterogene Keimbildung angenommen werden, die zu einer schnellen Abfuhr der bei der Erstarrung freigesetzten Wärme führt. Die gezeigte Mikrostruktur und der Mechanismus sind typisch für erstarrte Werkstoffe nach dem LPBF-Prozess [109]. Die Bereiche mit einer scheinbar gleichachsigen Erstarrungsstruktur (siehe Detail 2) können durch einen lokal reduzierten Temperaturgradienten oder energetisch günstigere Wachstumsrichtungen verursacht werden. Vermutlich sind dort kolumnare

Dendriten quer zur Aufbaurichtung zu beobachten, welche einer globularen Morphologie ähnlichsehen können.

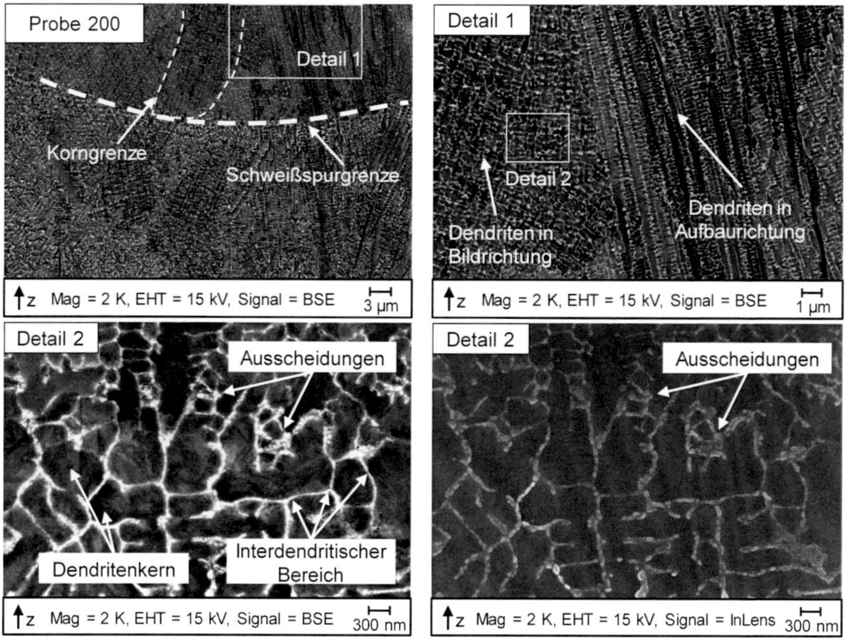

Bild 34: REM-Aufnahmen mit BSE-Detektor und InLens-Detektor (unten rechts) in der Mitte der Probe 200

In Bild 34 unten können im Detail die Dendritenkerne und netzartige interdendritische Bereiche deutlich unterschieden werden. Die interdendritischen Bereiche erscheinen in den Aufnahmen mit BSE-Detektor im Gegensatz zu den Zellen hell. Dies wird durch schwere Elemente (hohe Ordnungszahl), welche zu einer größeren Rückstreuung führen als Fe-reiche Zellen, verursacht. In der Abbildung mit InLens-Detektor werden die Ausscheidungen kontrastreicher dargestellt und eine Größe im Bereich 100-300 nm wird festgestellt. Nach dem Stand der Technik sind diese Ausscheidungen vermutlich Karbide innerhalb der interdendritischen Bereiche [54, 57, 77]. Die beschriebenen Strukturen können ebenfalls an der Probe 350 festgestellt werden (siehe Anhang 12.8.3 in Bild 99).

Die REM-Aufnahmen mit BSE-Detektor von den Proben 400, 500, 600 und 700 sind in Bild 35 dargestellt.

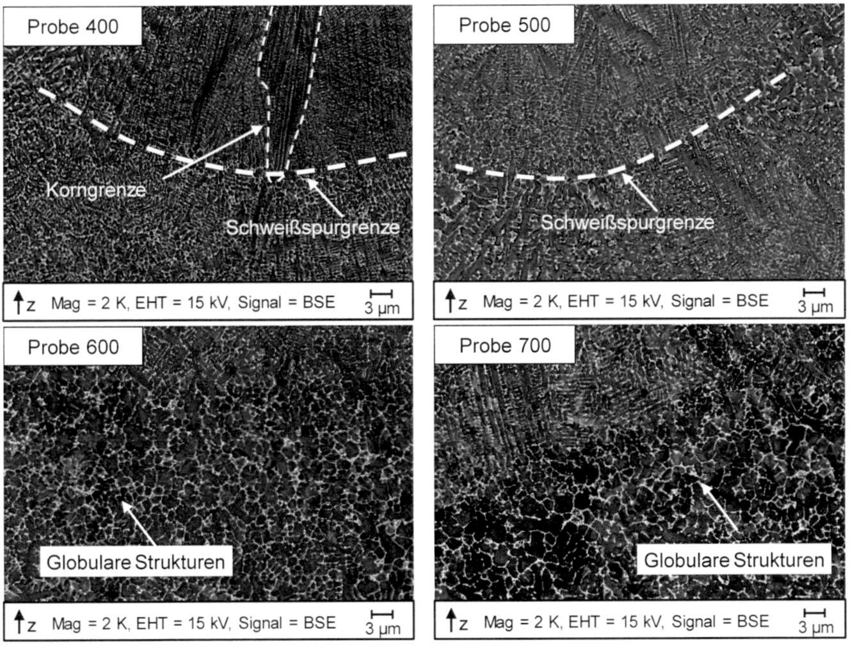

Bild 35: REM-Aufnahmen mit BSE-Detektor in der Mitte der Proben 400, 500, 600 und 700

Für die Proben 400 und 500 sind die Schweißspurgrenzen zu erkennen und eingezeichnet. Die Strukturen bei Probe 400 sind wie zuvor in Bild 34 beschrieben kolumnar dendritisch. Für die Probe 500 können keine Körner bzw. Korngrenzen im Vergleich zur Probe 400 identifiziert werden. In den Aufnahmen der Proben 600 und 700 werden im Vergleich gröbere und globulare Strukturen vermutet.

Vergrößerte REM-Aufnahmen mit BSE-Detektor der Proben 400, 500, 600 und 700 sind in Bild 36 dargestellt.

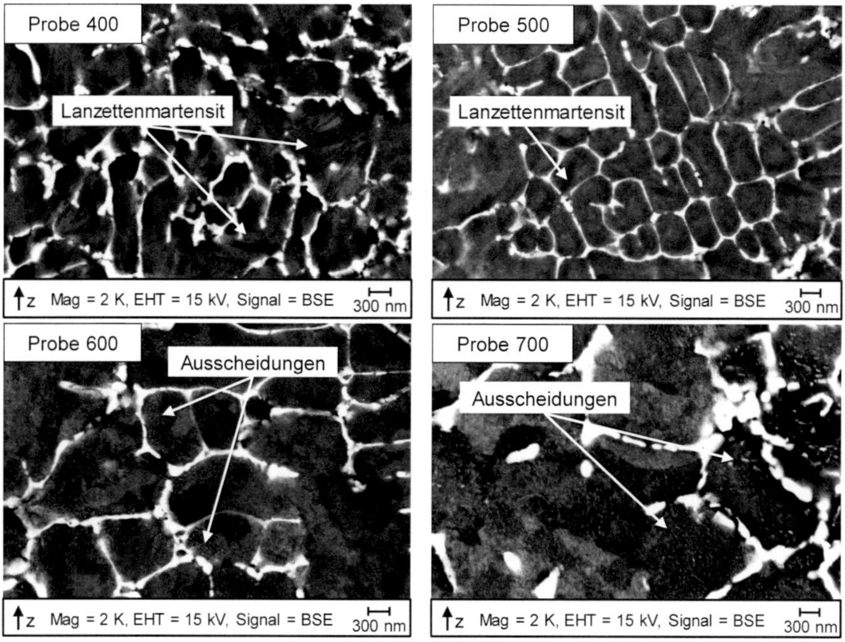

Bild 36: Vergrößerte REM-Aufnahmen mit BSE-Detektor in der Mitte der Proben 400, 500, 600 und 700

In diesen vergrößerten Aufnahmen werden im Vergleich zur Fertigung bei 500 °C größere Martensitlanzetten in den Zellen der Probe 400 vermutet. Für die Proben 600 und 700 können entlang der interdendritischen Bereiche zunehmende Ausscheidungen in die Dendritenkerne festgestellt werden. Die Vorheiztemperaturen im Prozess führen somit zu Diffusionsvorgängen zwischen den interdendritischen Bereichen und den Dendritenkernen.

Mithilfe eines EDX-Mappings kann die 2D-Elementarverteilung in einer REM-Aufnahme dargestellt werden. In Bild 37 wird die REM-Aufnahme mit BSE-Detektor (oben links) und für die ausgewählten Elemente Fe, Cr, Mo, V und W ein EDX-Mapping dargestellt. Eine große Helligkeit des Bildes stellt ein großes Vorkommen des jeweilen Elementes in den Bereichen dar.

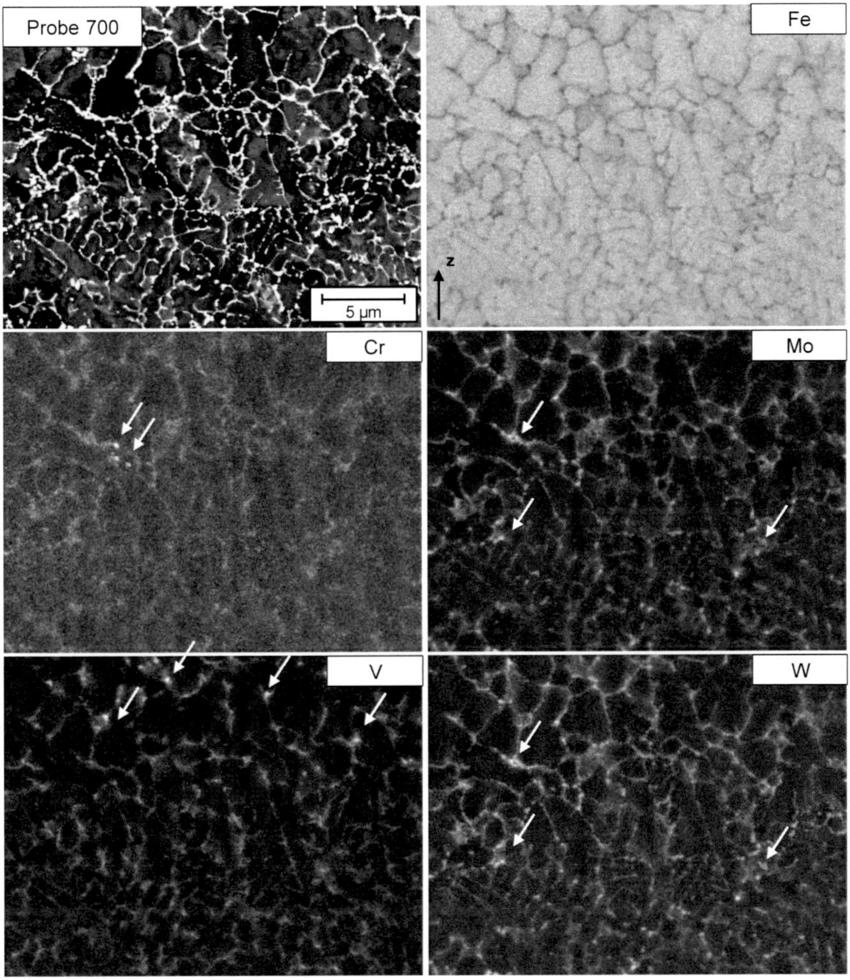

Bild 37: REM-Aufnahme mit BSE-Detektor in der Mitte der Probe 700 (oben links) und EDX-Mapping der Legierungselemente Fe, Cr, Mo, V und W

Für Fe werden deutlich größere Helligkeiten im Bereich der Dendritenkerne als bei den interdendritischen Netzen festgestellt. Dahingegen wird für die karbidbildenden Elemente Cr, Mo, V und W eine erhöhte Helligkeit in den interdendritischen Netzen beobachtet. Für diese Elemente werden vereinzelt konzentriert helle Bereiche hauptsächlich in den Netzen identifiziert, welche mit Pfeilen exemplarisch im Bild gekennzeichnet werden. Selten werden auch helle Punkte in den Zellen beobachtet, welche ausgelöst durch die hohe Vorheiztemperatur (700 °C) diffundierte Legierungselemente oder Sonderkarbidbildung (siehe Kapitel 2.1.2) darstellen könnten.

Aufgrund der kleineren Löslichkeit der Legierungselemente werden bei der dendritischen Erstarrung C-, V-, W-, Mo- und Cr-haltige Ausscheidungen, vermutlich Karbide, in den interdendritischen Bereichen gebildet. Diese Ausscheidungen werden in den REM-Aufnahmen mit BSE-Detektor hell dargestellt und können durch die Anreicherung der Legierungselemente direkt aus der Schmelze gebildet werden. Entsprechend der Literatur [110] werden beim thermische Spritzverfahren von HS6-5-3-8 MC-, M_2C- und M_6C-Karbide gebildet. Während MC-Karbide direkt aus der Schmelze gebildet werden, können aufgrund der schnellen Erstarrung und des großen C-Gehalts metastabile M_2C-Karbide erzeugt werden [110, 111]. Aufgrund des Wärmeeintrages durch das Aufschmelzen der nachfolgenden Schichten im LPBF-Prozess und die Vorheiztemperaturen können die metastabilen M_2C-Karbide zu MC und M_6C zersetzt werden [110]. M_6C und $M_{23}C_6$ können auch in einer übersättigten Matrix bei Temperaturen zwischen 700 °C und 800 °C gebildet werden [110].

Nachfolgend werden EBSD-Analysen aufgeführt, wodurch u.a. kubisch-flächenzentrierter (kfz) Austenit und kubisch-raumzentrierter (krz) Ferrit identifiziert werden kann. Detektierter Austenit in EBSD-Analysen kann grundsätzlich als RA bezeichnet werden (Kapitel 2.1.2). Jedoch sind neben der Unterscheidung von Ferrit und RA die Indizierung von anderen Phasen im Stahlgefüge mittels EBSD eine Herausforderung. Wie in Kapitel 2.1.2 aufgeführt, wird mit Bainit eine spezifische Mikrostruktur beschrieben, die aus Ferrit und Zementit besteht. Anhand von EBSD-Analysen ist eine Unterscheidung von Ferrit und Bainit nicht möglich, da identische Einheitszellen vorliegen. Die Phase Martensit besteht aus tetragonal raumzentrierten Zellen und wird häufig als Pseudo-krz-Struktur definiert, wodurch Martensit wie Ferrit detektiert wird. Jedoch wird durch Martensit aufgrund der Verzerrung des Gitters häufig ein kleinerer Kontrast in der IQ-Map erzeugt, wodurch Martensit von Ferrit unterschieden werden kann. [112]

In Bild 38 wird die IPF-Map von RA (links) und Ferrit (rechts) der EBSD-Analysen der Proben 200, 350, 400, 500, 600 und 700 in z-Richtung dargestellt.

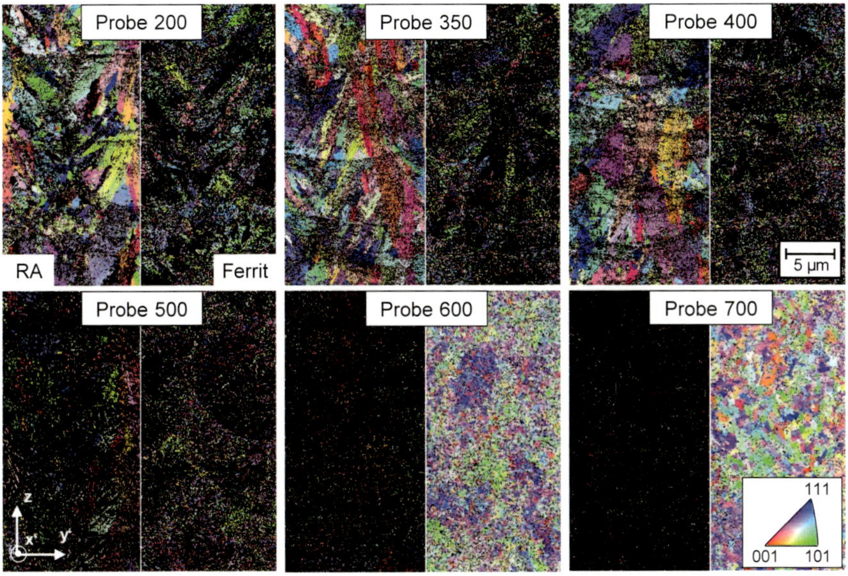

Bild 38: IPF-Maps jeweils aufgeteilt nach RA (links) und Ferrit (rechts) in der Mitte der Proben 200, 350, 400, 500, 600 und 700

Qualitativ ist festzustellen, dass mit steigender Vorheiztemperatur der RA-Anteil sinkt. Weiterhin sind die Körner bei den Vorheiztemperaturen 200 bis 400 °C größer und teilweise kann epitaktisches Kornwachstum vermutet werden. In diesem Bereich der Vorheiztemperaturen wird visuell eine ähnliche Textur festgestellt. Zum Vergleich ist die IPF-Map von RA in der Mitte und in den letzten Schichten (Oben) der Proben 200, 350 und 400 im Anhang 12.8.3 in Bild 100 dargestellt. Zwischen Oben und Mitte der Proben können bezüglich Form und Aufkommen von RA bzw. Ferrit visuell keine hervorgehobenen Unterschiede festgestellt werden.

Der Ferritanteil im Gefüge nimmt mit steigender Vorheiztemperatur bei der Fertigung von 200 bis 500 °C ab. Dabei werden die Ferritkörner kleiner. Für die Proben 600 und 700 hingegen wird ein deutlich größerer Ferritanteil dargestellt. Dabei ist das Gefüge der Proben 600 und 700 durch kleinere und rundere (globulare) Körner stark abweichend von den restlichen Proben. Zudem sind die Körner bei Probe 700 im Vergleich mit Probe 600 größer. Ein Vergleich der IPF-Map von Ferrit in der Mitte der Probe und Oben ist für die

Proben 500, 600 und 700 in Bild 101 dargestellt. Dabei sind besonders für die Proben 600 und 700 die Phasen RA und Ferrit in der letzten Schicht weniger ausgeprägt als in der Mitte der Proben. Dagegen zeigt Probe 500 eine größere Indizierung der Phasen in der letzten Schicht im Vergleich zur Probenmitte.

Die Ergebnisse der EBSD-Analysen sind für die Proben 350, 500 und 700 jeweils in Bild 39, Bild 40 und Bild 41 dargestellt. Für die Darstellung der EBSD-Ergebnisse in dieser Arbeit werden links oben die IQ-Map und rechts oben die IPF-Map mit einer Einfärbung der Kornorientierung in Aufbaurichtung abgebildet. Im unteren Bereich der Bilder werden die Inverse Polfiguren der kristallographischen Orientierung von RA (links) und Ferrit (rechts) mit einer Farbgebung entsprechend der Orientierungsdichteverteilungsfunktion (ODF) dargestellt. Ein quantitativer Vergleich der Grauwerte der IQ-Maps der EBSD-Analysen der Proben ist im Anhang 12.8.3 in Bild 102 dargestellt. Die Übersichten der anzahl- bzw. flächengewichteten mittleren Korngrößen aller Proben sind im Anhang 12.8.3 in Bild 103 und Bild 104 aufgeführt.

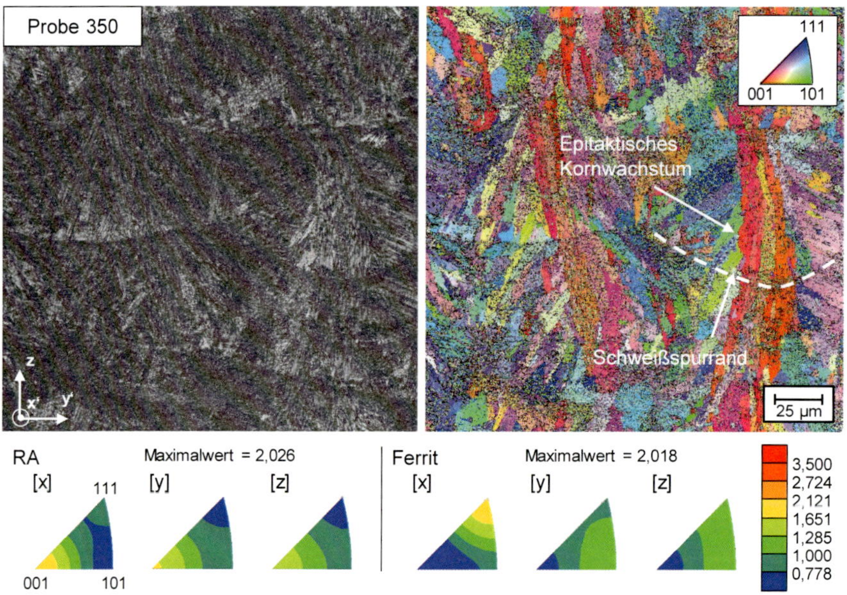

Bild 39: EBSD-Analyse in der Mitte der Probe 350: IQ-Map (links oben), IPF-Map in z-Richtung (rechts oben), Inverse Polfiguren für RA (unten links) und Ferrit (unten rechts), mittlerer CI = 0,57

Für Probe 350 kann für die RA-Körner in Betrachtungsrichtung x eine Vorzugs-orientierung in <001> festgestellt werden. Dagegen sind die Ferritkörner für die Analyserichtung x in <111> gerichtet. Dabei wird bereits von einer Vorzugsorientierung ausgegangen, wenn die ODF-Werte (Maximalwerte) die Größenordnung 2 überschreiten [113]. Die Vorzugsorientierung der Mikrostruktur entspricht damit nicht der erwarteten ausgeprägten Orientierung in Aufbaurichtung z des Bauteils (siehe Kapitel 2.2.2). Die Wachstumsrichtung der Körner folgt dabei mit der kleinsten Fehlorientierung dem Wärmestrom, welcher üblicherweise durch die Wärmesenke in der Substratplatte bzw. in den bereits erstarrten Schichten vorgegeben wird. Jedoch wird durch die Vorheiztemperatur eine geringere Wärmesenke als bei Versuchen bei RT verursacht. Eine ähnliche Orientierung kann ebenfalls für Proben aus M2 gefertigt bei Vorheiztemperaturen von 180 °C festgestellt werden [54]. Durch die großen Abkühlraten im LPBF-Prozess werden die Bildung von Ferrit/Martensit unterdrückt und die Erstarrung der Austenitphase erzwungen (siehe Kapitel 2.2.4) [80]. Diese Phase besteht aus der zuvor gezeigten zellularen Struktur, in der die Legierungselemente in den interdendritischen Bereichen angereichert werden und Karbiden, die in den Verknüpfungspunkten der Zellnetze gebildet werden. Bei kleineren Temperaturen bzw. der Abkühlung nach dem Prozess findet teilweise eine Umwandlung des Austenits in Martensit statt, welcher hier als Ferrit indiziert wird. Auch in [90] kann (ohne Vorheiztemperaturen) nur eine geringe Vorzugsorientierung für Austenit und keine eindeutige Orientierung für Martensit abgeleitet werden. Dies wird darauf zurückgeführt, dass Martensit bei der Abkühlung aus den primären Austenitkörner gebildet wird und die Umwandlung nicht vollständig abgeschlossen wird. Weiterhin kann vermutet werden, dass durch die Probenpräparation (Polieren) und die geringe Einbringung von Wärme Austenit eine geringe Vorzugsorientierung in x erhalten kann.

Vereinzelt können an Probe 350 Körner beobachtet werden, die Schweißspurgrenzen überschreiten. Diese Übernahme der Wachstumsrichtung aus vorherigen Schichten definiert epitaktisches Kornwachstum. Eine Vorzugsorientierung in Aufbaurichtung sowie epitaktisches Kornwachstum werden in der Literatur häufig für Materialien nach der Verarbeitung mittels LPBF beobachtet (siehe Kapitel 2.2.2) [114]. Diese Beobachtungen können durch die EBSD-Messung der Probe 350 im Bereich der letzten Schicht unterstützt werden (siehe Anhang 12.8.3 in Bild 105).

Die in Bild 40 dargestellte IQ-Map der Mitte der Probe 500 weist im Vergleich zu Bild 39 eine kleinere Helligkeit und kleineren Kontrast auf. Beim Vergleich der Grauwerte auf einer Skala von 0-255 weist Probe 500 einen mittleren Grauwert von 75,3 auf, während bei Probe 350 ein mittlerer Grauwert von 124,8 festgestellt wird. Auch mit der erneuten Analyse der Probe 500 mit halbierter Schrittweite auf 50 nm wird ein ähnliches Ergebnis mit einem mittleren Grauwert von 88,7 erzielt, wobei eine Erhöhung des CI-Wertes von 0,2 auf 0,34 im Mittel erreicht werden kann (siehe Anhang 12.8.3 in Bild 106).

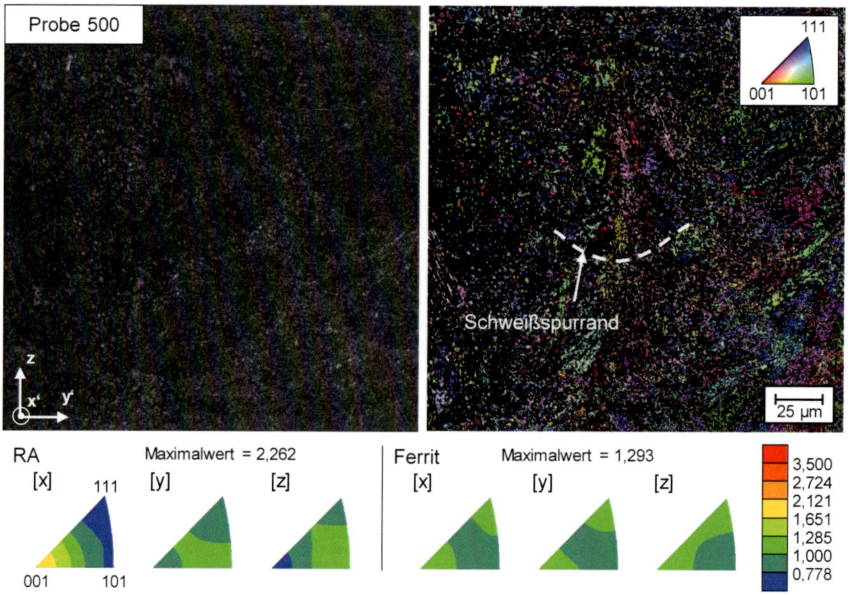

Bild 40: EBSD-Analyse in der Mitte der Probe 500: IQ-Map (links oben), IPF-Map in z-Richtung (rechts oben), Inverse Polfiguren für RA (unten links) und Ferrit (unten rechts), mittlerer CI = 0,2

In der Richtung x kann eine Vorzugsorientierung für die RA-Körner in <001> beobachtet werden. Für die Ferritkörner kann keine Vorzugsorientierung festgestellt werden. Mit der Auswertung mit halbierter Schrittweite von 50 nm wird diese Feststellung unterstützt (Anhang 12.8.3 in Bild 106). Die kleinere Indizierung kann möglicherweise durch ein sehr feines Gefüge verursacht werden. Weiterhin wird die Umwandlung von Austenit in Martensit nach der Fertigung bei 500 °C vermutlich bei kleineren Temperaturen bzw. der Abkühlung nach dem Prozess ausgelöst und scheint zu einem feineren Gefüge zu führen als bei der Probe 350.

Durch die Vorheiztemperaturen oberhalb der Martensitstarttemperatur können theoretisch Martensitumwandlungen unterdrückt werden. Jedoch kann anhand der Ergebnisse vermutet werden, dass durch die Vorheiztemperatur der RA im erstarrten Bauteil zu Martensit umgewandelt wird. Dies wird vermutlich durch eine in-situ Wärmebehandlung im LPBF-Prozess und später bei der Abkühlung zu Raumtemperatur verursacht. Dabei werden vermutlich besonders kleine Ferritkörner aus dem primären Austenit gebildet [13, S. 36–41], welche bei der Analyse mittels EBSD nur bei der kleinsten Schrittweite detektiert werden können. Bei konventionellem HS6-5-3-8 wird beim Anlassen im Temperaturbereich von 500 bis 550 °C durch die Karbidausscheidung eine Versprödung des Werkstoffs hervorgerufen. Die Versprödung durch Martensitbildung und Karbidausscheidung führt zur Herabsetzung der Zähigkeit, wodurch die Rissanfälligkeit steigt [17, S. 170–172].

Bei der EBSD-Analyse der Probe 700 weist die IQ-Map in Bild 41 im Vergleich zu Bild 39 und Bild 40 die größte Helligkeit auf mit einem mittleren Grauwert von 200,7 in einem Bereich von 0-255.

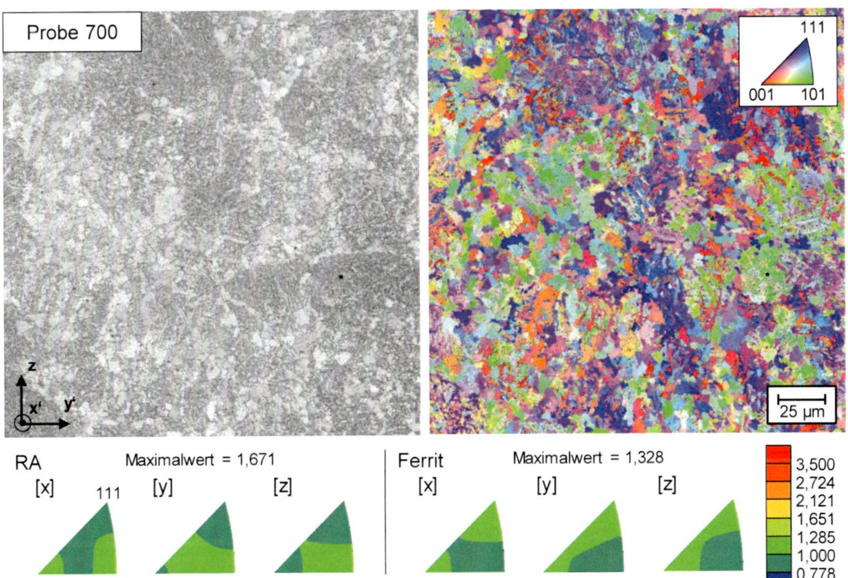

Bild 41: EBSD-Analyse in der Mitte der Probe 700: IQ-Map (links oben), IPF-Map in z-Richtung (rechts oben), Polfiguren für RA (unten links) und Ferrit (unten rechts), mittlerer CI = 0,67

Für RA wird die flächengewichtete mittlere Korngröße von 1,11 ± 1,67 µm festgestellt. Die mittlere Korngröße für Ferrit beträgt flächengewichtet 5,65 ± 3,77 µm. Eine Vorzugsorientierung kann weder für RA-Körner noch für die Ferritkörner festgestellt werden.

Die IQ-Map der Probe 700 zeigt ein helles Bild in der Mitte der Probe, wodurch der detektierte Ferrit vermutlich nicht wie zuvor Martensit darstellt. Da die ursprünglichen Schweißspuren nicht zu erkennen sind und das Gefüge feinkörnig vorliegt, wird eine Rekristallisation des Gefüges vermutet. Die Rekristallisation ist eine Glühbehandlung von Stahl, welche durch Temperaturen im Bereich 550-700 °C zur Keimbildung und Kornwachstum führt bis aus den alten Körnern ein neues Kristallgitter entsteht [14, S. 84-88].

Die in der EBSD-Analyse ausgewerteten RA- und Ferritanteile sind im Diagramm in Bild 42 für die Messposition Mitte der Proben dargestellt. Dabei werden die Proben 200, 350, 400, 500, 600 und 700 untersucht. Für die Probe, welche bei 500 °C gefertigt wird, wird eine zweite EBSD-Messung dargestellt mit kleinerer Schrittweite (50 nm statt 100 nm). Weiterhin wird der Anteil der EBSD-Analyse angezeigt, welcher nicht identifiziert (N.I.) werden kann.

Bild 42: Gesamtanteil Ferrit, RA und N.I. (nicht identifiziert) gemessen in der Mitte der Proben 200, 350, 400, 500, 600 und 700

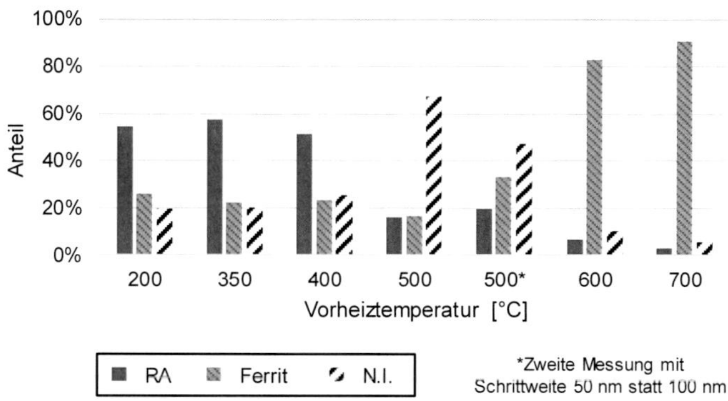

Für die Proben 200, 350 und 400 werden RA-Anteile von 55, 58 und 51 % festgestellt. Der Ferritanteil dieser Proben liegt bei 30, 24 und 28 %. Entsprechend wird der N.I.-Anteil der Proben mit 20-26 % dargestellt. Für die Probe 500 werden 16 % RA und 17 % Ferrit gemessen, welche ein ähnliches Verhältnis der beiden Phasen vermuten lässt. Jedoch ist der N.I.-Anteil mit

67 % sehr groß, so dass eine klare Aussage über die Phasenanteile nicht möglich ist. Eine erneute Messung der Probe 500 bei kleinerer Schrittweite führt zu einer größeren Indizierung der Phasen. Dabei werden 20 % RA und 33 % Ferrit mit einem kleineren aber weiterhin im Vergleich zu den anderen Proben großen N.I.-Anteil von 47 % festgestellt. Für die Proben 600 und 700 wird ein kleinerer RA-Anteil von 7 bzw. 3 % gemessen. Ein Ferritanteil von 83 bzw. 91 % wird festgestellt, wodurch der N.I.-Anteil bei ≤ 10% liegt.

Das Diagramm der Phasen RA und Ferrit für die Messposition Oben an den Proben (letzte Schicht) ist im Anhang 12.8.3 in Bild 108 dargestellt. Tendenziell wird bei den Proben 200, 350 und 400 ein größerer Ferritgehalt in der oberen Schicht festgestellt sowie ähnlich große N.I.-Anteile. Für Probe 500 wird in der letzten Schicht ein N.I.-Anteil von 26 % mit 39 % RA und 34 % Ferrit gemessen. An Probe 600 wird ein erhöhter N.I.-Anteil von 49 % und 17 % RA in der obersten Schicht festgestellt. Dahingegen sinkt der N.I.-Anteil auf 29 % bei Probe 700 mit einem RA-Anteil von 11 %.

Der RA-Anteil der Proben sinkt mit steigender Vorheiztemperatur bei der Fertigung, während der Ferritanteil steigt. Durch die Wiederholung der Messung an Probe 500 und die damit erreichte Reduzierung des N.I.-Anteils wird deutlich, dass ein sehr feines Gefüge vorliegen muss. Durch die Reduzierung des N.I.-Anteils von 67 & auf 47 % werden ein um 4% größerer RA-Anteil und ein um 16 % größerer Ferritanteil festgestellt. Dadurch kann vermutet werden, dass bei den Proben ein noch größerer Anteil sehr feinen Ferritgefüges vorliegt, welcher den N.I.-Anteil verursacht.

In Bild 43 wird die Bauteilhärte abhängig von der Vorheiztemperatur, die bei der Fertigung der Proben verwendet wird, dargestellt. Die Standardabweichung der Härtemessungen wird als Fehlerindikator angezeigt.

Bild 43: Bauteilhärte für Vorheiztemperaturen 200°C bis 700°C

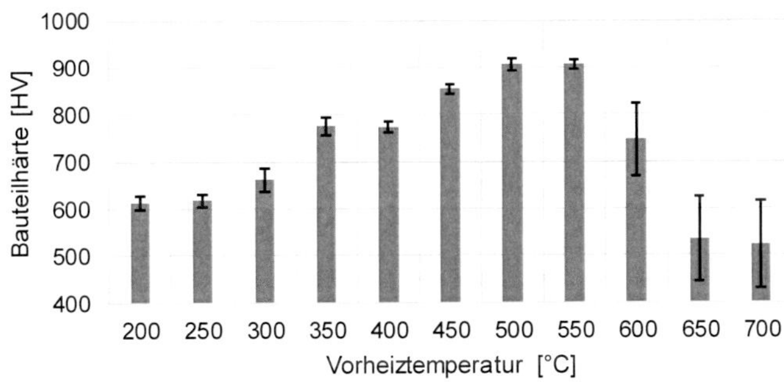

Die Proben weisen mit zunehmender Vorheiztemperatur bis 550 °C einen Anstieg der Bauteilhärte auf. Bei den Proben 200 und 250 werden ähnliche mittlere Härtewerte im Bereich von 612 – 618 HV gemessen. Durch die Fertigung bei 350 °C wird eine mittlere Bauteilhärte von 776 ± 18 HV erreicht. Die größte Bauteilhärte wird für die Proben 500 und 550 mit einer mittleren Bauteilhärte von 906 ± 13 HV bzw. 906 ± 10 HV analysiert. Für die Vorheiztemperaturen 600 bis 700 °C wird eine sinkende Bauteilhärte beobachtet. Die kleinste Bauteilhärte wird für die Probe 700 mit einer mittleren Bauteilhärte von 522 ± 93 HV identifiziert. Somit kann ein Härtemaximum der gefertigten Proben in dem gleichen Temperaturbereich wie das Sekundärhärtemaximum der konventionellen Anlasskurve von HS6-5-3-8 (Kapitel 2.1.5) festgestellt werden.

Die Standardabweichung der Härtemessungen der Proben 600, 650 und 700 sind im Vergleich zu den restlichen Messungen größer. In Bild **44** ist exemplarisch die Bauteilhärte über die Bauteilhöhe z für die Proben 500 (links) und 700 (rechts) dargestellt.

Bild 44: Bauteilhärte über Bauteilhöhe bei T_V = 500 °C und T_V = 700 °C

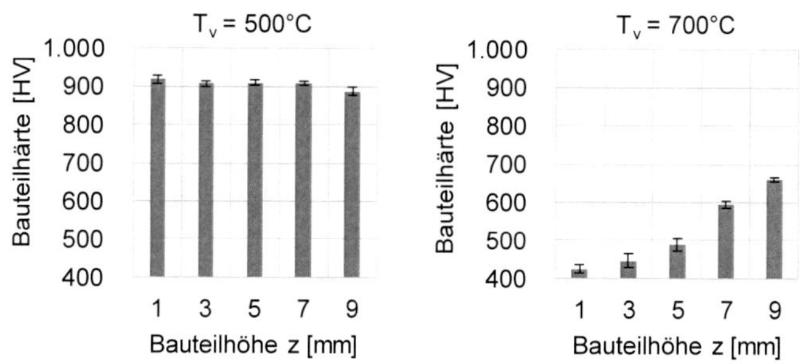

Für Probe 500 ist die Bauteilhärte von ca. 902 – 915 HV über die Bauteilhöhe annähernd konstant. An der Probe 700 wird eine steigende Bauteilhärte über die Bauteilhöhe z festgestellt. Bei z = 1 mm wird eine Bauteilhärte von 459 ± 10 HV und bei z = 9 mm eine Bauteilhärte von 696 ± 16 HV gemessen. Damit wird ein Härteunterschied von 237 HV über die Bauteilhöhe und damit eine Standardabweichung von 91,8 HV bei einem Mittelwert von 522,4 HV festgestellt. In allen Proben, die bei 200 bis 550 °C gefertigt werden, kann für alle Proben eine maximale Standardabweichung von 23 HV über die Bauteilhöhe festgestellt werden (siehe Anhang 12.8.1 in Bild 96).

Die Wärmebehandlung über die Bauteilhöhe führt bei den Vorheiztemperaturen 200 bis 550 °C zu nahezu gleichbleibenden Bauteilhärten über die Bauteilhöhe der jeweils gefertigten Proben. Für die Proben 600, 650 und 700 werden starke Abweichungen der Bauteilhärten über die Bauteilhöhe ermittelt. Die reine Prozesszeit der Versuche beträgt ca. zwei Stunden, wobei die anschließende Abkühlung entsprechend der Vorheiztemperatur durch die konstante Abkühlrate von 10 K/min variiert. Die Proben werden einem bauteilhöhenabhängigen Zeit-Temperatur-Verlauf ausgesetzt, welche mit einer Anlassbehandlung verglichen werden kann. Durch die schichtweise Fertigung und die konstante Probengeometrie, welche zu gleichbleibenden Schichtzeiten führt, werden die bereits verfestigte Schichten einer Wärmbehandlung mit linear abnehmender Zeit über der Bauteilhöhe ausgesetzt. Die Anlassbehandlung bei Vorheiztemperaturen von ≥ 600 °C führt zu einer Erweichung des Martensits, jedoch ebenfalls zur fast vollständigen Umwandlung von RA in Ferrit. Auf Basis der EBSD-Analyse sowie der Bauteilhärte wird eine Rekristallisation durch die Wärmebehandlung vermutet. Aufgrund der Bauteilhärte, der Textur und der IQ-Map wird festgestellt, dass der detektierte Ferrit bei Probe 600 und 700 kein Martensit ist. Durch die REM-Aufnahmen können Ausscheidungen verursacht durch Diffusion beobachtet werden. Die Diffusion wird erst durch die größeren Temperaturen und durch die Zeit, die die Fertigung benötigt, im erstarrten Bauteil ermöglicht [13, S. 48–51].

Grundsätzlich können bei dem Vergleich der Ergebnisse dieses Kapitels bezüglich Gefüge und Bauteilhärte drei Bereiche identifiziert werden, siehe Bild 45.

Bild 45: Bauteilhärte der LPBF gefertigten Proben sowie RA-, Ferrit- und N.I.-Anteil der EBSD-Analysen

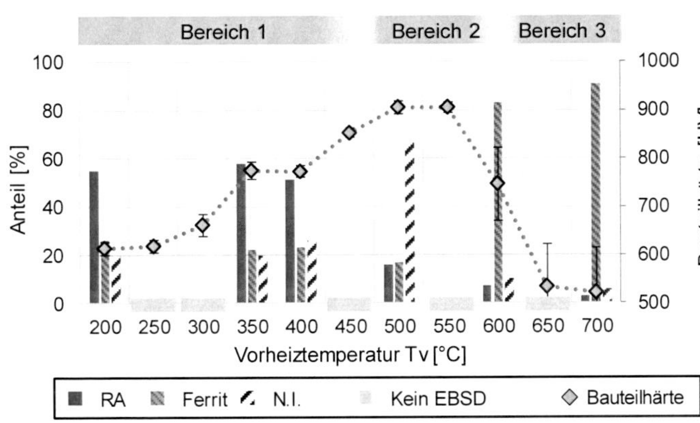

In Bereich 1 werden die Vorheiztemperaturen von 200 bis 450 °C gefasst. In diesem Bereich treten keine Risse in den Proben nach der Fertigung mittels LPBF auf. Mit steigender Vorheiztemperatur bei der Fertigung ist eine zunehmende Bauteilhärte zu beobachten. Jedoch sind gleichbleibende Mikrostrukturen (REM) an den Proben festzustellen. Die Proben in Bereich 1 haben einen großen RA-Anteil von 51-58 %. Für Proben in Bereich 1 kann der durch EBSD-Analysen detektierte Ferrit als Martensit eingeordnet werden, da kleinere Grauwerte in der IQ-Map beobachtet werden können im Vergleich zu Bereich 3 (siehe Anhang 12.8.3 in Bild 102). Der detektierte Ferrit könnte ebenfalls Bainit sein, jedoch ist dies nicht mittels EBSD nachweisbar. Die jeweiligen RA- und Ferritanteile sind nahezu gleichbleibend für die Vorheiztemperaturen von 200 und 350 °C. Bei Probe 400 wird ein leicht kleinerer RA-Anteil sowie steigender N.I.-Anteil festgestellt. Mit dem verbleibenden N.I.-Anteil könnte ein größerer Anteil Ferrit als RA verborgen liegen. Dies kann aufgrund des größeren indizierten Ferritgehaltes nach der widerholten Messung mit kleinerer Schrittweite an Probe 500 vermutet werden. Somit könnte die Härtesteigerung mit steigender Vorheiztemperatur von 200 auf 400 °C auf einen steigenden Martensitgehalt zurückgeführt werden. Bei dem konventionellen Anlassen kann eine abnehmende Martensithärte ab einer Anlasstemperatur von 300 °C sowie eine Umwandlung von RA zu Martensit ab einer Anlasstemperatur von 400 °C vermutet werden (siehe Kapitel 2.1.5). Durch die Martensitumwandlung kann eine Art Kornfeinung des (Primär-)Austenits in sehr kleine Körner mit vielen Korngrenzen verursacht werden, wodurch bei der Analyse ein größerer N.I.-Anteil vorliegt. Weiterhin führt die Kornfeinung zu einer Festigkeitssteigerung. Durch feinere Körner und mehr Korngrenzen werden Versetzungen verhindert und eine Steigerung der Festigkeit wird erreicht. Dieser Effekt wird auch Hall-Petch-Beziehung bezeichnet [115]. Bei steigender Vorheiztemperatur in der Fertigung können ebenfalls mehr Karbidausscheidungen vermutet werden, da diese zu einer steigenden Bauteilhärte führen (siehe Kapitel 2.1.5).

Zu Bereich 2 werden die Vorheiztemperaturen 500 bzw. 550 °C gezählt, durch die in der Fertigung Proben mit Makrorissen und den maximalen Bauteilhärten hergestellt werden. In diesem Bereich wird in der EBSD-Analyse an Probe 500 im Vergleich die kleinsten Körner (und entsprechend viele Korngrenzen) festgestellt. Dadurch werden große N.I.-Anteile verursacht und somit keine klaren Aussagen über die Phasenanteile von RA und Ferrit möglich. Auf Basis der IQ-Map und der wiederholten Messung bei halber Schrittweite sowie der konventionellen Anlasskurve (siehe Kapitel 2.1.5) kann ein großer Martensitanteil sowie die Bildung von Sonderkarbiden vermutet werden, welche zu einer großen Bauteilhärte führen. Die Hall-Petch-Beziehung kann durch die abnehmende Korngröße mit steigender Vorheiztemperatur bis 500 °C bei gleichzeitig steigender Bauteilhärte belegt werden, siehe Anhang 12.8.3 in Bild 103.

Bis zu Vorheiztemperaturen von 550 °C kann das Effektdiagramm aus Bild 46 aufgestellt werden.

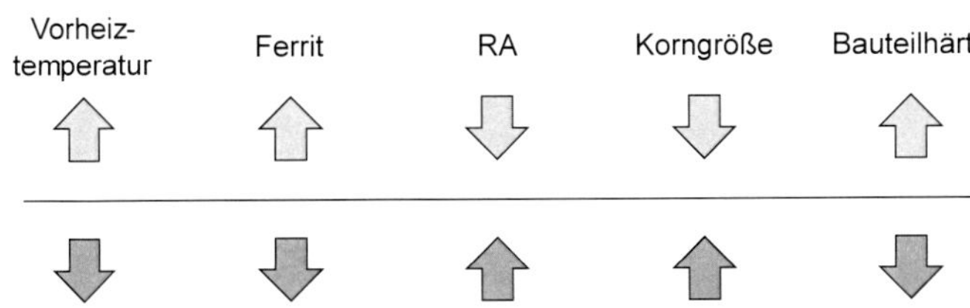

Bild 46: Auswirkungen der Wärme (bzw. Temperatur) der Proben

Proben mit großer Vorheiztemperatur bis 550 °C weisen im Vergleich den größten Ferritanteil und den kleinsten RA-Anteil sowie die kleinsten Korngrößen auf mit einer resultierenden großen Bauteilhärte. Im Gegenzug wird für Proben mit kleineren Vorheiztemperaturen im Prozess der im Vergleich kleinste Ferritanteil, größte RA-Anteil sowie die größte Korngröße mit der kleinsten Bauteilhärte gemessen.

Durch Bereich 3 werden Vorheiztemperaturen ab 600 °C beschrieben. Jedoch ist deutlich, dass die Probe 600 Eigenschaften aufweist, welche auch in Bereich 2 fallen, da an Probe 600 ein kleinerer Makroriss festgestellt wird. Bei den Proben, die mit Vorheiztemperatur 650 und 700 °C gefertigt werden, sind wiederum keine Risse zu beobachten. In Bereich 3 werden an den Proben große Gradienten in der Bauteilhärte mit der Bauteilhöhe festgestellt. Dabei wird eine kleinere Bauteilhärte in dem unteren Bereich der Proben festgestellt, welche über die Bauteilhöhe steigt. Durch den LPBF-Prozess und die Vorheiztemperatur wird eine in-situ Wärmebehandlung der Proben durchgeführt, welche dazu führt, dass Ferrit und kein Martensit im Gefüge vorliegen. Mit der Bauteilhöhe ist ein Anstieg der Bauteilhärte zu beobachten, welche mit einer sinkenden Glühdauer über die Bauteilhöhe zu erklären ist.

Fazit

Mit den aufgeführten Ergebnissen kann gezeigt werden, dass die Vorheiztemperatur beim LPBF-Prozess einen großen Einfluss auf das Bauteilgefüge, die Bauteilhärte und die Rissbildung von HS6-5-3-8 hat. Die Bauteildichte wird jedoch durch die Vorheiztemperaturen bei den verwendeten Verfahrensparametern nicht beeinflusst. Bis zu Vorheiztemperaturen von 450 °C werden rissfreie Proben gefertigt ebenso mit den Vorheiztemperaturen 650 und 700 °C. Mit steigender Vorheiztemperatur steigt die Bauteilhärte auf ein Maximum von ca. 900 HV bei 500 bzw. 550 °C.

Noch größere Vorheiztemperaturen führen zu sinkenden Bauteilhärten bis zu min. 522 HV sowie zu Härteunterschieden von bis zu 237 HV innerhalb der Proben über die Bauteilhöhe. Dies wird durch die in-situ Wärmebehandlung und Rekristallisation verursacht. Die erfolgreiche Verarbeitbarkeit (große Bauteildichte, rissfreie Proben und homogenes Gefüge) bei Einsatz von Vorheiztemperaturen ≤ 450 °C kann demonstriert werden. Höhere Vorheiztemperaturen werden unter der Zielsetzung einer industriellen Fertigung/Anwendung nicht empfohlen, da derzeit keine kommerziellen LPBF-Maschinen Vorheiztemperaturen größer 500 °C realisieren können. Die CP-Verfahrensparameterkombination mit einer Vorheiztemperatur von 350 °C wird somit weiterhin in dieser Arbeit eingesetzt.

Beim Vergleich der Ergebnisse in diesem Kapitel mit den Ergebnissen aus Kapitel 5.1 wird deutlich, dass eine kleinere Rissneigung in den Proben dieses Ergebniskapitels vorliegt. Dies kann auf mehrere Ursachen zurückgeführt werden. In Kapitel 5.1 werden 15 Proben mit variierenden Verfahrensparametern gefertigt. Dadurch ist die Zeit pro Schicht und die gesamte Versuchszeit länger. Die möglichen Auswirkungen auf die in-situ Wärmebehandlung werden in Kapitel 6 untersucht. In Kapitel 5.1 wird eine veraltete Schutzgasströmung eingesetzt, welche die verstärkt hervorgerufenen Prozessnebenprodukte durch die Parameterstudie mit variierenden Verfahrensparametern in der Prozesskammer nicht ausreichend abführt. Nähere Untersuchungen zu dem Einfluss der Schutzgasströmung auf die Verarbeitbarkeit werden in Kapitel 5.3 erläutert. Zuletzt wird die Pulvercharge 2 in Kapitel 5.1 genutzt, während in diesem Kapitel die Pulvercharge 1 eingesetzt wird. Eine Analyse des Einflusses der zwei Pulverchargen bzw. deren chemische Zusammensetzung auf die Verarbeitbarkeit wird in Kapitel 7.1 aufgeführt.

5.3 Einfluss der Schutzgasführung

Der Einfluss der Schutzgasführung auf die Verarbeitbarkeit von HS6-5-3-8 wird nachfolgend untersucht. Dazu werden die Proben mit zwei unterschiedlichen Schutzgasführungen (SGFV A und B) sowie mit variierender Belichtungsreihenfolge gefertigt und hinsichtlich Defektdichte, die Bauteilhärte sowie das Gefüge analysiert.

In den Versuchen werden 15 Proben (siehe Kapitel 4.3) mit der Variation der Belichtungsreihenfolge gegen (G) und mit (M) der SGFV A und B gefertigt. Die Belichtungsreihenfolge G entspricht der Probenbezeichnung in Kapitel 4.3. Mit der Belichtungsreihenfolge M wird die Belichtung ausgehend von Position Nr. 15 in absteigender Nummerierung bis Nr. 1 durchgeführt. Nachfolgend werden die Proben in Belichtungsreihenfolge und nicht nach der Probenposition benannt. Die Versuche A-G bzw. B-G bezeichnen die standardisierte Belichtungsreihenfolge beginnend am Schutzgasauslass entgegen der Schutzgasströmung mit SGFV A bzw. B. Die Versuche A-M bzw. B-M beschreiben die umgekehrte Belichtungsreihenfolge beginnend am Schutzgaseinlass mit der SGFV A bzw. B. Dabei werden Proben mit der CP-Verfahrensparameterkombination (siehe Kapitel 5.1) gefertigt. In den Versuchen wird die VHV 3 sowie die Pulvercharge 2 (siehe Kapitel 7.1) verwendet.

Die Schutzgasführung kann aufgrund der modularen Anlage flexibel angepasst werden. Dazu zählen Ein- und Auslassdüse sowie Umlenkungen und ein Bypass, durch welchen der Volumenstrom aufgeteilt und an zwei Stellen in die Prozesskammer geführt werden kann. Eine möglichst homogene Führung des Schutzgases oberhalb der Bearbeitungsebene wird angestrebt, um eine möglichst effiziente Abfuhr der Prozessnebenprodukte zu erreichen. Dies dient auch der Vermeidung von Verdreckung der optischen Komponenten wie der Einkoppelscheibe, durch welche der Laserstrahl in die Prozesskammer geführt wird. Dabei ist das Ziel, möglichst unabhängig von der Bauteilposition und Belichtungsreihenfolge reproduzierbare Bauteilqualitäten wie bspw. Bauteildichte zu erreichen.

Die SGFV A wird gebildet durch eine Zusammenstellung des Ausgangszustandes der Anlage und einer Erweiterung durch Einsatz eines Leitschaufelelementes in der Umlenkung vor der Einlassdüse und ohne Bypass (siehe Bild 47). Die Einlassdüse der Firma Aconity3D GmbH mit den Maßen 250x50 mm² beinhaltet ein Gitter mit 12x120 Öffnungen. Die Auslassdüse hat einen Querschnitt von 260x62 mm².

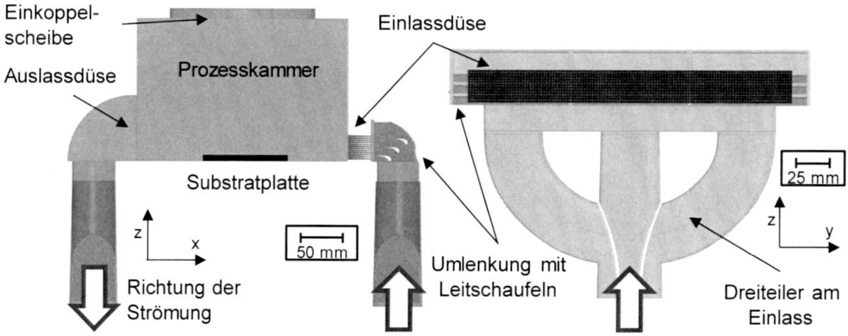

Bild 47: CAD-Modell der Prozesskammer mit der SGFV A

Das Schutzgas wird hinter der Umwälzpumpe durch Rohre mit einem Volumenstrommessgerät an einen Dreiteiler geleitet. Dadurch wird der Strom aufgeteilt und in einer 90°-Umlenkung mithilfe von drei Leitschaufeln zur Einlassdüse umgelenkt. Die Strömung wird dann über die Bearbeitungsebene in negative x-Richtung geleitet und mithilfe der Auslassdüse abgeführt.

In Bild 48 wird die SGFV B dargestellt. Dabei sind Dreiteiler, Auslassdüse und Einlassdüse im Vergleich zur SGFV A unverändert.

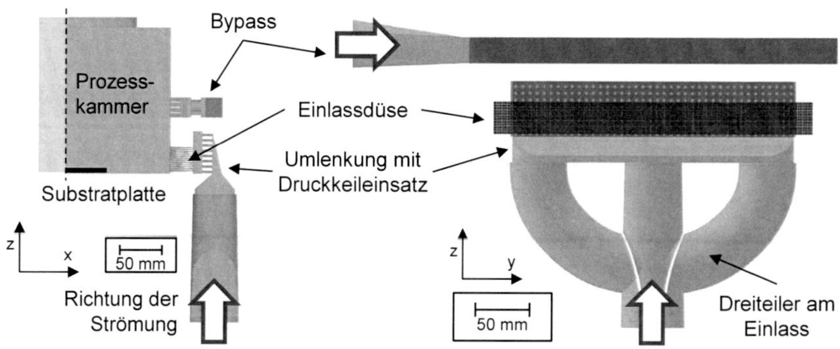

Bild 48: CAD-Modell der Prozesskammer mit der SGFV B

Dahingegen wird die SGFV B mit einer alternativen 90°-Umlenkung vor der Einlassdüse ohne Leitschaufeln in Form eines Druckkeileinsatzes (siehe Anhang 12.9 in Bild 109) angepasst. Weiterhin wird in SGFV B ein Bypass oberhalb der Einlassdüse verwendet, wodurch die Schutzgasströmung in zwei separate Massenströme aufgeteilt und in zwei Höhen in die Prozesskammer geleitet wird.

Ergebnisse

Bei allen Proben der Versuche A-G, B-G und B-M können keine Risse in den Proben festgestellt werden. Dagegen werden bei Versuch A-M Makrorisse an vier Proben beobachtet, siehe Bild 49. Die Risse verlaufen wie in den vorherigen Kapiteln beschrieben parallel zur Substratplatte.

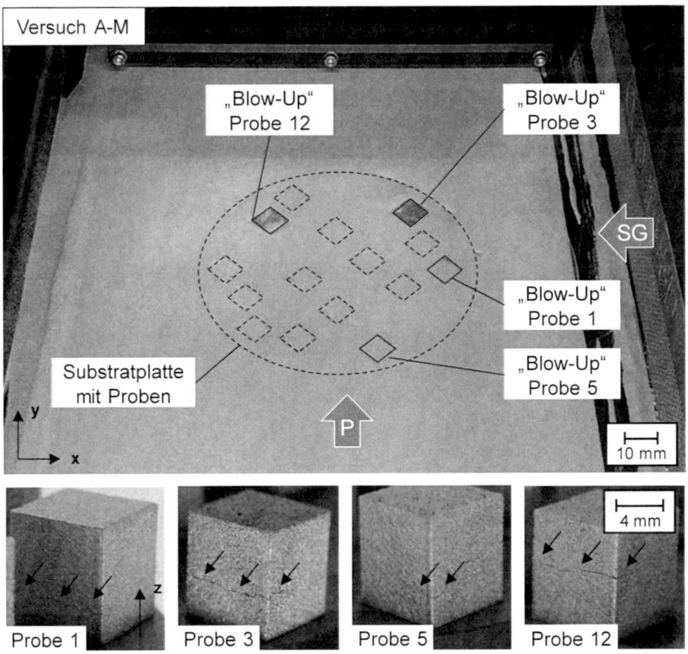

Bild 49: Pulverbett und Makrorisse an Bauteilen nach Belichtung mit der SGFV A, Versuch A-M

Für diese Versuche werden Aufnahmen von den oberen letzten Schweißspuren der Proben erstellt und für die Proben Nr. 1 und 15 der vier Versuche in Bild 50 dargestellt. Die Bilder aller Proben werden im Anhang 12.9 in Bild 110, Bild 111 und Bild 112 aufgeführt.

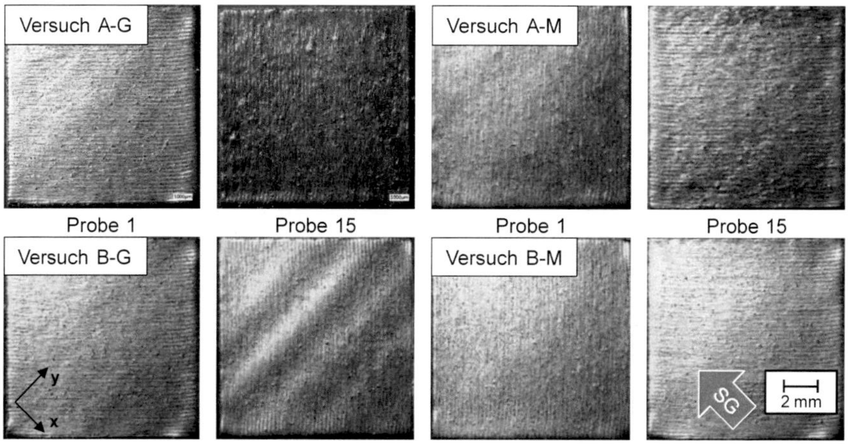

Bild 50: Bauteiloberflächen der Proben Nr. 1 und 15 der Versuche A-G, A-M, B-G und B-M

Für Versuch A-G werden an den Proben Oberflächen von glänzend zu matt in fortlaufender Belichtungsreihenfolge beobachtet, während für Versuch B-G durchgängig glänzende und teilweise wellige Oberflächen an den Proben festgestellt werden. Die Beobachtungen werden bei der Gegenüberstellung der Versuche A-M und B-M bestätigt. Hier sind ebenfalls exemplarisch mattere Oberflächen an den Proben mit der SGFV A und durchgängig glänzende Probenoberflächen mit der SGFV B festzustellen.

Die regelmäßigen Welligkeiten in den Oberflächen von Proben können durch große Energieeinträge im LPBF-Prozess verursacht werden. Dabei wird die Welligkeit und erhöhte Kanten an Proben durch die Oberflächenspannung des geschmolzenen Materials, den Wärmestau entlang der Kanten und die verwendete Scanstrategie beeinflusst [116]. Auftragsfehler in der Pulverschicht aufgrund einer beschädigten Bürste, die unregelmäßige Pulverschichtdicken verursacht, können aufgrund der Prozessbeobachtung und der ausbleibenden Übertragung auf andere Proben in Auftragsrichtung ausgeschlossen werden.

Glänzende Oberflächen werden durch einen homogenen Energieeintrag und durchgängige Schmelzspuren verursacht. Die im Vergleich matteren Oberflächen können durch unzureichenden Energieeintrag und damit inhomogene Schmelzspuren sowie durch die Interaktion mit Prozessnebenprodukten entstehen. Dabei können Spritzer von vorher belichteten Proben im Pulverbett zu groß sein, so dass bei der Belichtung kein vollständiges Wiederaufschmelzen stattfindet [33].

In Bild 51 wird die Bauteildichte der Proben in Belichtungsreihenfolge für die Versuche A-G, B-G, A-M und B-M dargestellt. Die vier Proben mit visuellen Makrorissen werden im Diagramm markiert.

Bild 51: Bauteildichte der Proben für die Versuche A-G, A-M, B-G und B-M

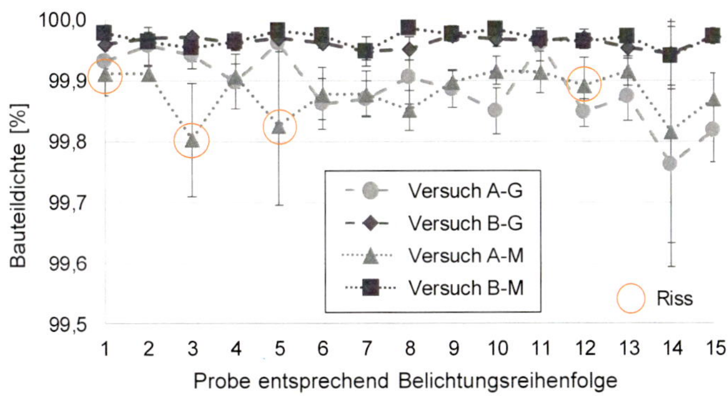

Die Bauteildichten der gefertigten Proben unter Nutzung der SGFV A liegen im Bereich von 99,76 bis 99,96 % für beide Belichtungsreihenfolgen. Der Mittelwert der Bauteildichte der Proben von Versuch A-G liegt bei 99,89 % und von Versuch A-M bei 99,88 %. Bei Einsatz der SGFV B werden für die Proben der beiden Versuche B-G und B-M eine konstante Bauteildichte größer 99,94 % und kleinere Standardabweichungen als an den Proben der Versuche mit SGFV A festgestellt. Da ansonsten alle Randbedingungen (Verfahrensparameter, Bauteilanzahl, Pulver) konstant sind, kann dies auf die SGFV zurückgeführt werden und eine generell kleinere Abfuhr von Prozessnebenprodukten mit SGFV A vermutet werden. Durch die Belichtungsreihenfolge G oder M wird kein genereller Einfluss auf die Bauteildichte festgestellt. Die Rissbildung in Versuch A-M kann durch die Analyse der Bauteildichte nicht erklärt werden. Die Risse in den Querschliffen werden bei der Auswertung der Bauteildichte nicht einbezogen. Durch die Umkehr der Belichtungsreihenfolge (M) kann jedoch eine erhöhte Anzahl an Spritzern in den Bauteilen vermutet werden, da bei einer Belichtung mit

Schutzgasströmung die Prozessnebenprodukte auf das Pulverbett der noch zu belichtenden Proben geführt wird. Nach [117] würde dies jedoch ebenfalls zu einer kleineren Bauteildichte führen. In [32, S. 118–122] wiederum kann keine Korrelation zwischen zunehmenden Spritzern und abnehmender Bauteildichte festgestellt werden. Möglicherweise führen zunehmende Spritzer im Pulverbett zu erhöhter Rauheit der Probenoberflächen und somit zu einer begünstigten Rissbildung in Folge der Kerbwirkung an der Oberfläche. Die Analyse der Rauheit der Oberflächen wird nicht durchgeführt, da die Proben direkt der metallographischen Analyse unterlaufen sind.

Die Auswertung der Schweißspurtiefe der Proben in Belichtungsreihenfolge wird in Bild 52 für die Versuche mit Einsatz der SGFV A und B aufgeführt. Die Schweißspurbreite wird im Anhang 12.9 in Bild 113 dargestellt.

Bild 52: Schweißspurtiefe der Proben für die Versuche A-G, A-M, B-G und B-M

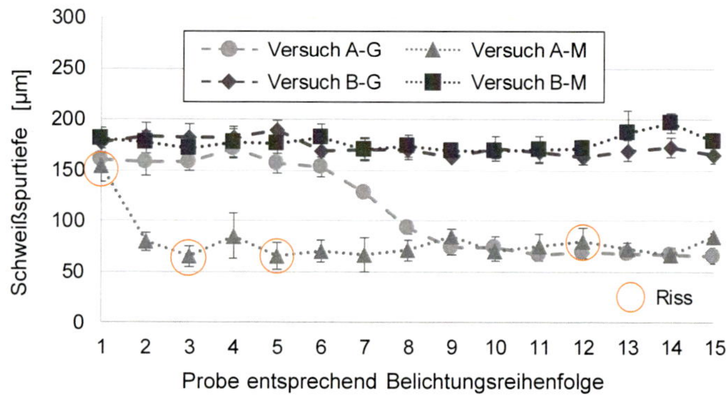

Für Versuch A-G wird in den ersten Proben eine Schweißspurtiefe von ca. 160 µm gemessen. Ab der sechsten belichteten Probe Nr. 6 bis zur Probe Nr. 11 wird eine sinkende Schweißspurtiefe bis auf 66 µm festgestellt, welche anschließend annähernd konstant verläuft. Die erste belichtete Probe aus Versuchs A-M hat eine ähnlich große Schweißspurtiefe von 155 µm wie die erste Probe in Versuch A-G. Allerdings wird ein Abfall der Schweißspurtiefe innerhalb der ersten zwei bzw. drei Proben auf 79 bzw. 65 µm festgestellt und diese ist für die weiteren belichteten Proben annährend konstant. Für die Versuche B-G und B-M werden bei allen Proben minimale bzw. maximale Schweißspurtiefen im Bereich von 162 bis 196 µm gemessen. Die Schweißspurtiefe der Proben verläuft bei beiden Versuchen annähernd konstant bei einem Mittelwert von 173 µm für Versuch B-G und 177 µm für Versuch B-M.

Der vermutlich unzureichende Abtrag der Prozessnebenprodukte bei Versuchen mit SGFV A kann zur Absorption der Laserleistung oder Strahlaufweitung führen, wodurch ein kleinerer Energieeintrag oder veränderte Laserintensitäten und somit kleinere Schweißspurtiefen festzustellen sind. In Bild 53 wird deutlich, dass in Probe Nr. 1 aus Versuch A-G ein Verhältnis von Schweißspurtiefe zu -breite von ca. 2:3 vorliegt, während für Probe Nr. 15 mit einem Verhältnis von ca. 1:3 deutlich Wärmeleitschweißen festgestellt werden kann [32, S. 52]. Dadurch werden die Erstarrungsbedingungen der Schweißspuren verändert und unterschiedliche Gefüge und Rissneigungen können auftreten [13, S. 36–38]. In [118] wird beispielsweise für eine Aluminiumlegierung festgestellt, dass Tiefschweißen zu reduzierter Rissneigung führt.

Bild 53: Exemplarische Schweißspuren für Probe Nr. 1 und Probe Nr. 15 aus Versuch A-G

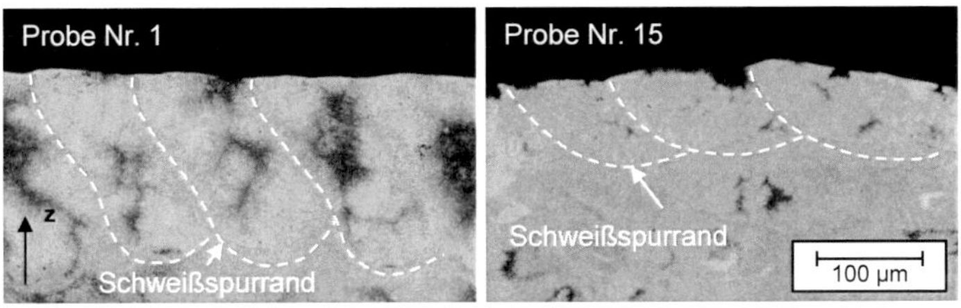

Die Prozessnebenprodukte werden besonders bei der Belichtungsreihenfolge M verstärkt zur Interaktion mit der Laserstrahlung geführt, wodurch insgesamt ein kleinerer Energieeintrag mit zunehmender Belichtungsreihenfolge als bei der Belichtung G vermutet wird. Dies hat keine Auswirkung auf die Bauteildichte, da durch die Auswahl robuster Verfahrensparameter die Energie zur Umschmelzung darunter und danebenliegender Schweißspuren ausreicht, um große Bauteildichten zu erreichen. Jedoch wird bei Versuch A-M anders als bei den anderen Versuchen eine Rissbildung an Proben beobachtet. Durch die Analyse der Schweißspurtiefe kann dies nicht erklärt werden, da bis auf Probe Nr. 1 alle Proben ähnliche Schweißspurtiefen aufweisen.

In Bild 54 wird die Bauteilhärte der Proben in Belichtungsreihenfolge für die Versuche A-G, B-G, A-M und B-M dargestellt.

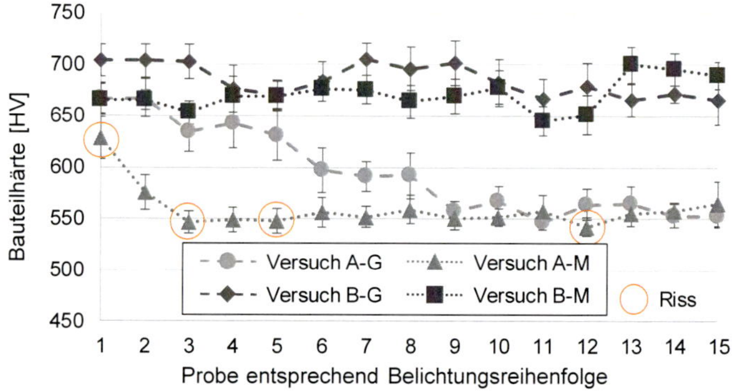

Bild 54: Bauteilhärte der Proben für die Versuche A-G, A-M, B-G und B-M

An den Proben aus Versuch A-G wird eine kontinuierlich sinkende Bauteilhärte von 667 HV in der Probe Nr. 1 auf 552 HV in der zuletzt belichteten Probe Nr. 15 festgestellt. Für Versuch A-M wird eine Bauteilhärte von 628 HV an der ersten Probe und 546 HV an der dritten belichteten Probe gemessen. Anschließend ist die Bauteilhärte der Proben konstant. Im Schnitt wird eine Bauteilhärte mit SGFV A bei 595 HV bzw. 559 HV für Versuch A-G bzw. A-M berechnet. Für Versuch B-G und B-M werden Bauteilhärten im Bereich von 645 HV und 705 HV gemessen und kein Trend im Zusammenhang mit der Belichtungsreihenfolge kann festgestellt werden. Der Mittelwert der Bauteilhärte liegt für Versuch B-G bei 685 HV und für Versuch B-M bei 671 HV circa 90-110 HV über der mittleren Bauteilhärte der mit SGFV A gefertigten Proben.

Der Verlauf der Bauteilhärte ist ähnlich zu den Trends der Schweißspurtiefe in Bild 52. Die Korrelation der beiden Messgrößen wird in Bild 55 für die Versuche A-G, B-G, A-M und B-M dargestellt.

Bild 55: Bauteilhärte über Schweißspurtiefe der Proben für die Versuche A-G, A-M, B-G und B-M

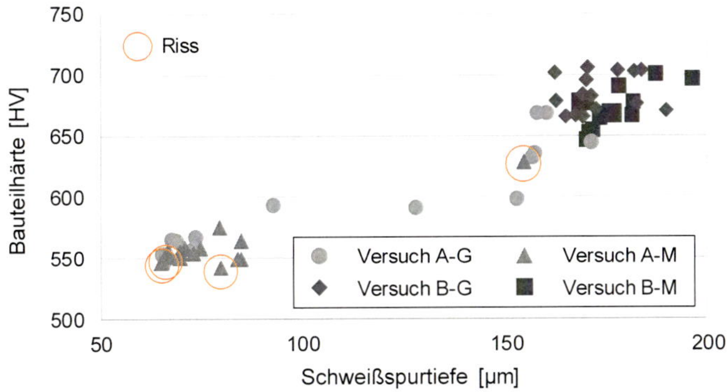

Bei Proben mit einer Schweißspurtiefe kleiner 85 µm wird eine Bauteilhärte von 542 bis 575 HV festgestellt. An Proben mit Schweißspurtiefen von größer 160 µm werden Bauteilhärten von 643 bis 705 HV gemessen. Im Bereich der Schweißspurtiefe von 93 bis 160 µm sind wenige Datenpunkte vorhanden und eine Art Übergangsbereich kann vermutet werden. Durch Gegenüberstellung der Schweißspurtiefe und der Bauteilhärte kann die Rissbildung in Versuch A-M nicht erklärt werden.

Grundsätzlich wird mit steigender Schweißspurtiefe eine steigende Bauteilhärte festgestellt. Unterschiedliche Schweißspurtiefen deuten auf variierende Erstarrungsbedingungen im LPBF-Prozess hin. Die resultierenden Gefüge werden aus diesem Grund nachfolgend untersucht. Dabei kann aufgrund der ähnlichen REM-Aufnahmen von Probe Nr. 1 und Nr. 15 im Anhang 12.9 in Bild 114 keine Aussage getroffen werden.

Nachfolgend werden die beiden Proben aus Versuch A-G Nr.1 und Nr. 15 (siehe auch Bild 53) mittels EBSD untersucht. Die Ergebnisse der EBSD-Analysen sind in Bild 56, Bild 57 und Bild 58 dargestellt. In Bild 56 wird die Übersicht der EBSD-Ergebnisse für Probe Nr. 1 dargestellt. Der mittlere Grauwert der IQ-Map von Probe Nr. 1 liegt bei 152,0 bei einer farblichen Auflösung von 0 bis 255.

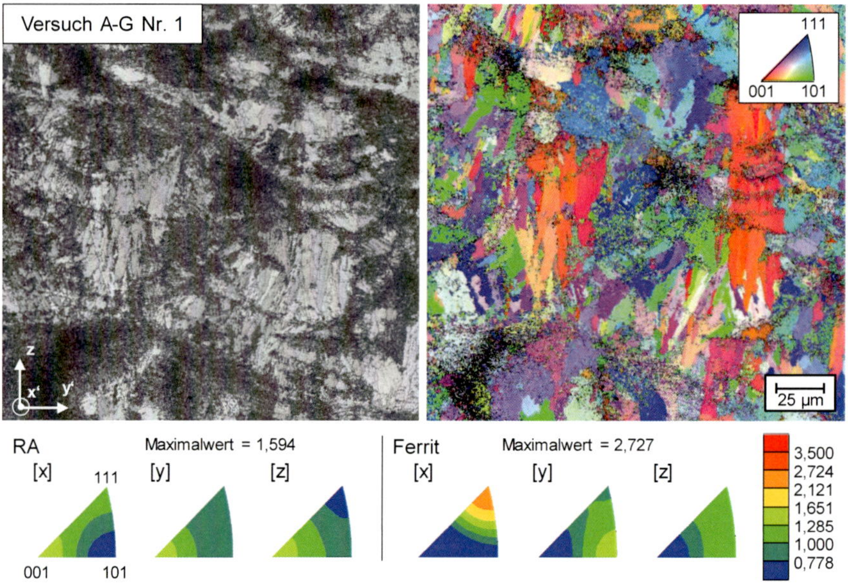

Bild 56: EBSD-Analyse in der Mitte der Probe Nr. 1 aus Versuch A-G, IQ-Map (links oben), IPF-Map in z-Richtung (rechts oben), Inverse Polfiguren für RA (unten links) und Ferrit (unten rechts), mittlerer CI = 0,64

Für RA-Körner kann keine eindeutige Vorzugsorientierung festgestellt werden. Dagegen sind die Ferritkörner in Richtung x in <111> orientiert. Vereinzelt können Körner beobachtet werden, die Schweißspurgrenzen überschreiten. Diese Übernahme der Wachstumsrichtung aus vorherigen Schichten indiziert epitaktisches Kornwachstum. Die mittlere flächengewichtete Korngröße der RA-Körner in der Mitte der Probe Nr. 1 ist 14,72 ± 12,23 µm. Für Ferritkörner wird eine mittlere flächengewichtete Korngröße von 1,62 ± 2,29 µm festgestellt.

In Bild 57 bei der dargestellten IQ-Map von der Mitte der Probe Nr. 15 können visuell keine Auffälligkeiten im Vergleich zu Probe Nr. 1 festgestellt werden. Der mittlere Grauwert der IQ-Map von Probe Nr. 15 liegt bei 169,6 und somit über dem Grauwert der Probe Nr. 1. Die IQ-Map von Probe Nr. 15 ist somit heller als bei Probe Nr. 1, wodurch eine größere Indizierung der Phasen angedeutet wird. Dies wird auch durch den CI von 0,71 bei Probe Nr. 15 im Vergleich zu 0,64 bei Probe Nr. 1 verdeutlicht.

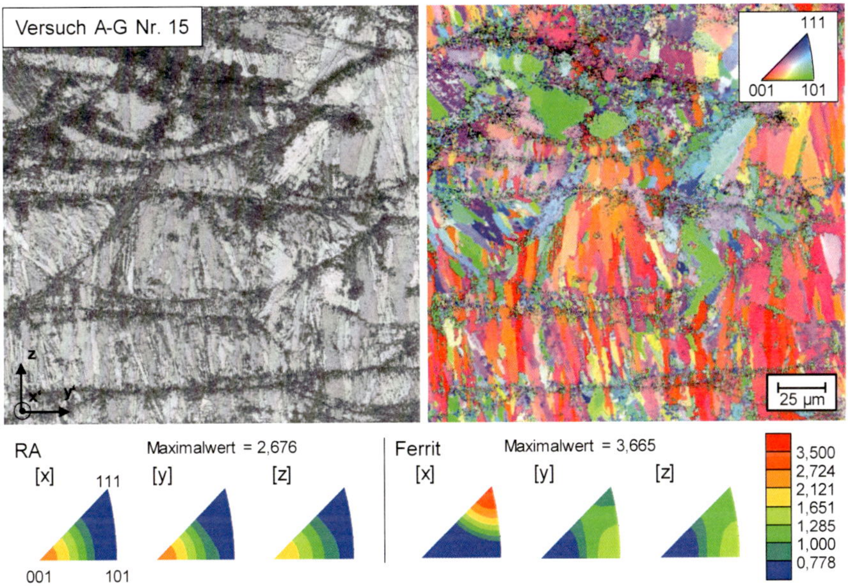

Bild 57: EBSD-Analyse in der Mitte der Probe Nr. 15 aus Versuch A-G, IQ-Map (links oben), IPF-Map in z-Richtung (rechts oben), Inverse Polfiguren für RA (unten links) und Ferrit (unten rechts), mittlerer CI = 0,71

Für RA-Körner kann eine Vorzugsorientierung von <001> für alle Richtungen festgestellt werden. Diese Orientierung stimmt nicht mit den bisherigen Ergebnissen oder der Literatur überein und kann entsprechend in dieser Arbeit nicht erklärt werden. Eine große Orientierung der Ferritkörner in <111> für die Richtung x wird gemessen. Durch einige Körner in der unteren Hälfte der IPF wird epitaktisches Kornwachstum indiziert. Die mittlere flächengewichtete Korngröße der RA-Körner in der Mitte der Probe Nr. 15 ist 16,71 ± 14,45 µm. Für Ferritkörner wird eine mittlere flächengewichtete Korngröße von 1,83 ± 3,29 µm festgestellt.

Die Korrelation von größerer Schweißspurtiefe bei Probe Nr. 1 im Vergleich zu Probe Nr. 15 und die damit vermuteten variierenden Erstarrungsbedingungen werden durch die EBSD-Analyse nicht eindeutig bestätigt. Die kleineren Schmelzbäder in Probe Nr. 15 (Wärmeleitschweißen) führen zu größeren gemessenen Körnern und größerer Vorzugsorientierung in der EBSD-Analyse. An Probe Nr. 1 mit größerer Schweißspurtiefe

(Einschweißen) werden kleinere Körner und eine kleinere Texturierung analysiert. Die kleineren Körner können auf größere Abkühlgeschwindigkeiten hindeuten [13, S. 36–38]. Die kleineren Körner bzw. mehr Korngrenzen können zu der kleineren Indizierung bei der EBSD-Analyse von Probe Nr. 1 führen. Da eine Kornfeinung mit größerer Bauteilhärte einhergeht, kann die Hall-Petch-Beziehung vermutet werden. Entsprechend werden bei Probe Nr. 1 mit kleineren Körnern eine größere Bauteilhärte von 667 HV im Vergleich zu Probe Nr. 15 mit 552 HV bestätigt.

Die EBSD-Analyse der Phasenanteile in der Probenmitte der Probe Nr. 1 und Nr. 15 aus Versuch A-G werden in Bild 58 dargestellt.

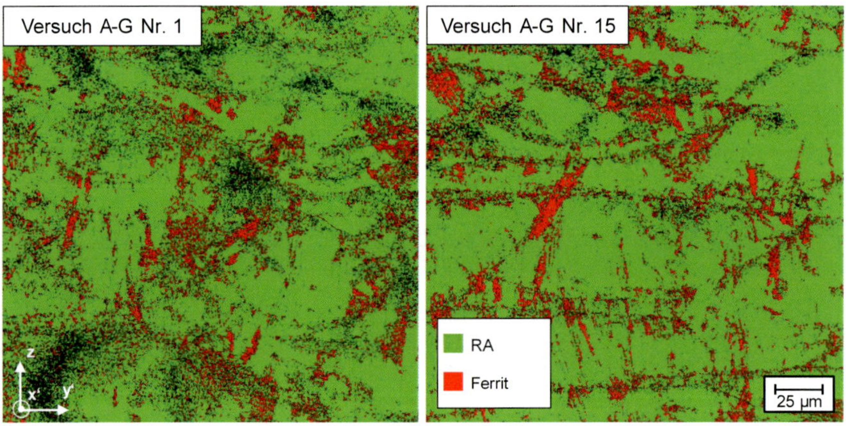

Bild 58: EBSD-Analyse der Phasen RA (grün) und Ferrit (rot) für Mitte der Probe Nr. 1 und Nr. 15 aus Versuch A-G

Dabei kann an der Probe Nr. 1 ein RA-Anteil von 67,8 % und ein Ferritanteil von 17,1 % festgestellt werden. Für die Probe Nr. 15 wird ein RA-Anteil von 73,5 % und ein Ferritanteil von 17,0 % gemessen.

An Probe Nr. 15 kann im Vergleich ein größerer RA-Anteil festgestellt werden, welcher auf die Korrelation in Kapitel 5.2 hindeutet, bei der ein größerer RA-Anteil (und kleinerer Ferritanteil) zu kleineren Bauteilhärten führt. Der gemessene Ferritanteil der Proben Nr. 1 und Nr. 15 ist jedoch ähnlich hoch. Anhand der Phasenanteile der beiden Proben Nr. 1 und Nr. 15 mit einem N.I.-Anteil von 15,1 bzw. 9,5 % kann somit keine eindeutige Erklärung der Abweichungen der gemessenen Bauteilhärte abgeleitet werden. Weiterhin kann zu den Karbiden und deren Auswirkungen auf die Bauteilhärte keine Aussage getroffen werden, da die REM-Aufnahmen im Vergleich keine Auffälligkeiten zeigen (siehe Anhang 12.9 in Bild 114).

Fazit

Durch die Schutzgasführung beim LPBF-Prozess von HS6-5-3-8 wird die Verarbeitbarkeit beeinflusst. Die gemessenen Bauteildichten sind für beide SGFV und die beiden Belichtungsreihenfolgen größer 99,8 %, wodurch keine großen Abhängigkeiten festgestellt werden können. Mit konstant gleichen Verfahrensparametern bei den Versuchen mit SGFV A und B werden jedoch unterschiedliche Schweißspurtiefen von 60 bis 200 µm und Bauteilhärten im Bereich 540 bis 705 HV festgestellt. Die unterschiedlichen Bauteilhärten werden auf unterschiedliche Anteile von RA und Martensit im Gefüge durch unterschiedliche Erstarrungsbedingungen (siehe unterschiedliche Schweißspurtiefen) durch Prozessnebenprodukte zurückgeführt. Die Schweißspurtiefe ist abhängig von dem Energieeintrag der Laserstrahlung. Der Energieeintrag der Laserstrahlung wird durch die Interaktion mit Prozessnebenprodukten maßgeblich beeinflusst und hängt somit von der Schutzgasführung ab. Die mit SGFV A mit der Belichtungsreihenfolge verursachen unterschiedliche Erstarrungsbedingungen und führen zu kleiner werdenden Schweißspurtiefen und somit zu reduzierten Bauteilhärten. Somit ist die Bauteilhärte neben der Abhängigkeit von der Vorheiztemperatur (Kapitel 5.2) ebenso von der SGFV und den damit verbundenem Energieeintrag sowie Erstarrungsbedingungen abhängig.

Die Anpassung zur SGFV B führt zu homogenen Bauteildichten größer 99,94 %, mittleren Schweißspurtiefen von 173 bis 177 µm sowie mittlere Bauteilhärten von 671 bis 685 HV für beide Belichtungsreihenfolgen. Somit kann mit SGFV B von einer effektiven Beseitigung der Prozessnebenprodukte im Prozess ausgegangen werden und eine reproduzierbare Verarbeitbarkeit (rissfrei, homogenen Gefüge) von HS6-5-3-8 mittels LPBF wird erreicht.

6 Einfluss der Bauteilanzahl und der Bauteilhöhe auf die Verarbeitbarkeit von HS6-5-3-8

Der Einfluss der Bauteilanzahl und der Bauteilhöhe auf die Verarbeitbarkeit von HS6-5-3-8 wird in diesem Kapitel untersucht. Dabei werden zunächst gleiche Probenformen in unterschiedlicher Anzahl in jeweils einem Versuch gefertigt. Weiterhin werden Versuche unter gleichbleibender Schmelzfläche (belichtete Fläche pro Schicht) mit unterschiedlicher Anzahl an Proben durchgeführt. Zuletzt werden Proben mit einer Höhe von 50 mm gefertigt. Alle Proben werden hinsichtlich der Defektdichte, dem Gefüge sowie der Bauteilhärte analysiert.

6.1 Einfluss der Bauteilanzahl

In den Versuchen werden zum einen 15 Proben (15P) und fünf Proben (5P) (siehe Kapitel 4.3) gefertigt und gegenübergestellt. Dabei variiert die Bauteilanzahl sowie zwangsläufig die Schmelzfläche und die Schichtzeit (Dauer der Belichtung einer Schicht und Pulverauftrag). Unter gleichbleibender Schmelzfläche und ähnlichen Schichtzeiten werden vergleichend zu dem Versuch 15P Versuche mit einem Probenquerschnitt von 5x5 mm² mit 60 Proben (60P) und 20x20 mm² mit vier Proben (4P) durchgeführt. Die Anordnung ist im Anhang 12.10 in Bild 115 dargestellt. Zu beachten ist, dass die Schmelzfläche für den Versuch 4P mit 1600 mm² je Schicht um 100 mm² größer ist als bei den Versuchen 15P und 60P, da ganzzahlige Kantenlängen bei Versuch 4P gewählt werden. Alle Proben werden mit der CP-Verfahrensparameterkombination (siehe Kapitel 5.1) gefertigt. In den Versuchen wird die VHV 3, die SGFV B sowie die Pulvercharge 2 (siehe Kapitel 7.1) verwendet.

Ergebnisse

In Bild 59 werden die Bauteildichte und die Bauteilhärte der Proben aus den Versuchen 15P und 5P dargestellt. Dabei sind die Werte der Proben anhand der Probenposition des 15P-Versuches aufgeführt. An den Proben beider Versuche werden visuell keine Risse nach der Fertigung festgestellt.

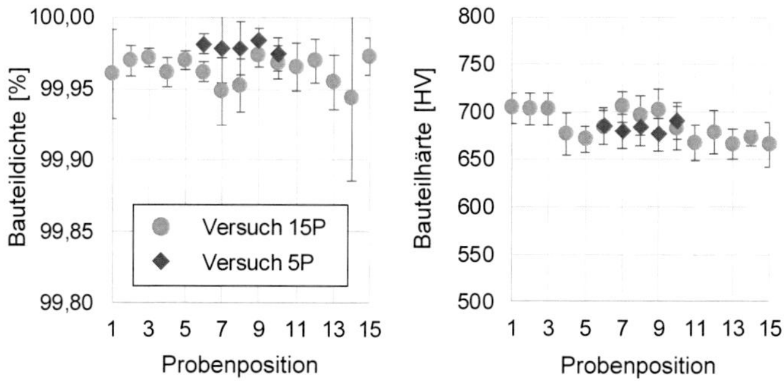

Bild 59: Bauteildichte (links) und Bauteilhärte (rechts) über Probenposition aus Versuch 15P und 5P

In beiden Versuchen kann an den Proben eine Bauteildichte größer 99,9 % bestimmt werden. In Versuch 15P werden an den Proben nur kleine Schwankungen um den Mittelwert der Bauteildichte von 99,96 % festgestellt. An den Proben aus Versuch 5P wird eine Bauteildichte von größer 99,98 % ermittelt, wodurch die Bauteildichten konstant größer als die der Proben des 15P-Versuchs liegen.

Die Bauteilhärte der Proben aus dem Versuch 15P liegt im Mittel bei 685 HV mit einer Standardabweichung von 15 HV. Dabei liegt die Bauteilhärte von Probe Nr. 1 bei 704 ± 16 HV und bei Probe Nr. 15 bei 665 ± 24 HV, wodurch insgesamt ein leicht absteigender Trend der Bauteilhärte mit der Probenposition bzw. Belichtungsreihenfolge vermutet werden kann. Für die Proben des Versuchs 5P wird eine mittlere Bauteilhärte von 683 ± 5 HV ermittelt.

Beim Vergleich der beiden Versuche 15P und 5P wird deutlich, dass die Übertragbarkeit der Bauteildichte und Bauteilhärte trotz kleinerer Bauteilanzahl und damit kleinerer Schmelzfläche und kleineren Schichtzeiten von 5P auf 15P möglich ist. Die längere in-situ Wärmebehandlung durch die Vorheiztemperatur für Versuch 15P im Vergleich zu Versuch 5P hat keinen erkennbaren Einfluss auf die Bauteildichte und -härte. Weiterhin wird von ähnlichen Erstarrungsbedingungen für beide Versuche ausgegangen, welche die ähnliche Bauteilhärten verursachen (siehe Kapitel 5.3)

In Bild 60 werden die Bauteilhärten der Proben aus den Versuchen 60P und 4P dargestellt. Die Bauteildichte der Proben der beiden Versuche ist größer 99,9 % und im Anhang 12.10 in Bild 116 dargestellt. An den Proben der Versuche 60P und 4P werden visuell keine Risse beobachtet.

Bild 60: Bauteilhärte über Probenposition aus Versuch 60P und 4P

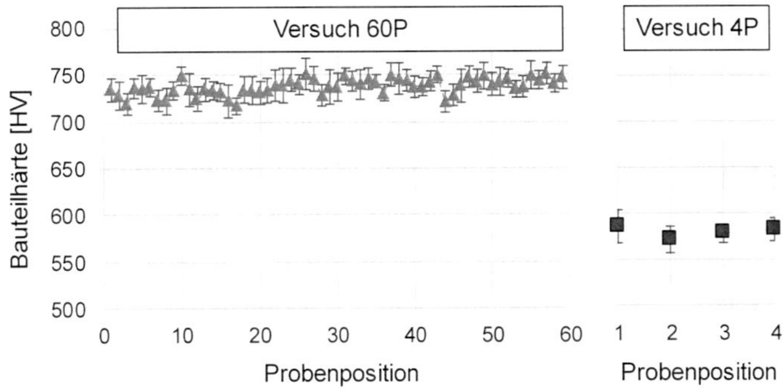

An Proben des Versuchs 60P wird eine mittlere Bauteilhärte von 738 ± 9 HV bestimmt. Dabei werden die Bauteilhärten im Bereich von 717 bis 751 HV ohne sichtbaren Trend zur Probenposition gemessen. Für die vier Proben aus dem Versuch 4P wird eine mittlere Bauteilhärte von 580 ± 14 HV gemessen.

Insgesamt kann eine absteigende Bauteilhärte der Proben entsprechend der folgenden Reihenfolge der Versuche festgestellt werden: 60P, 15P, 5P und 4P. Die maximale Differenz der Mittelwerte liegt bei 158 HV. Die Versuche 15P, 60P und 4P werden unter annähernd gleichbleibender Schmelzfläche und Schichtzeit gefertigt, während der Belichtung unterschiedlich ist. Die Proben aus Versuch 60P werden mit vergleichsweise kurzen Scanvektoren von 5 mm belichtet, wodurch die Wiederholzeit (Zeit bis bereits belichtete Schweißspuren durch benachbarte Schweißspuren erneut hohe Temperaturen erfahren) reduziert und ein Aufheizen der Probe ausgelöst wird. In Versuch 4P werden vergleichsweise lange Scanvektoren von 20 mm bei der Belichtung genutzt. Dadurch sind die Wiederholzeiten größer und die Schweißspuren erhalten mehr Zeit für die Abkühlung. Insgesamt werden kleinere Temperaturen an den Proben in Versuch 4P auch aufgrund der vorherigen Untersuchungen (Kapitel 5.2) vermutet.

Nachfolgend werden Proben aus den Versuchen 15P, 5P (siehe Kapitel 5.2), 60P und 4P mittels EBSD-Analysen untersucht. Dafür werden Proben an ähnlichen Positionen wie in den Analysen in Kapitel 5 (5P Nr. 3) ausgewählt. Aus Versuch 15P wird Probe Nr. 8, aus Versuch 60P wird Probe Nr. 29 und aus Versuch 4P wird Probe Nr. 3 gewählt (siehe Anhang 12.10 in Bild 115). Die Ergebnisse der EBSD-Analysen sind für die Versuche 60P mit Probe Nr. 29 und Versuch 4P mit Probe Nr. 3 in Bild 61 und Bild 62 dargestellt. Die EBSD-Analysen von Versuch 15P Probe Nr. 8 und 5P Probe Nr. 3 sind im Anhang 12.10 in Bild 117 und Bild 118 aufgeführt.

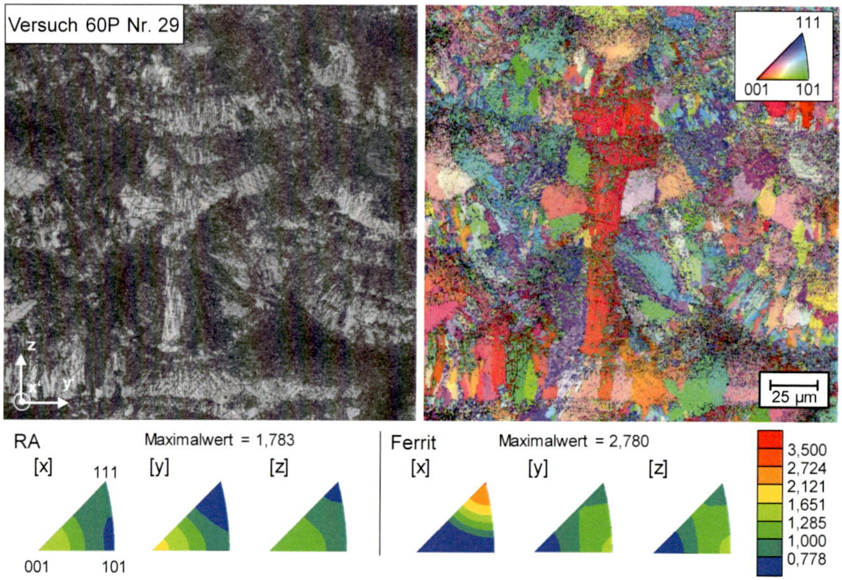

Bild 61: EBSD-Analyse in der Mitte der Probe Nr. 29 aus Versuch 60P, IQ-Map (links oben), IPF-Map in z-Richtung (rechts oben), Inverse Polfiguren für RA (unten links) und Ferrit (unten rechts), mittlerer CI = 0,59

Für RA-Körner kann keine eindeutige Vorzugsorientierung festgestellt werden. Dagegen sind die Ferritkörner in Richtung x mit einer Kornorientierung von <111> ausgerichtet. Vereinzelt kann epitaktisches Kornwachstum festgestellt werden.

In Bild 62 kann eine hellere IQ-Map mit einem mittleren Grauwert von 153,7 im Vergleich zu Bild 61 mit einem Grauwert von 134,7 gemessen werden. Jedoch sind auch bei Versuch 4P an Probe Nr. 3 Bereiche von kleinerer Indizierung (dargestellt durch dunkle Bereiche) festzustellen.

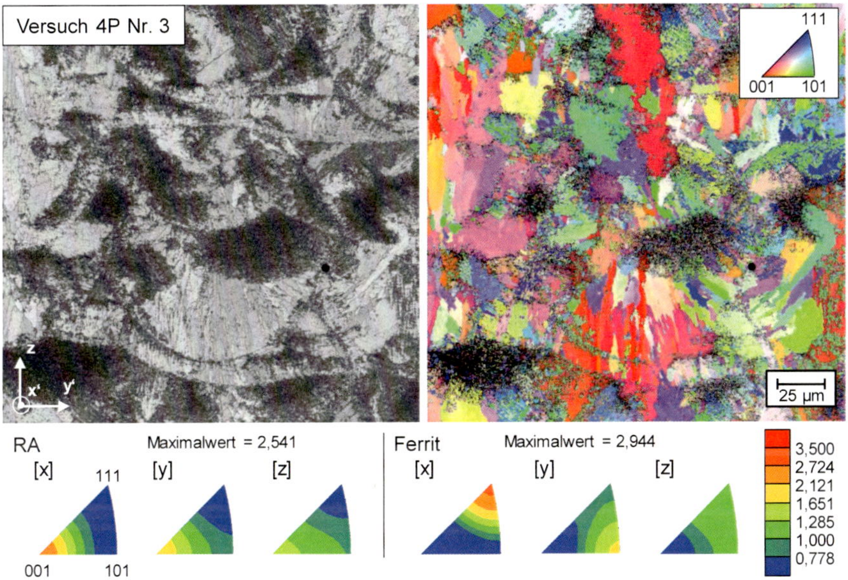

Bild 62: EBSD-Analyse in der Mitte der Probe Nr. 3 aus Versuch 4P, IQ-Map (links oben), IPF-Map in z-Richtung (rechts oben), Inverse Polfiguren für RA (unten links) und Ferrit (unten rechts), mittlerer CI = 0,68

Für RA-Körner kann im Vergleich zu Versuch 60P eine erhöhte Vorzugsorientierung von <001> in Richtung x gemessen werden. Ebenfalls wird in gleicher Richtung eine größere Orientierung der Ferritkörner in <111> analysiert. Bei vereinzelten Körnern wird epitaktisches Kornwachstum festgestellt. Im Vergleich zur Probe Nr. 29 aus Versuch 60P kann eine etwas größere Vorzugsorientierung und visuell größere Körner bei Probe Nr. 3 aus Versuch 4P festgestellt werden.

Die EBSD-Analyse der Korngrößen in der Probenmitte der Proben aus Versuch 15P Nr. 8, 5P Nr. 3, 60P Nr. 29 und 4P Nr. 3 werden in Bild 63 dargestellt.

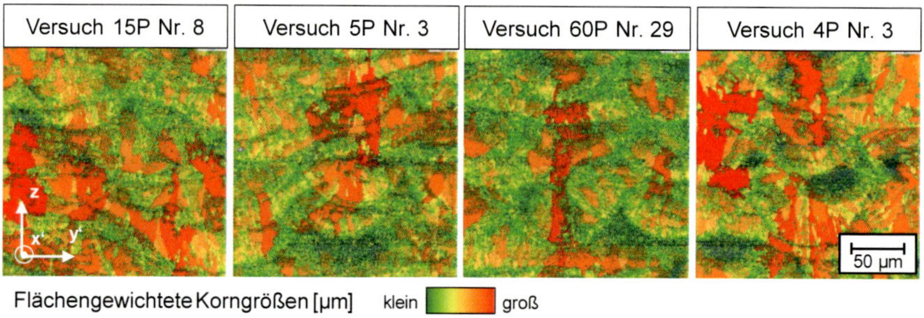

	Versuch 15P Nr. 8	Versuch 5P Nr. 3	Versuch 60P Nr. 29	Versuch 4P Nr. 3
RA:	16,71 ± 14,45	12,39 ± 12,10	11,07 ± 13,03	18,23 ± 18,60
Ferrit	1,83 ± 3,29	1,70 ± 2,84	1,35 ± 2,02	2,63 ± 4,72

Bild 63: EBSD-Analyse der flächengewichteten Korngrößen von RA und Ferrit für die Mitte der Proben Nr. 8, 3, 29 und 3 aus den Versuchen 15P, 5P, 60P und 4P

Die flächengewichtete Korngröße der Probe Nr. 8 aus Versuch 15P liegt im Mittel bei 16,7 µm für die RA-Körner und 1,83 µm für Ferritkörner. Im Vergleich dazu sinkt die mittlere Korngröße der RA-Körner auf 12,39 µm bzw. 11,07 µm für Versuch 5P bzw. 60P. Die Korngröße der Ferritkörner sinkt ebenfalls auf 1,7 µm bzw. 1,35 µm für Versuch 5P und 60P. Dahingegen wird für Probe Nr. 3 aus Versuch 4P die maximale mittlere Korngröße für RA bzw. Ferrit von 18,23 µm bzw. 2,63 µm erreicht.

Die qualitative Beobachtung aus Bild 62 von Versuch 4P Probe Nr. 3 wird bestätigt und die im Vergleich größten Korngrößen werden an der Probe des Versuchs 4P gemessen. Da diese Probe ebenso im Vergleich die kleinste Bauteilhärte aufweist, wird die in Kapitel 5.3 erläuterte Korrelation bestätigt. Danach werden durch größere Korngrößen sinkende Bauteilhärten erzeugt. Dies wird auch an Probe Nr. 29 aus Versuch 60P bestätigt, welche die kleinste Korngröße und größte Bauteilhärte im Vergleich aufweist. Dies kann auf die Hall-Petch-Beziehung zurückgeführt werden. Dem gegenüber steht die ähnliche Bauteilhärte von Versuch 15P und 5P aus Bild 59 und den vermeintlich ähnlichen Erstarrungsbedingungen mit den hier gemessenen abweichenden Korngrößen der Proben Nr. 8 und Nr. 3. Weitere Effekte scheinen neben der Korngröße die resultierende Bauteilhärte zu beeinflussen.

Die EBSD-Analyse der Phasenanteile in der Probenmitte der Proben aus Versuch 15P Nr. 8, 5P Nr. 3, 60P Nr. 29 und 4P Nr. 3 werden in Bild 64 dargestellt.

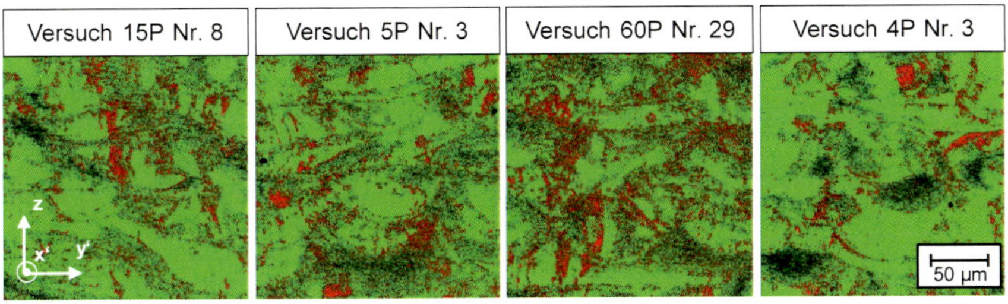

	Versuch 15P Nr. 8	Versuch 5P Nr. 3	Versuch 60P Nr. 29	Versuch 4P Nr. 3
RA	68 %	63,1 %	55,7 %	70,3 %
Ferrit	17,4 %	20,4 %	25 %	15,5 %
N.I.	14,6 %	16,5 %	19,3 %	14,2 %

Bild 64: EBSD-Analyse der Phasen RA (grün) und Ferrit (rot) für die Mitte der Proben Nr. 8, 3, 29 und 3 aus den Versuchen 15P, 5P, 60P und 4P

Der RA-Anteil von der Probe aus Versuch 15P ist im Vergleich größer als die Probe aus Versuch 5P. Gleichzeitig wird ein kleinerer Ferritanteil mit 17,4 % an der Probe aus Versuch 15P im Vergleich zu Versuch 5P mit 20,4 % festgestellt. An der Probe aus Versuch 60P wird die Abnahme des RA-Gehaltes auf 55,7 % und Zunahme von Ferrit auf 25 % gemessen. Für die Probe aus Versuch 4P wird der maximale RA-Anteil mit 70,3 % und ein minimaler Ferritanteil von 15,5 % festgestellt. Die gesamte Differenz zwischen den RA-Anteilen der Proben beträgt 14,6 % und zwischen den Ferritanteilen 9,5 %. Je größer der Ferritanteil desto eher steigt auch der N.I.-Anteil, insgesamt von 14,5 % auf 19,3 %.

Bei Vergleich der Phasenanteile mit den Bauteilhärten wird deutlich, dass die Proben aus Versuch 60P im Vergleich die größte Bauteilhärte mit dem größten Ferritanteil und dem kleinsten RA-Anteil sowie den kleinsten Korngrößen aufweisen. Dabei werden die Proben in Versuch 60P im Vergleich zu den anderen Versuchen vermutlich der größten Wärme aufgrund der kleinen Schmelzfläche und kleinen Wiederkehrzeiten ausgesetzt. Im Gegenzug wird für Proben aus dem Versuch 4P im Vergleich die kleinste Bauteilhärte, der größte RA-Anteil, der kleinste Ferritanteil sowie die größte Korngröße gemessen. Die Proben aus Versuch 4P werden durch die großen Schmelzflächen und großen Wiederkehrzeiten einer kleineren Wärme im Vergleich zu den anderen Versuchen ausgesetzt. Für die Proben Nr. 8 und Nr. 3 aus Versuch 15P und 5P werden ähnliche Bauteilhärten gemessen, welche zwischen den Werten der Proben aus Versuch 60P und 4P liegen. Dabei weist die analysierte Probe Nr. 8 aus Versuch 15P einen etwas größeren RA-Anteil und größere Körner als die Probe Nr. 3 aus Versuch 5P auf. Insgesamt wird mit steigendem Ferritanteil und sinkendem RA-Anteil eine sinkende Korngröße festgestellt. Dies ist erwartbar, da durch die Umwandlung von RA in Martensit bei der Abkühlung die Körner aus dem primären Austenitkorn gebildet werden. Wird die Umwandlung unterbrochen, bleiben kleinere Martensitkörner zwischen den primären RA-Körnern [86].

Fazit

In diesem Kapitel wird der Einfluss der Bauteilanzahl unter Beibehaltung der Probengeometrie sowie mit variierenden Probenquerschnitten untersucht. Mit den Versuchen 15P und 5P können ähnliche Bauteildichten größer 99,94 % und mittlere Bauteilhärten von 683 bis 685 HV erreicht werden. In der EBSD-Analyse werden leicht abweichende Korngrößen 16,7 zu 12,4 µm und die Differenz der Phasenanteile für Austenit von 5 % und für Ferrit von 3 % bestimmt. Anhand der Bauteilhärte wird jedoch von einer Übertragbarkeit der Ergebnisse von 15P auf 5P trotz kleinerer Bauteilanzahl und damit kürzerer Schichtzeit ausgegangen.

Unter Beibehaltung der ähnlichen Schmelzfläche und somit ungefähr ähnlichen Schichtzeiten wird die Bauteilanzahl bzw. der Querschnitt der Proben in den Versuchen 15P, 60P und 4P variiert. Die Härtedifferenz von 158 HV zwischen den Versuchen können durch die Prozessführung und die daraus entstehenden Erstarrungsbedingungen begründet werden. An Proben aus Versuch 60P wird die höchste Bauteilhärte mit 738 HV gemessen und aufgrund der kurzen Scanvektoren von 5 mm wird ein Aufheizen der Probe vermutet. Durch die größeren Temperaturen wird die Umwandlung von Austenit zu Martensit begünstigt und kleinere Korngrößen von ca. 11 µm werden beobachtet (Vergleich Kapitel 5.2). An den Proben aus Versuch 4P wird im Vergleich die kleinste Bauteilhärte mit 580 HV bei der im Vergleich größten Scanvektorlänge von 20 mm gemessen. Da ein großer RA-Gehalt von 70 % in den Proben festgestellt wird, werden kleinere Temperaturen an den Proben vermutet, welche ähnlich zu kleineren Vorheiztemperaturen eine kleinere Bauteilhärte verursachen (Vergleich Kapitel 5.2).

Die Bauteilanzahl und damit variierende Schichtzeiten beeinflussen die Übertragbarkeit der Ergebnisse in dieser Gegenüberstellung nicht, wohingegen die Scanvektorlänge und damit die Abkühlung und Erstarrung einen größeren Einfluss auf das Gefüge und die resultierende Bauteilhärte hat.

6.2 Einfluss der Bauteilhöhe

In dieser Versuchsreihe werden in zwei Versuchen 15 Proben (15P50) bzw. fünf Proben (5P50) bis zu einer Höhe von 50 mm gefertigt. Dabei werden Proben mit der CP-Verfahrensparameterkombination (siehe Kapitel 5.1) gefertigt. In den Versuchen wird die VHV 3, die SGFV B sowie die Pulvercharge 2 (siehe Kapitel 7.1) verwendet.

Ergebnisse

An den Proben der Versuche 15P50 und 5P50 werden durchgängig Bauteildichten größer 99,8 % gemessen. Die Proben aus Versuch 5P50 weisen visuell keine Risse nach der Fertigung auf, siehe Bild 65 links. Dahingegen werden bei den Proben aus Versuch 15P50 mehrfach über die Bauteilhöhe Makrorisse beobachtet. Dabei sind bis zu drei horizontale Makrorisse über die gesamte Bauteilhöhe verteilt festzustellen. Häufig sind die Risse bei mehreren Proben auf der gleichen Höhe zu beobachten.

Bild 65: Proben auf Substratplatte nach den Versuchen 5P50 und 15P50

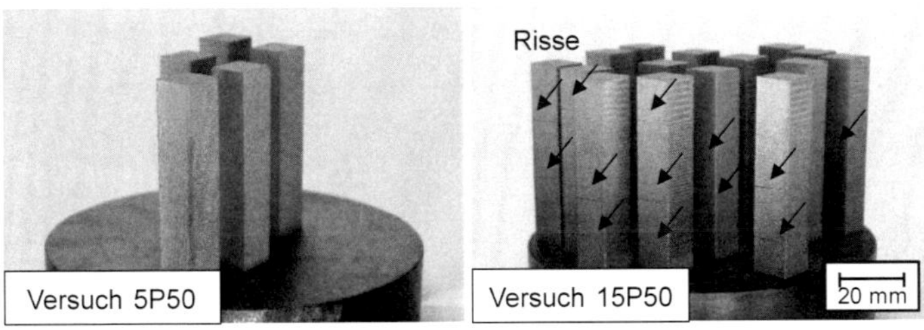

Die Auswertung der mittels IR-Thermografiekamera ermittelten Grundtemperatur über die Bauteilhöhe von 50 mm für Versuch 15P50 ist in Bild 66 dargestellt. Der Temperaturverlauf über die Bauteilhöhe ist für alle Proben ähnlich. Die Proben Nr. 1, 10 und Nr. 15 sind dunkel hervorgehoben.

Bild 66:
Grundtemperatur der Proben über die Bauteilhöhe von Versuch 15P50 (Emissionsgrad 0,169)

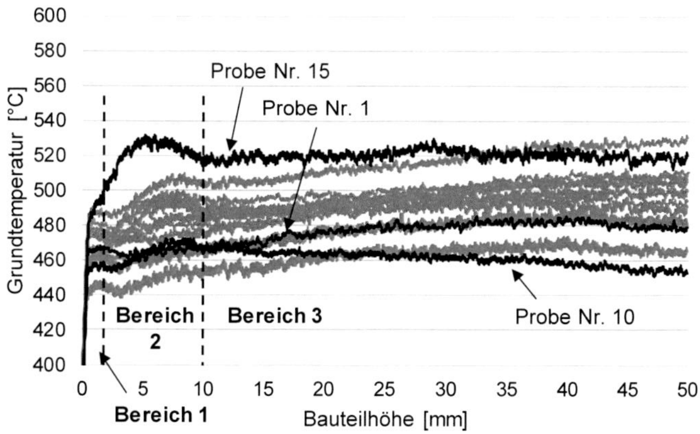

Die Verläufe der Grundtemperatur können in drei Bereiche unterteilt werden. Zu Beginn wird eine steil steigende Temperatur in dem ersten Bereich bis ca. 1 mm Bauteilhöhe beobachtet. In dem zweiten Bereich bis ca. 10 mm werden unregelmäßige Verläufe der Temperatur dargestellt. In dem dritten Bereich werden für fast alle Proben zunächst ein gleichmäßiger Anstieg der Temperatur mit zunehmender Bauteilhöhe bis hin zum Abflachen und teilweise wieder leichtem Abfallen der Temperatur beobachtet. Für Probe Nr. 10 wird als einzige Probe eine über die gesamte dritte Phase hinweg abfallende Temperatur gemessen. Die Grundtemperaturen liegen für die Proben in einem Bereich von 450 bis 530°C am Ende des Prozesses.

Bezüglich der Grundtemperatur über die Schichten ist das Messverfahren (Mittelung über Probenfläche), die Sensorik (Kalibrierung des Emissionsgrades, Beobachtungswinkel), die Oberflächenbeschaffenheit der Proben und die Vorschubrichtung der Belichtung mit einzubeziehen, welche die Emission der Oberflächen bzw. die Messwerte beeinflussen (siehe auch Kapitel 4.1.2). Durch diese unterschiedlichen Einflussfaktoren wird eine Streuung der Messwerte verursacht [43, S. 157].

In Bereich 1 liegt durch den Beginn der Belichtung kein thermisches Gleichgewicht zwischen Proben und Substratplatte vor. Die eingebrachte Energie durch das Aufschmelzen des Pulvers mittels Laserstrahlung wird durch Wärmeleitung und die kleine Bauteilhöhe direkt in die Substratplatte abgeführt, wodurch vermutlich das gesamte System aufgeheizt wird [43, S. 157–159]. Jedoch kann der steile Temperaturanstieg in diesem Bereich aufgrund fehlender Kenntnisse über den Einfluss der Substratplatte auf die

Oberflächenstruktur in den ersten Schichten und damit auf die Messwerte bzw. den Emissionsgrad der Oberfläche in dieser Arbeit nicht zuverlässig erklärt werden (siehe auch Kapitel 4.1.2). In Bereich 2 können die dargestellten Unregelmäßigkeiten der Grundtemperatur auf einen weiterhin nicht vollständig im thermischen Gleichgewicht befindlichen System zurückgeführt werden. Weiterhin wird durch die Belichtung der Proben die generelle Erwärmung der Substratplatte ausgelöst, da der Wärmestrom, der aus dem belichteten Bauteil in die Substratplatte fließt, größer ist, als der mit der Substratplattenvorheizung erzeugte Wärmestrom. Somit wirkt die Substratplatte als große Wärmesenke bei kleineren Bauteilhöhen und verursacht eine große Abkühlungsrate im Vergleich zu einer kleineren Wärmesenke [43, S. 157–159]. Mit zunehmender Bauteilhöhe kann in Bereich 3 mit der Bauteilhöhe ein thermisches Gleichgewicht erreicht werden. Die Abkühlgeschwindigkeit der Proben wird mit steigender Bauteilhöhe reduziert [33].

Für die theoretische Betrachtung des Wärmestroms wird ein stationäres Vergleichssystem betrachtet. Die Grundlagen der Wärmeübertragung sind im Anhang 12.11 aufgeführt. Temperatur und Abkühlverhalten im LPBF-Prozess werden durch die Mechanismen der Wärmeübertragung geprägt. Der Mechanismus Wärmeleitung spielt für das Abkühlverhalten gegenüber Wärmestrahlung und Konvektion eine dominante Rolle [119]. Da die Wärmeleitfähigkeit im Festkörper um Größenordnungen größer ist als die Leitfähigkeit des Metallpulvers, wird ein Großteil der Prozesswärme im Festkörper transportiert, während das umliegende Pulver eine isolierende Wirkung hat [120].

Der Wärmeleitwiderstand der Probe wird nach Formel 7 (siehe Anhang 12.11) berechnet. Demnach wächst der Wärmewiderstand mit der Bauteilhöhe. Dies führt zu einem Wärmestau. Der wärmeleitende Querschnitt A und die Wärmeleitfähigkeit κ sind über die Bauteilhöhe konstant. Mit der Fertigung wird eine kontinuierlich zunehmende Bauteilhöhe erzeugt. Da die Erstarrungstemperatur eine werkstoffspezifische Größe ist, wird davon ausgegangen, dass die Oberflächentemperatur unmittelbar nach dem Belichten in jeder Schicht ähnlich groß ist. Durch die Heizungsregelung wird die Temperatur unterhalb der Substratplatte konstant gehalten. Damit wird das Potential durch die Temperaturdifferenz ΔT zwischen Bauteiloberfläche und Heizung unmittelbar nach dem Belichten nur wenig variiert. Nach Formel 6 (siehe Anhang 12.11) wird bei einem Ansteigen des Wärmeleitwiderstands bei konstanter Temperaturdifferenz eine Abnahme des Wärmestroms durch Wärmeleitung erzeugt. Durch das Modell wird beschrieben, wie das System durch die Änderung der Geometrie beeinflusst wird. Im Gegensatz zum Modell ist der Wärmetransport im realen Prozess instationär und unterliegt weiteren Einflüssen.

In [98, S. 106–112] wird ein Temperaturgleichgewicht beschrieben, welches aus der Restwärme aus dem Belichtungsprozess, dem Wärmestrom von der Substratplatte mit Vorheiztemperatur, der konvektiven Kühlung durch die Schutzgasströmung und der Wärmeabstrahlung in das Pulver besteht. Für eine Aluminiumlegierung wird ein Temperaturanstieg der Grundtemperatur bei einer Vorheiztemperatur von 90 °C durch die eingebrachte Wärme bei der Belichtung begründet. Diese Wärme wird im bis dahin aufgebauten Bauteil nach der Belichtung als Restwärme erhalten und kann durch die konvektive Kühlung oder die Wärmeabstrahlung in das Pulver nicht reduziert werden. Dabei wird die Ursache in der geringen Temperaturdifferenz zwischen Bauteil und der Schutzgasströmung bzw. dem Pulver gesehen. Für eine Vorheiztemperatur von 300 °C wird ein Temperaturabfall der Grundtemperaturen festgestellt, welcher mit der höheren Kühlwirkung der konvektiven Kühlung in Kombination mit der Wärmeabstrahlung aufgrund der höheren Temperaturdifferenzen begründet wird. Im Vergleich zu den Versuchen mit HS6-5-3-8 und einer Vorheiztemperatur von 350 °C wird das Temperaturgleichgewicht erst ab Bereich 3 der Grundtemperaturen erreicht.

Mit dem Verlauf der Grundtemperaturen über die Bauteilhöhe kann keine Erklärung zur mehrfachen Rissbildung an den Proben 15P50 gefunden werden. Alle Proben sind mehrfach vermutlich während des Prozesses gerissen. Die abnehmende Steigung der Temperaturen über die Bauteilhöhe steht sogar im Gegensatz zu den Rissen, welche eine verringerte Wärmeleitung zur Substratplatte verursachen könnten und damit eine Aufheizung der Probenoberfläche folgen müsste.

In Bild 67 wird die Grundtemperatur in einer Schicht in der Bauteilhöhe 15 mm für die Probenposition im Diagramm (links) und auf der Substratplatte (rechts) dargestellt. Die Bauteilhöhe 15 mm ist repräsentativ für Bereich 3 in Bild 66.

Bild 67: Grundtemperatur der Proben dargestellt für die Probenposition auf der Substratplatte in Bauteilhöhre 15 mm

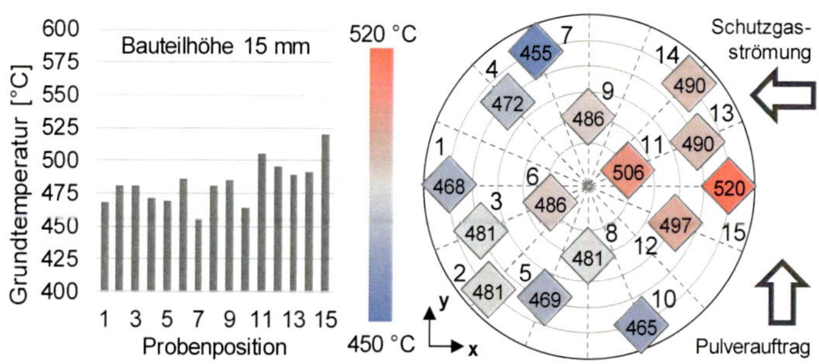

Die Grundtemperaturen in einer Schicht schwanken zwischen 455 und 520 °C mit der Probenposition. Im Diagramm links kann jedoch kein Muster abhängig von der Belichtungsreihenfolge (entsprechend der Probenposition) erkannt werden. Im Bild rechts wird deutlich, dass die außenstehenden Proben oben und unten (Nr. 7 und 10) die kleinsten Temperaturen aufweisen. Während die Proben in der rechten Hälfte wärmer sind als die Proben links. Probe Nr. 15 weist nach der Belichtung und vor der Beschichtung mit neuem Pulver die größte Grundtemperatur mit 520 °C auf.

Mit steigender Probennummer kann eine größere Grundtemperatur bei den Thermografieaufnahmen festgestellt werden. Dieser Effekt wird möglicherweise durch die Messmethodik verstärkt. Wie in Kapitel 4.1.2 erläutert, wird die Grundtemperatur je Schicht nach der Belichtung der letzten Probe und vor der Bewegung des Beschichters in das Blickfeld der IR-Thermografiekamera aufgenommen. In jeder Schicht hat somit die zuerst belichtete Probe die größte Zeit abzukühlen, während die Abkühlung der letzten belichteten Probe (Nr. 15) durch den Pulverauftrag unterbrochen wird. Prinzipiell wäre eine Exponentialfunktion notwendig, um eine vergleichbare Grundtemperatur nach gleicher Abkühlzeit für alle Proben zu berechnen. Jedoch führt der neue Pulverauftrag auch zu einer Änderung der Abkühlverhältnisse, da die Wärmeübertragung zum Pulver kleiner ist, als die Konvektion durch das Schutzgas an der pulverfreien Oberfläche der Probe. Für alle Proben ist die Zeit bis zur erneuten Belichtung gleich lang. Jedoch werden Proben unterschiedlich lange währenddessen durch das neu aufgetragene Pulver isoliert. Probe Nr. 15 wird somit die größte Zeit unter isolierendem Pulver gehalten, welches eine kleinere Abkühlung verursachen kann. Aus diesem Grund wird von einer gültigen Vergleichbarkeit der Grundtemperaturen der Proben ausgegangen, auch wenn durch die Messmethodik die Temperaturdifferenzen wahrscheinlich stärker hervorgehoben werden. Weiterhin kann durch nahe beieinander positionierte Proben in der Mitte der Substratplatte eine gegenseitige Beeinflussung durch benachbarte Proben vermutet werden, wodurch die Mitte der Substratplatte tendenziell wärmer ist. Die abweichenden Temperaturen sind auch möglicherweise auf die Konstruktion und Funktion des Vorheizungsmoduls zurückzuführen, da die Heizkeramik unterhalb der Substratplatte die Wärme mittels Wärmeleitung an Kontaktflächen auf die Substratplatte überträgt, wodurch bei Unebenheit Abweichungen der Temperaturen auf der Substratplatte verursacht werden können. Insgesamt wird der Einfluss der Belichtungsreihenfolge und Bauteilpositionierung durch die Darstellung deutlich.

In Bild 68 werden die Grundtemperaturen der Proben aus Versuch 5P50 dargestellt. Dabei ist zu berücksichtigen, dass die Proben Nr. 1-5 aus Versuch 5P50 auf gleicher Position wie die Proben Nr. 5, 6, 8, 9 und 11 aus Versuch 15P50 liegen.

Bild 68: Grundtemperatur der Proben über die Bauteilhöhe von Versuch 5P50 mit Proben Nr. 1-5 (Emissionsgrad 0,169)

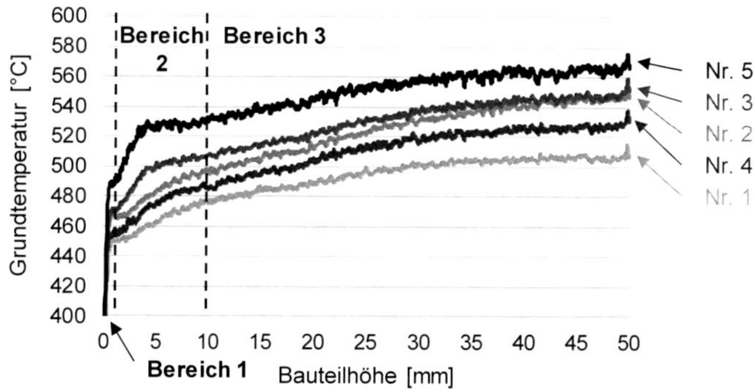

Im Vergleich können für Proben aus Versuch 5P50 ähnliche Temperaturverläufe wie in Versuch 15P50 (siehe Bild 67) sowie die drei Bereiche identifiziert werden. Am Ende des ersten Bereichs bei einer Bauteilhöhe von 1 mm werden für die Proben aus Versuch 5P50 ähnliche Temperaturen wie für die Proben aus Versuch 15P50 gemessen. Dabei beträgt die mittlere Grundtemperatur der Proben aus versuch 5P50 466,7 °C im Vergleich zu Versuch 15P50 mit 469,4 °C. Weiterhin werden steiler steigende Temperaturen der Proben des Versuchs 5P50 in Bereich 2 und 3 beobachtet. Dabei werden im Vergleich zu 15P50 größere detektierte Temperaturen im Bereich von 500 bis 560 °C für die Proben am Ende des Versuchs von 5P50 festgestellt.

In Tabelle 2 werden die Temperaturdifferenzen zwischen 50 mm und 1 mm Bauteilhöhe für alle Proben aus den Versuchen 15P50 und 5P50 dargestellt. Zusätzlich wird die Temperaturdifferenz entsprechend der Probenposition Im Anhang 12.10 in Bild 119 dargestellt.

Proben Nr.	1	2	3	4	5	6	7	8	9	10	11	12	13	14	15
Differenz [°C]	12,2	15,8	30,4	20,2	14,3	18,9	19,6	24,2	34,5	-3,4	42,0	30,8	35,4	26,8	27,1

Proben Nr.	1	2	3	4	5
Differenz [°C]	59,6	84,3	76,6	82,5	78,9

Tabelle 2: Temperaturdifferenz zwischen Bauteilhöhe 50 mm und 1 mm für die Versuche 15P50 (oben) und 5P50 (unten)

Diese Differenz beträgt für Versuch 5P50 im Mittel 76,4 °C und ist im Vergleich mit den Proben aus dem Versuch 15P50 mit einem Mittel von 23,3 °C um 53,1 °C größer. Die Differenz ist für alle Proben positiv bis auf Probe Nr. 10 aus Versuch 15P50.

Durch die Variation der Bauteilanzahl und damit der Schmelzflächen bei den Versuchen 15P50 und 5P50 werden zwei entscheidende Einflussfaktoren auf das thermische System des Versuchsaufbaus verändert. Werden mehr Bauteile gefertigt, wird insgesamt mehr Energie durch die Laserstrahlung in das System eingetragen. Gleichzeitig wird mehr Zeit zur Abkühlung der Bauteile in jeder Schicht ermöglicht, bevor die nächste Belichtung stattfindet. Im Versuch 15P50 wird also im Vergleich zum Versuch 5P50 drei Mal so viel Energie durch die Laserstrahlung eingetragen. Dadurch wird die Belichtungszeit verdreifacht und die Pulverauftragszeit bleibt konstant, wodurch in jeder Schicht eine um den Faktor 1,85 längere Zeit zum Abkühlen zur Verfügung gestellt wird. Der Einfluss der beiden gegenläufigen Mechanismen Energieeintrag und Zeit zur Abkühlung auf die Bauteiltemperaturen variiert über die Bauteilhöhe sowie über die Probenposition. Bei der Gegenüberstellung der Temperaturverläufe über die Bauteilhöhe wird ein Übergangsbereich identifiziert, in dem die Temperatur der Proben aus Versuch 15P50 durch die Temperatur der Proben aus Versuch 5P50 überschritten wird. Dieser Schnittpunkt der Kurven wird in Bild 69 exemplarisch für Probe Nr. 2 aus Versuch 5P50 und Probe Nr. 6 aus Versuch 15P50 dargestellt.

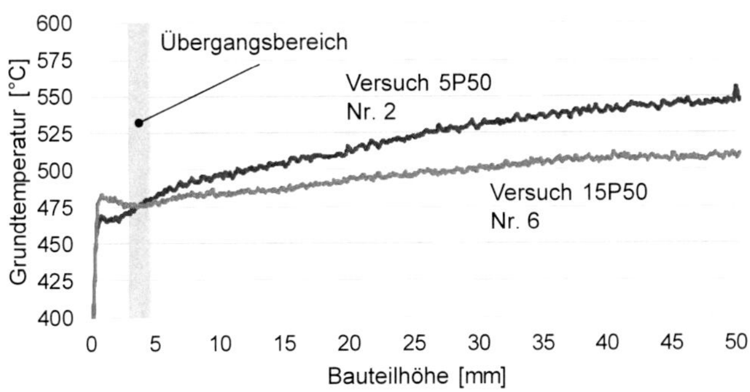

Bild 69: Exemplarischer Grundtemperaturverlauf über Bauteilhöhe für die Probe Nr. 2 aus Versuch 5P50 und Probe Nr. 6 aus 15P50 (Emissionsgrad 0,169)

Vor der Übergangsphase wird eine größere Temperatur der Proben aus Versuch 15P50 im Vergleich zu Versuch 5P50 festgestellt. Dies könnte an der kleinen Bauteilhöhe und der damit verbundenen Nähe zur Substratplatte liegen. Durch die eingetragene Energie der Laserstrahlung wird die

Temperatur direkt zur Substratplatte übertragen und das System wird vollständig aufgeheizt bis zu einer Höhe von ca. 1 mm. Durch eine steigende Distanz zur Substratplatte wird der Einfluss der durch die Laserstrahlung eingetragenen Energie aufgrund des steigenden Wärmewiderstands kleiner und der Einfluss der zur Abkühlung bereitstehenden Zeit auf die Entwicklung der Temperatur größer. Daraus folgt im weiteren Verlauf nach dem Übergang eine stärkere Aufheizung der Proben des Versuchs 5P50. Dadurch kann festgestellt werden, dass abhängig von der Bauteilanzahl variierende Schichtzeiten entstehen, welche die Temperaturen sowie Abkühlbedingungen während des Prozesses beeinflussen. Die kürzere Schichtzeit führt insgesamt zu einem schnelleren Anstieg der Temperaturen, wie auch in [33] und [43, S. 158] gezeigt.

Die Differenz der Grundtemperaturen über die Bauteilhöhe kann ebenfalls nicht für eine Erklärung zur mehrfachen Rissbildung an den Proben 15P50 herangezogen werden. Die größeren Grundtemperaturen bei Versuch 5P50 können mit bisherigen Untersuchungen zu größeren Bauteilhärten sowie größeren Spannungen bis zur Rissbildung in Kapitel 5.2 (T_V = 500 bis 600 °C) führen. Im Gegensatz dazu werden Rissen bei Versuch 15P50 mit nachweislich kleineren Grundtemperaturen festgestellt.

In Bild 70 links wird die mittlere Bauteilhärte der Proben aus dem Versuch 15P50 und 5P50 sowie die der Referenzversuche 15P und 5P mit 11 mm Bauteilhöhe (aus Kapitel 6.1) dargestellt. Weiterhin wird von den Proben Nr.8 aus Versuch 15P50 und Nr. 3 aus Versuch 5P50 die Bauteilhärte für unterschiedliche Bauteilhöhen in Bild 70 rechts gegenübergestellt, wobei beide Proben auf der gleichen Bauteilposition auf der Substratplatte gefertigt werden.

Bild 70: Mittlere Bauteilhärte der Proben für die Versuche 15P50, 5P50 sowie 15P und 5P (links), Bauteilhärte über die Bauteilhöhe für Probe Nr. 8 aus Versuch 15P50 und Probe Nr. 3 aus Versuch 5P50 (rechts)

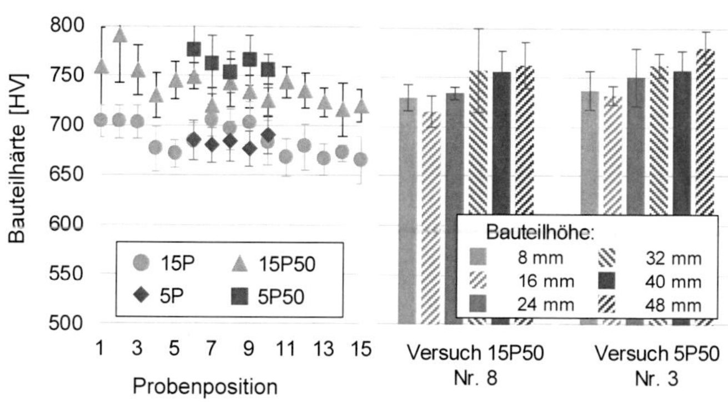

Eine leicht abnehmende Bauteilhärte der Proben 15P50 entsprechend der Belichtungsreihenfolge mit aufsteigender Probennummer kann beobachtet werden. Die Bauteilhärte variiert dabei zwischen 716 und 790 HV mit einem Mittelwert von 739 HV. Im Vergleich dazu wird bei den Proben aus Versuch 5P50 eine Bauteilhärte von 753 bis 775 HV mit einer mittleren Bauteilhärte von 762 HV erreicht. Die Proben aus Versuch 15P mit einer Bauteilhöhe von 10 mm erreichen eine mittlere Bauteilhärte von 685 HV. Die Tendenzen der Versuche 15P und 15P50 sind ähnlich. Die Differenz der mittleren Bauteilhärte von 5P zu 15P50 beträgt 79 HV.

In Bild 70 rechts wird eine tendenzielle Zunahme der Bauteilhärte über die Bauteilhöhe für die beiden Proben Nr. 8 aus Versuch 15P50 und Nr. 3 aus Versuch 5P50 dargestellt. Dabei wird eine Erhöhung der Bauteilhärte für Probe Nr. 8 aus Versuch 15P50 von 730 HV bis 762 HV festgestellt, während für Probe Nr. 3 aus Versuch 5P50 eine steigende Bauteilhärte von 737 HV auf 780 HV gemessen wird. Somit liegt die maximale Differenz der Bauteilhärte über die Bauteilhöhe bei 43 HV.

Die Bauteilhärte der Proben aus Versuche 15P50 und 5P50 liegt oberhalb der Bauteilhärte der Versuche 15P und 5P. Dies kann mit der Temperatur und der Zeit der Fertigung der Proben begründet werden. In einer Bauteilhöhe von 11 mm wird eine mittlere Grundtemperatur von 501,2 °C für Versuch 5P und 479,9 °C für Versuch 15P festgestellt. Die mittlere Grundtemperatur in der letzten Schicht aller Proben von Versuch 5P50 bzw. 15P50 liegt bei 540,3 °C bzw. 493,9 °C. Somit wird prinzipiell ein Temperaturanstieg zwischen der letzten Schicht von 5P und 5P50 sowie 15P und 15P50 festgestellt. Die größeren Temperaturen über eine größere Zeit (Dauer der Fertigung der Proben) führt zu größeren Bauteilhärten (siehe Bild 46). Trotz ähnlicher Bauteilhärte der Proben von Versuch 5P50 und 15P50 sind einzig die Proben aus Versuch 15P50 mehrfach gerissen. Die Bauteilhärte gibt somit keine Erklärung zur mehrfachen Rissbildung an den Proben 15P50.

Die steigende Bauteilhärte über die Bauteilhöhe kann vermutlich mit der in-situ Wärmebehandlung begründet werden. Die unteren Schichten der Probe werden der Temperatur des Vorheizmoduls sowie der Wärme durch den Energieeintrag der Laserstrahlung über eine größere Zeit ausgesetzt als die nachfolgend gefertigten Schichten. Weiterhin sind die Temperaturen an den Probenoberflächen für Versuch 5P50 tendenziell größer als für 15P50. In Kapitel 5.2 wird gezeigt, dass aufgrund von steigenden Vorheiztemperaturen größere Bauteilhärten verursacht werden. Dieser Effekt wird hier ebenfalls durch die größeren Temperaturen der Proben aus 5P50 vermutet.

Fazit

Die Ergebnisse zeigen einen Einfluss der Bauteilhöhe von 50 mm durch die Versuche 15P50 und 5P50 auf die Verarbeitbarkeit von HS6-5-3-8 im Vergleich zu vorangegangenen Versuchen mit einer Höhe von 10 mm. Dabei wird die Bauteildichte von der Bauteilhöhe nicht beeinflusst und beträgt größer 99,8 %. Allerdings werden für den Versuch 15P50 mehrfach Risse über die Bauteilhöhe der Proben festgestellt, während die Proben aus 5P50 rissfrei sind.

Für nahezu alle Proben kann eine Aufheizung der Probenoberfläche über die Dauer des Prozesses beobachtet werden. Die durch die Laserstrahlung eingetragene Energie pro Probe ist in jeder Schicht gleich und bewirkt eine zunehmende Erwärmung mit wachsender Bauteilhöhe. Diese Beobachtung kann vermutlich mit der Abnahme des Wärmestroms infolge von Wärmeleitung entgegen der Aufbaurichtung verursacht werden.

Insgesamt kann festgestellt werden, dass die Temperaturen an den Probenoberflächen im Prozess von der aktuellen Bauteilhöhe, der Geometrie, der Schichtzeit bzw. Bauteilanzahl und den damit einhergehenden Wärmeleitbedingungen abhängig sind. Abhängig von der Bauteilanzahl entstehen variierende Schichtzeiten, welche die Temperaturen sowie Abkühlbedingungen während des Prozesses für kleine Bauteilhöhen wie 10 mm (siehe 15P und 5P in Kapitel 6.1) nicht beeinflussen, während bei einer Bauteilhöhe von 50 mm Abhängigkeiten beobachtet werden.

7 Einfluss der Legierungszusammensetzung auf die Verarbeitbarkeit von HS6-5-3-8

In diesem Kapitel wird zunächst der Einfluss der Legierungszusammensetzung anhand von zwei Pulverchargen auf die Verarbeitbarkeit von HS6-5-3-8 erläutert. Weiterhin wird die Methode RAD eingesetzt, um den Einfluss von erhöhtem C-Gehalt auf die Mikrostruktur und Bauteilhärte von HS6-5-3-8 zu untersuchen.

7.1 Einfluss von zwei Pulverchargen

In diesem Kapitel wird der Einfluss der zwei Pulverchargen auf die Verarbeitbarkeit von HS6-5-3-8 untersucht. Dazu werden die beiden Pulverchargen charakterisiert und Proben gefertigt, um diese hinsichtlich Defektdichte, Bauteilhärte sowie Gefüge zu analysieren.

In den Versuchen werden fünf Proben (siehe Kapitel 4.3) aus den Pulverchargen Charge 1 (C1) und Charge 2 (C2) gefertigt. Dabei werden Proben mit der CP-Verfahrensparameterkombination gefertigt (siehe Kapitel 5.1). In den Versuchen wird die VHV 3 und SGFV A verwendet. Nachfolgend werden die Proben Nr. 3 der Versuche untersucht, welche als C1.3 (für die Probe Nr. 3 aus Charge 1) und C2.3 (für die Probe Nr. 3 aus Charge 2) bezeichnet werden.

Pulvercharakterisierung

In Tabelle 3 ist die chemische Zusammensetzung der in dieser Arbeit verwendeten Pulverchargen C1 und C2 aufgeführt.

	C	Cr	W	Mo	V	Co	Si	Mn	P	S	O	N	Fe
Charge 1	**1,21**	4,0	6,0	4,7	3,0	8,3	0,6	0,3	0,03	0,008	0,026	**0,034**	Bal.
Charge 2	**1,34**	4,2	6,0	5,0	3,0	8,5	0,6	0,3	0.03	0,008	0,025	**0,058**	Bal.

Tabelle 3: Chemische Zusammensetzung des Pulvers HS6-5-3-8 C1 und C2 (in Gew.-%)

Aus Tabelle 3 ist zu entnehmen, dass der C-Gehalt der C1 um 0,02 Gew.-% unterhalb des minimalen Grenzwertes liegt, während C2 einen C-Gehalt von 0,01 Gew.-% über dem Maximalwert für HS6-5-3-8 aufweist (vgl. Tabelle 1). Allerdings sind laut DIN EN 4957 Abweichungen der Grenzwerte im Rahmen von ± 0,04 Gew.-% für C im zulässigen Bereich. Im Vergleich von C1 zu C2 wird eine Differenz von + 0,13 Gew.-% C-Anteil festgestellt. Weiterhin weist C2 einen größeren Anteil der Legierungselemente von 0,25 Gew.-% Cr, 0,29 Gew.-% Mo, 0,18 Gew.-% Co sowie 0,024 Gew.-% N im Vergleich zur C1 auf.

Grundsätzlich können Abweichungen in der chemischen Zusammensetzung der beiden Pulverchargen festgestellt werden, welche jedoch im Normbereich von HS6-5-3-8 liegen. Auffällig sind die Abweichung des C-Gehaltes, welcher nach dem Stand der Technik als Legierungselement Auswirkungen auf die Materialeigenschaften hat (Kapitel 2.1.3) sowie die Verarbeitbarkeit insgesamt von Werkzeugstählen mittels LPBF prägt (Kapitel 2.2.4).

Entsprechend der Erläuterungen in Kapitel 4.2 werden die Pulver C1 und C2 charakterisiert. Die volumengewichteten Kennwerte für die Partikelgrößenverteilung, der Absorptionsgrad sowie die Kennwerte zur Beurteilung der Fließfähigkeit werden in Tabelle 4 zusammengefasst.

	d_{10} [µm]	d_{50} [µm]	d_{90} [µm]	Absorptionsgrad	Lawinenwinkel [°]	Oberflächenfraktal
C1	31,5	41,3	55,2	0,632	49	2,1
C2	29,0	42,2	58,4	0,652	46	1,9

Tabelle 4: Messwerte für die volumengewichtete Partikelgrößenverteilung, den Absorptionsgrad sowie den Lawinenwinkel und das Oberflächenfraktal für die Pulver C1 und C2

Für die volumengewichtete Partikelgrößenverteilung wird eine mittlere Partikelgröße von 41,3 µm für C1 und 42,2 µm für C2 ermittelt. Der Absorptionsgrad bei einer Wellenlänge von 1070 nm beträgt 0,632 für C1 und ist um 0,02 größer für C2. Bei der Untersuchung der Fließfähigkeit wird ein Lawinenwinkel von 49 ° für C1 und ein um 3° kleinerer für C2 festgestellt. Das Oberflächenfraktal der Pulverchargen liegt bei 2,1 bzw. 1,9 für C1 bzw. C2.

Prinzipiell können keine Auffälligkeiten anhand der Werte zwischen den beiden Pulverchargen festgestellt werden. Die Kornfraktion entspricht der typischen Kornfraktion von Pulver für die Verwendung im LPBF-Verfahren [121]. Durch den Absorptionsgrad eines Pulvers kann die Effizienz, mit der die Laserstrahlung in das Pulverbett zum Aufschmelzen des Werkstoffs eingekoppelt wird, bestimmt werden. Bei Magnesiumlegierungen beträgt die maximale absolute Abweichung des Absorptionsgrades zwischen gleichen Legierungen aber verschiedenen Pulvern 0,1 und wird auf verschiedene Partikelgrößen und -morphologien zurückgeführt [122, S. 59–63], während für Aluminiumlegierungen ein Absorptionsgrad von 0,622 bzw. 0,652 abhängig von der Kornfraktion festgestellt wird [98, S. 50]. Die Fließfähigkeit einer Pulvercharge ist entscheidend für einen homogenen und reproduzierbaren Schichtauftrag im LPBF-Prozess. In Arbeiten mit gleicher Analysemethode führt ein Lawinenwinkel kleiner 45° zu einem homogenen Pulverauftrag von Magnesiumlegierungen [122, S. 59–63]. Je kleiner das Oberflächenfraktal in einem Bereich von 0-10 desto kleiner wird damit die Abweichung von einer idealen Oberfläche. Die Pulverchargen sind mit einem Oberflächenfraktal von ca. 2 für den Einsatz im LPBF-Prozess geeignet.

Die REM-Aufnahmen und LM der Querschliffe der Pulver C1 und C2 werden in Bild 71 dargestellt.

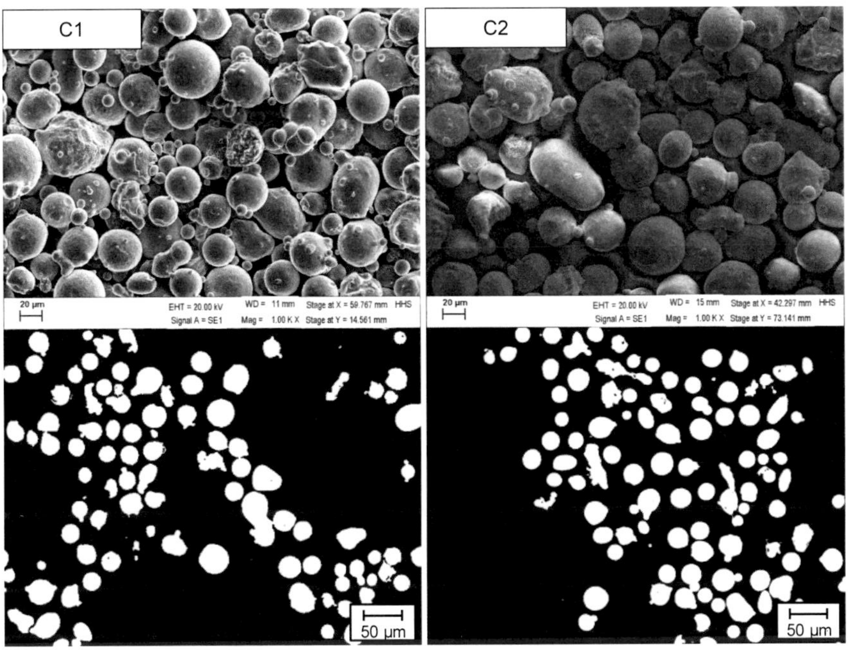

Bild 71: REM-Aufnahmen (oben) und LM der Querschliffe (unten) der C1 (links) und C2 (rechts)

Die Partikel beider Chargen sind größtenteils sphärisch und wenig Agglomerationen werden in der REM-Aufnahme für beide Chargen beobachtet. In den Querschliffen der Partikel werden keine Poren innerhalb der Pulverpartikel und wenige länglich verformte Partikel festgestellt. Anhand der Erscheinungsbilder beider Pulverchargen werden keine auffälligen Unterschiede festgestellt.

Ergebnisse

Zur Bestimmung der Umwandlungspunkte bei Erwärmung oder Abkühlung der beiden Chargen werden Probengeometrien (Durchmesser 6 mm, Höhe 12 mm) mittels LPBF für Dilatometerversuche gefertigt. Die Umwandlungspunkte werden an einem Schubstangendilatometer BÄHR DIL 805 A/D nach SEP 1680 und SEP 1681 ermittelt. Dabei werden die Proben mit einer Aufheizrate von 3 K/min auf 1050 °C aufgeheizt und durch das Halten von 15 min bei dieser Temperatur austenitisiert. Die Austenitisierungstemperatur von 1050 °C ist jedoch zu gering für den Werkstoff (siehe Kapitel 2.1.5: empfohlen 1180 °C). Da die Karbide und damit der Kohlenstoff nicht vollständig in Lösung gehen können, sind die nachfolgenden Ergebnisse nicht repräsentativ aber zueinander vergleichbar. Eine Abkühlzeit von 60 s auf Raumtemperatur wird mithilfe einer Stickstoffkühlung erreicht. Dabei wird die lineare thermische Ausdehnung einer Probe als Funktion der Temperatur gemessen und davon abgeleitet die Umwandlungspunkte beim Aufheizen und Abkühlen bestimmt. Dies wird für jeweils drei additiv gefertigte Proben aus C1 und C2 durchgeführt. Die Werte der Umwandlungstemperatur werden in Tabelle 5 dargestellt. Der Ac_{1b}-Punkt entspricht der Temperatur, bei der die Bildung des Austenits bei der Erwärmung ausgehend von der Raumtemperatur beginnt. In einem gängigen Dreistoffsystem wird dies als Dreiphasengebiet bezeichnet, da Ferrit, Austenit und Karbide vorliegen. Durch den Ac_{1e}-Punkt wird beschrieben, ab welcher Temperatur beim Erwärmen das Dreiphasengebiet verlassen wird und ein Zweiphasengebiet, also Austenit und Karbide, vorliegt [15, S. 275–277].

	Ac_{1b}-Punkt [°C]	Ac_{1e}-Punkt [°C]	M_s-Temperatur [°C]
C1	752 ± 5	870 ± 1	238 ± 7
C2	745 ± 11	859 ± 5	169 ± 12

Tabelle 5: Umwandlungstemperaturen (Ac_{1b}, Ac_{1e} und M_s) der Dilatometerversuche für Proben aus C1 und C2

Die Differenz der Ac-Punkte der beiden Pulverchargen liegt bei 17 bzw. 11 °C. Dabei werden die Umwandlungspunkte von C2 grundsätzlich bei kleineren Temperaturen bestimmt. Bei der M_s-Temperatur der beiden Pulverchargen wird für C1 eine Temperatur von 238 °C festgestellt, während für C2 die Temperatur mit 169 °C im Mittel um 67 °C kleiner ist. Wie in Kapitel 2.1.2 erläutert, wird die M_s-Temperatur stark von der Legierungszusammensetzung beeinflusst, besonders von dem C-Gehalt. Im Vergleich zu C1 wird in C2 ein um 0,13 Gew.-% größerer C-Gehalt gemessen, welche zu einer Beeinflussung der M_s-Temperatur zu führen scheint.

Die Bauteildichte für alle Proben aus den beiden Pulverchargen liegt konstant über 99,9 %. An den Proben werden visuell keine Risse festgestellt. In Bild 72 wird die Bauteilhärte der aus C1 gefertigten Proben C1P sowie der aus C2 gefertigten Proben C2P aufgeführt. Dabei wird die Probe C1.3 bereits in der Versuchsreihe in Kapitel 5.2 mit Probe 350 berücksichtigt.

Bild 72: Bauteilhärte für Proben C1P (links) und C2P (rechts)

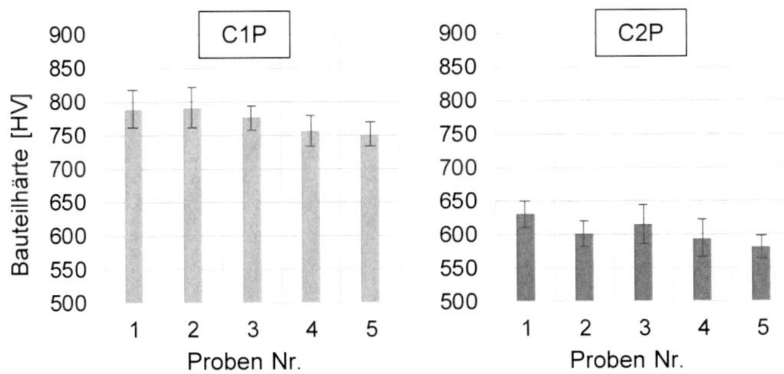

An den Proben C1P werden mittlere Bauteilhärten von 750 bis 790 HV gemessen. Die Bauteilhärte gemittelt über alle Proben C1P beträgt 773 ± 25 HV. Für die Proben C2P werden mittlere Bauteilhärten im Bereich von 580 bis 629 HV. Eine Bauteilhärte gemittelt über alle Proben C2P von 603 ± 17 HV wird festgestellt. Bei beiden Versuchen wird jeweils mit aufsteigender Probennummer, also mit der Belichtungsreihenfolge, eine sinkende Bauteilhärte identifiziert. Dieser Effekt wird in Kapitel 5.3 genauer untersucht und wird mit der unzureichenden Abfuhr von Prozessnebenprodukten durch die in diesem Versuch genutzten SGFV A begründet.

Der Härteunterschied kann auf den ersten Blick mit der chemischen Zusammensetzung von C1 und C2 nicht begründet werden. Der C-Gehalt bei Stählen führt zur Bildung von Martensit und bestimmt die Anzahl möglicher Karbide mit weiteren karbidbildenden Elementen. Somit wird ein höherer C-

Gehalt in der Matrix üblicherweise mit höheren Bauteilhärten verbunden. Dies hängt neben dem C-Gehalt jedoch vor allem vom Lösungszustand des Werkstoffs ab. Hier führt C2 mit einem um 0,13 Gew.-% größeren C-Anteil als C1 zu um 170 HV kleineren Bauteilhärten als C1. Bei Betrachtung der M_S-Temperatur wird deutlich, dass für C2 mit größerem C-Gehalt auch eine kleinere M_S-Temperatur einhergeht. Möglicherweise ist durch die Herabsetzung der M_S-Temperatur eine Umwandlung von Austenit in Martensit während des LPBF-Prozesses oder bei der Abkühlung nach dem Ende der Fertigung behindert und führt zu geringerem Martensit/Ferrit-Anteil in C2P im Vergleich zu C1P. Jedoch muss hier berücksichtigt werden, dass neben einem größeren C-Gehalt auch ein größerer Anteil an Mo (+0,3 Gew.-%) in C2 vorliegt, wodurch in Kombination mit größerem C-Gehalt eine größere Anzahl an Karbiden gebildet werden kann. Zudem ist die M_S-Temperatur, wie bereits erläutert, aufgrund der zu niedrigen Austenitisierungstemperatur bei den Dilatometerversuchen nicht als quantitativ repräsentierend zu betrachten.

Mittels EBSD-Analyse werden die Phasenanteile der beiden Proben C1.3 und C2.3 ermittelt. Die IQ-Map sowie IPF-Map und Textur der Probe C1.3 (Probe 350) wird bereits in Kapitel 5.2 mit Bild 39 erläutert. Die entsprechende Darstellung der EBSD-Analyse von Probe C2.3 wird im Anhang 12.12 in Bild 120 aufgeführt. Die EBSD-Analyse der Phasenanteile in der Probenmitte der Proben C1.3 und C2.3 wird in Bild 71 dargestellt.

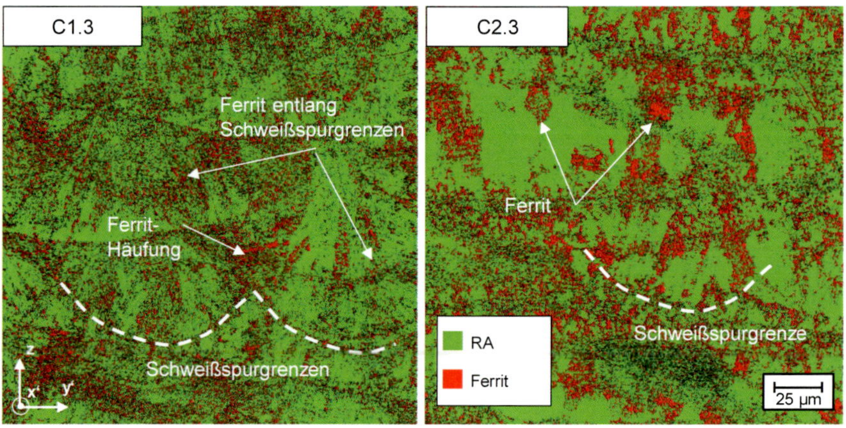

Bild 73: EBSD-Analyse der Phasen RA (grün) und Ferrit (rot) für Mitte der Probe C1.3 (links) und C2.3 (rechts)

In der EBSD-Analyse kann eine fein verteilte Ferritphase für Probe C1.3 beobachtet werden, welche entlang der Schweißspurgrenzen vermehrt festgestellt wird. Dabei sind auch vereinzelt Häufungen der Ferritphase in Bereichen dargestellt, in denen die Schweißspurgrenzen überlappen. Für die Probe C2.3 wird an Schweißspurgrenzen die Ferritphase ebenfalls feiner dargestellt, während inhomogene gröbere Ferritphasen in den Schweißspuren gemessen werden. Insgesamt ist visuell eine gröbere Ferritphase in der Probe C2.3 als bei der Probe C1.3 zu beobachten. Für Probe C1.3 wird ein RA-Gehalt von 58 % und ein Ferritanteil von 22 % festgestellt. An der Probe C2.3 wird ein RA-Gehalt von 62 % und ein Ferritanteil von 26 % gemessen.

Trotz der visuellen Unterschiede in Bild 71 werden ähnliche Phasenanteile an den Proben festgestellt. In den bisherigen EBSD-Analysen der Kapitel 5 und 6 werden ebenfalls die Pulverchargen C1 und C2 genutzt. Im Anhang 12.13 wird an C1 mit dem CP-Verfahrensparameter ein RA-Anteil von 58 % und ein Ferritanteil von 24 % gemessen. In dem Kapitel 6.1 werden mit gleichem Versuchsaufbau und Verfahrensparametern ein RA-Anteil von 63 % und ein Ferritanteil von 20,4 % festgestellt. Die Tendenz zu leicht größerem RA-Anteil durch Fertigung mit C2 kann somit bestätigt werden. Weiterhin liegt der N.I.-Anteil bei 20 % bei C1P und 12 % bei C2P. Im Vergleich zu den Ergebnissen in Kapitel 5.2 könnte der hohe N.I.-Anteil aus einem hohen Anteil feinem Ferrit/Martensit bestehen. Jedoch wird die Vermutung, dass durch den höheren C-Gehalt bei C2 und die Herabsetzung der M_S-Temperatur die Umwandlung von Austenit zu Martensit verzögert wird, nicht eindeutig bestätigt. Durch den größeren Kohlenstoffanteil kann eine größere Übersättigung des Austenits hervorgerufen werden, wodurch die Umwandlung in Ferrit bzw. Martensit in gröberen Körnern bei gleicher Prozessführung erfolgt [13, S. 38–41]. Dies wird durch die EBSD-Bilder bestätigt. Durch die Bindung des C in dem übersättigten Austenit könnten mit C2 weniger Karbide gebildet werden.

Anhand der Phasenanalyse können bereits visuell unterschiedliche Korngrößen an den Proben C1.3 und C2.3 beobachtet werden. Dabei werden Korngrößen für die RA-Phase bei der Probe C1.3 von 10,35 ± 8,9 µm und bei der Probe C2.3 von 8,86 ± 8,4 µm gemessen. Für die Ferritanteil werden Korngrößen von 0,68 ± 0,69 µm bzw. 3,07 ± 3,92 µm für die Probe C1.3 bzw. C2.3 analysiert. Prinzipiell führen feinere Körner aufgrund der Hall-Patch-Beziehung zu größeren Bauteilhärten. Durch die gröberen Körner bei Probe C2.3 im Vergleich zu C1.3 könnten entsprechend auch die kleinere Bauteilhärte begründet liegen.

Fazit

Die Ergebnisse zeigen, dass die chemische Zusammensetzung der Pulvercharge C1 und C2 einen Einfluss auf die Bauteilhärte von HS6-5-3-8 hat. Mit der Pulvercharakterisierung in Form von Partikelgrößen und Fließfähigkeit können keine Unterschiede zwischen C1 und C2 gemessen werden. Für die chemische Zusammensetzung ist jedoch ein deutlicher Unterschied in dem C-Gehalt von 0,13 Gew.-% sowie im Mo-Gehalt von 0,3 Gew.-% festzustellen. Durch den größeren Kohlenstoffanteil wird vermutlich die M_S-Temperatur herabgesetzt, jedoch ist hier der Lösungszustand des Werkstoffs zu berücksichtigen. Durch den gleichzeitig erhöhten Mo-Anteil werden ein größerer Karbidanteil und damit weniger C-Gehalt in der Matrix vermutet. Insgesamt kann von einem geringeren Anteil von Martensit in den Proben aus C2 vermutet werden. Dies kann ebenfalls mit der Austenit-stabilisierenden Wirkung von C zusammenhängen. In den EBSD-Analysen werden ähnliche Phasenanteile gemessen, wobei jedoch ein hoher N.I.-Anteil vorliegt. Eine Differenz der Bauteilhärte von 170 HV im Vergleich von C2 zu C1 wird festgestellt.

7.2 Einfluss von Kohlenstoff

In diesem Kapitel wird die Verarbeitbarkeit von modifizierten Legierungen des Schnellarbeitsstahls HS6-5-3-8 im LPBF-Prozess untersucht. Die Ergebnisse sind durch die Autorin bereits in einem Journal-Paper [123] veröffentlicht. Drei Pulvermischungen mit variierendem C-Gehalt werden durch mechanisches Legieren des Basispulvers mit Elementarpulver hergestellt und dann mittels LPBF verarbeitet. Abschließend wird die Verarbeitbarkeit anhand von Bauteildichte, Gefüge und Bauteilhärte untersucht.

Das Basispulver HS6-5-3-8 (C1) und das elementare C-Pulver werden zu drei Pulvermischungen gemischt: HS6-5-3-8 + 0,3 Gew.-% C (HS+0,3C), HS6-5-3-8 + 0,5 Gew.-% C (HS+0,5C) und HS6-5-3-8 + 1,0 Gew.-% C (HS+1,0C). Um eine große Homogenität der initialen Pulvermischung HS+1,0C zu erreichen, wird eine mechanische Legierung mit einer Planeten-Kugelmühle PULVERISETTE 4 der Firma FRITSCH GmbH eingesetzt. Bei diesem Verfahren wird das Pulvergemisch mit Mahlkugeln aus Zirconiumoxid (ZrO_2) in die Mahlbecher eingefüllt. Um eine Oxidation während des Mahlprozesses zu verhindern, werden die geschlossenen Mahlbecher mit Argon geflutet. Der Mahlprozess wird nach jeweils 20 Minuten für 10 Minuten unterbrochen, um einen Temperaturanstieg zu verhindern, der zur Agglomeration der Partikel führen könnte. Für die Pulvermischungen HS+0.5C und HS+0.3C wird das HS+1.0C-Pulver mit dem HS6-5-3-8-Pulver vermischt und in einem Schüttelmischgerät TURBULA der Firma Willy A. Bachofen AG gemischt.

In den Versuchen werden fünf Proben (siehe Kapitel 4.3) mit der Pulvercharge C1 (siehe Kapitel 7.1) und den Pulvermischungen HS+0,3C, HS+0,5C und HS+1,0C gefertigt. Dabei werden Proben mit der CP-Verfahrensparameterkombination gefertigt (siehe Kapitel 5.1). In den Versuchen wird die VHV 2 und die SGFV A verwendet. Für die chemische Analyse wird die Probe Nr. 2 und für die Analyse der Mikrostruktur die Probe Nr.3 herangezogen

Ergebnisse

Das reine C-Pulver wird von der Firma HTW Hochtemperatur-Werkstoffe GmbH unter dem Markennamen SIGRADUR®K bezogen. Die Korngröße des C-Pulvers beträgt laut Hersteller 10-20 µm. In Bild 74 werden REM-Aufnahmen des reinen C-Pulvers gezeigt. Die Partikel sind sphärisch und wenige Agglomeration können beobachtet werden. Weiterhin sind die Partikel kleiner (<< 10 µm) als vom Hersteller angegeben.

Bild 74: REM-Aufnahmen von den reinen C-Pulver (SIGRADUR®K)

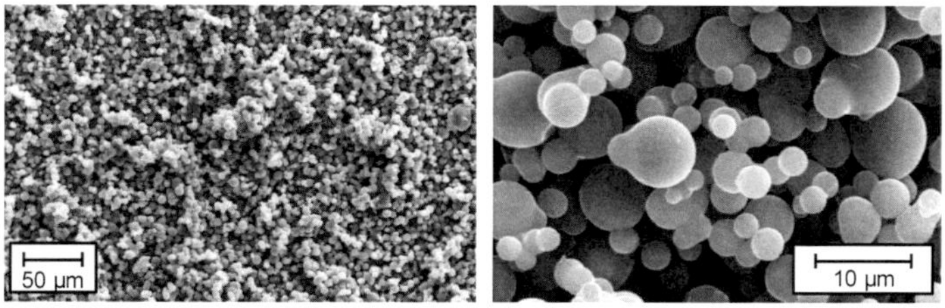

In Bild 75 sind die REM-Aufnahmen der finalen Pulvermischungen HS+0,3C, HS+0,5C und HS+1,0C dargestellt.

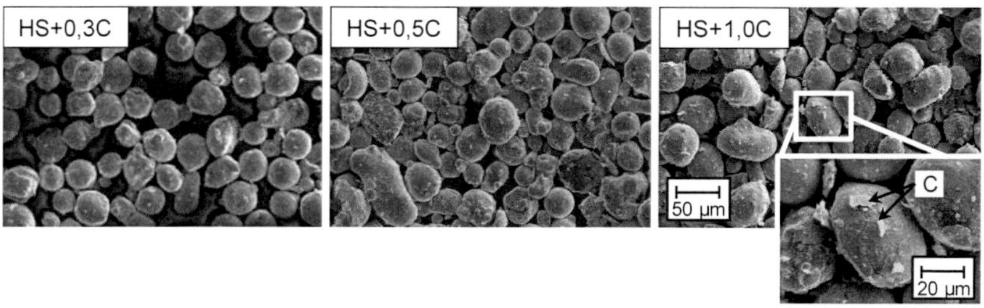

Bild 75: REM-Aufnahmen von Pulvermischungen HS+0,3C (links), HS+0,5C (Mitte) und HS+1,0C (rechts)

Eine homogene Mischung des Elementpulvers C mit dem HS6-5-3-8-Pulver wird erreicht. Die C-Partikel sind zerkleinert und haften fein und gleichmäßig verteilt auf der Oberfläche der HS6-5-3-8-Partikel. Beim Vergleich des mechanisch legierten HS+1,0C-Pulvers mit den Pulvern HS+0,3C und HS+0,5C können keine signifikanten Unterschiede in der Verteilung der C-Partikel festgestellt werden.

Die Ergebnisse der chemischen Analyse von C der Pulvermischungen und der resultierenden Probekörper werden in Tabelle 6 dargestellt. Dabei werden die Messungen mit den nominalen Werten, welche zur Mischung der Pulver erzielt werden sollten, gegenübergestellt.

Pulvername	HS6-5-3-8	HS+0,3C	HS+0,5C	HS+1,0C
Nominal	-	1,51	1,71	2,21
Pulver	1,21	-0,02	-0,06	-0,04
Probe	1,21	-0,05	-0,09	-0,14

Tabelle 6: C-Gehalt des Pulvers und der Probe HS6-5-3-8 sowie Abweichung des C-Gehaltes des Pulvers und der Proben HS+0,3C, HS+0,5C und HS+1,0C im Vergleich zum nominalen Sollwert

An der Referenz aus HS6-5-3-8 werden keine Abweichungen des C-Gehaltes an der Probe im Vergleich zum Pulver festgestellt. Die C-Abweichungen der Pulvermischungen vom nominellen Wert liegen zwischen 0,02 und 0,06 Gew.-%. Die Abweichungen in den Proben betragen 0,05 bis 0,14 Gew.-% C im Vergleich zur nominellen Angabe. Die maximale Abweichung von 0,14 Gew.-% C vom nominalen Wert wird für die Probe HS+1,0C festgestellt. Die Abweichungen des Pulvers und der Proben von der Nominalzusammensetzung werden als klein bewertet, jedoch werden durchweg kleinere Kohlenstoffanteile bei HS+0,3C, HS+0,5C und HS+1,0C nach der Verarbeitung gemessen.

Während des LPBF-Prozesses des HS+1,0C-Versuchs wird eine erhöhte Anzahl von Partikeln über der Bearbeitungsebene im Schutzgasstrom beobachtet (siehe Anhang 12.12 in Bild 121). Aufgrund der kleinen C-Partikel sowie kleineren Dichte und dem damit verbunden kleineren Gewicht im Vergleich zum Basispulver könnten diese möglicherweise verstärkt durch den Inertgasstrom im Filter abgeschieden werden. Schließlich kann auch das Verdampfen kleiner Kohlenstoffpartikel während des Prozesses eine Ursache für den kleineren Kohlenstoffgehalt in den Proben sein [124].

In den Versuchen mit HS+0,3C, HS+0,5C und HS+1,0C werden Blow-ups während des Abkühlprozesses beobachtet. In Bild 76 sind die Querschliffe der Probe Nr. 3 aus HS6-5-3-8 bzw. der Pulvermischungen dargestellt. Die ermittelte Bauteildichte ist bei allen ausgewerteten Proben größer als 99,95% und keine auffälligen Poren können festgestellt werden. Die Modifikation der Legierungszusammensetzung zeigt keinen signifikanten Einfluss auf die Bildung von Poren, Anbindungsfehlern oder Mikrorissen.

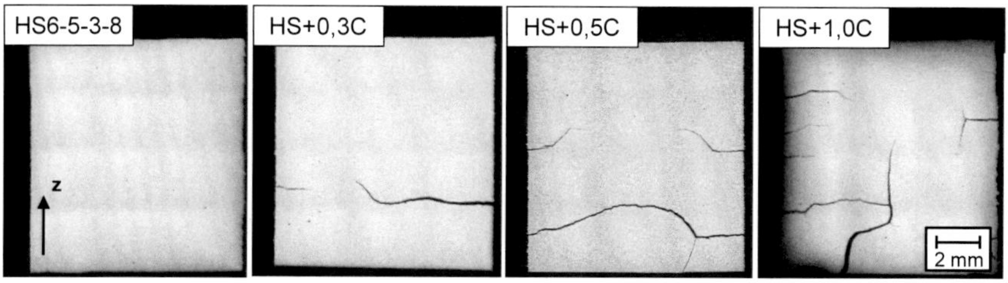

Bild 76: LM-Aufnahmen von Querschliffen der Proben Nr. 3 aus HS6-5-3-8, HS+0,3C, HS+0,5C und HS+1,0C

An der Referenzprobe aus HS6-5-3-8 kann Rissfreiheit festgestellt werden. Bei der Probe aus HS+0,3C und HS+0,5C verlaufen die Risse von den Seiten der Probe zur Mitte. Die Risslänge für die Probe aus HS+0,3C beträgt bis zu 6 mm. Der Riss im unteren Bereich der Probe aus HS+0,5C verläuft durch den gesamten Querschnitt. In dem Querschliff der HS+1,0C-Probe werden Risse mit einem Verlauf von den Seiten und dem Boden zur Mitte der Probe mit einer Länge bis zu 6 mm festgestellt.

Mit der visuellen Auswertung der Querschliffaufnahmen kann festgestellt werden, dass die Rissneigung mit zunehmendem C-Gehalt steigt. Dies ist im Zusammenhang mit dem Stand der Technik (Kapitel 2.2.4) erwartbar. Bereits mit der Erhöhung des C-Gehaltes um 0,3 Gew.-% werden Risse ähnlich zu den Versuchen in Kapitel 5.2 bei erhöhten Vorheiztemperaturen von 500 und 550 °C festgestellt. Aufgrund der Blow-Ups ist davon auszugehen, dass diese durch Eigenspannungen bei der Abkühlung nach dem Prozess entstehen.

In Bild 77 werden exemplarisch REM-Aufnahmen von den interdendritischen Bereichen und den Dendritenkernen in der Mitte der Proben aus den drei Pulvermischungen HS+0,3C, HS+0,5C und HS+1,0C dargestellt.

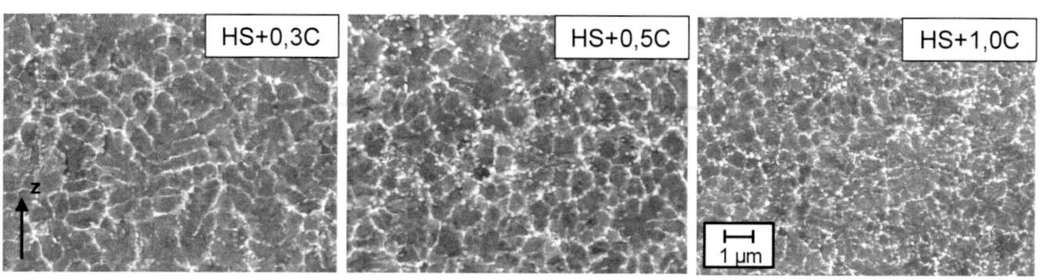

Bild 77: REM-Aufnahmen mit BSE-Detektor der Mitte der Proben HS+0,3C (links), HS+0,5C (Mitte) und HS+1,0C (rechts)

Die durchschnittliche Zellgröße von HS+0,3C beträgt etwa 0,8 bis 1 µm, während diese bei HS+0,5C und HS+1,0C auf etwa 600 nm bis 400 nm sinkt. Die Zellwände sind bei allen Proben meist kleiner als 100 nm und die Größe der vermutlichen Karbidausscheidungen (siehe Kapitel 5.2) liegt in einem Bereich von 100 bis 200 nm.

Ein erhöhter Karbidgehalt kann zu einer Behinderung des Kornwachstums während der Erstarrung und damit zur Kornfeinung führen. Weiterhin können primäre Karbide aus der Schmelze als Keimstellen für die primären Austenitkörner dienen [13, S. 26–28]. Mit steigendem C-Gehalt kann also ein steigender Karbidgehalt und eine Tendenz zu kleineren Korngrößen vermutet werden, welche durch die Kornfeinungswirkung der Karbide verursacht werden kann. Eine eindeutige Identifizierung der Karbidarten ist mit den verwendeten Charakterisierungsmethoden nicht möglich.

Die EBSD-Analyse der Probe HS+1,0C ist in Bild 78 für die Messstelle oben in der letzten Schicht (links) sowie die Mitte (rechts) der Probe dargestellt. In dem Bild wird jeweils links für die Probenposition die IPF-Map mit einer Einfärbung der Kornorientierung in Aufbaurichtung abgebildet und rechts die EBSD-Analyse der Phasenanteile dargestellt. Beide Scans haben einen CI von 0,86 im Mittel und eine Phasenindizierung von 96%. Die restlichen 4 % sind N.I.-Anteil.

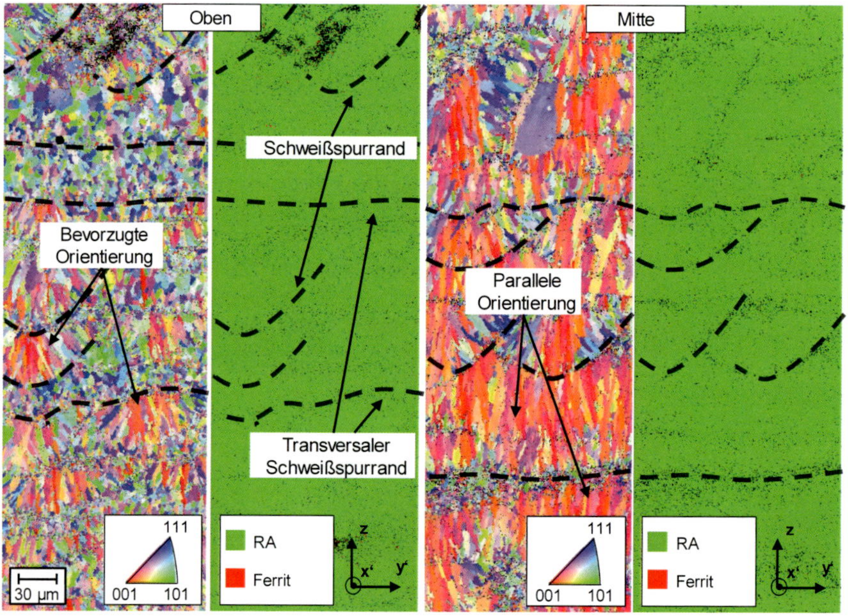

Bild 78: EBSD-Analyse der IPF-Map in z-Richtung (jeweils links) und der Phasen (jeweils rechts) RA (grün) und Ferrit (rot) für Oben (links) und in der Mitte (rechts) der Probe HS+1,0C, mittlerer CI = 0,86

Im oberen Bereich der Probe HS+1,0C werden im IPF deutlich feinere Körner in den letzten Schweißspuren und dort auch mit dem schwarzen Bereich eine geringere Indizierung festgestellt. In den Schweißspuren wird typischer Kornwachstum vom Schweißspurrand zur Mitte ermittelt. Im Bereich sichtbar transversaler Schweißspuren kann keine Vorzugsorientierung festgestellt werden. Für die IPF in der Mitte der Probe werden größere Körner beobachtet und diese weisen epitaktisches Kornwachstum auf und damit auch eine Vorzugsorientierung in Aufbaurichtung, wie für die Verarbeitung mittels LPBF häufig beobachtet wird (siehe Kapitel 2.2.2). Für Probe HS+1,0C wird oben sowie in der Mitte der Probe ein Gefüge aus fast vollständigem RA festgestellt.

Das fast vollständige RA-Gefüge weist auf eine Stabilisierung des Austenits und eine Unterdrückung der martensitischen bzw. bainitischen Umwandlungen hin. Durch C wird Austenit stabilisiert, wodurch ein vollständig austenitisches Gefüges bei Raumtemperatur (RA) ermöglicht werden kann [19, 23].

Beim Vergleich zwischen der Analyse von HS+1.0C und den Analysen in Kapitel 5.2 (Bild 39) werden Unterschiede deutlich. Während die Referenz ein mehrphasiges Gefüge mit Anteilen von RA und Ferrit aufweist, zeigt die HS+1,0C-Probe ein vollständig austenitisches Gefüge vermutlich mit eingelagerten Karbiden. Basierend auf REM-Bildern kann vermutet werden, dass die Phasenanteile in den Proben HS+0,3C und HS+0,5C zwischen der Referenz HS6-5-3-8 und HS+1,0C liegen, entsprechend des C-Gehaltes. Dies zeigt, dass eine Phasenumwandlung des Austenits während der Abkühlung durch eine Erhöhung des C-Gehaltes verhindert wird und eine Stabilisierung des RA auftreten kann. Dieser Befund steht in Übereinstimmung mit Angaben in der Literatur [125].

In Bild 79 wird die mittlere Bauteilhärte und die Bauteilhärte in Abhängigkeit von der Bauteilhöhe der Proben HS6-5-3-8, HS+0,3C, HS+0,5C und HS+1,0C dargestellt.

Bild 79: Mittlere Bauteilhärte (links) und Bauteilhärte über Bauteilhöhe (rechts) der Proben aus HS6-5-3-8, HS+0,3C, HS+0,5C und HS+1,0C

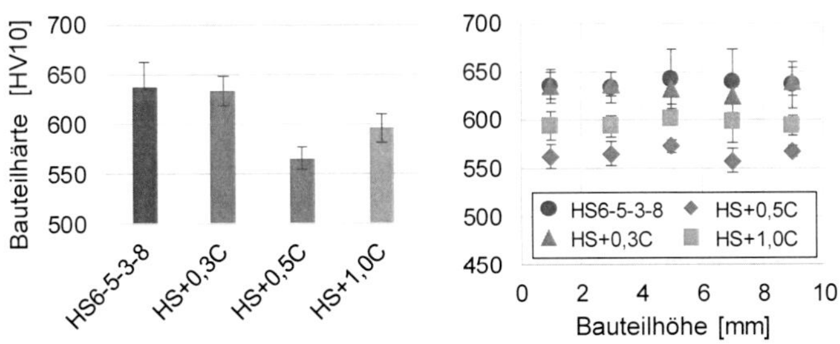

Im Vergleich zu HS6-5-3-8 mit 650 ± 37 HV zeigen die Proben mit erhöhtem C-Gehalt eine kleinere Bauteilhärte. Bei den Proben mit erhöhtem C-Gehalt liegt die höchste Bauteilhärte bei 635 ± 21 HV für HS+0,3C. Die kleinste Bauteilhärte wird für die Probe HS+0,5C mit 570 ± 31 HV gemessen. Die Probe HS+1.0C hat eine mittlere Bauteilhärte von 606 ± 27 HV. Dabei werden keine Trends der Bauteilhärte in Abhängigkeit von der Probenhöhe festgestellt, siehe Bild 79 rechts.

Im Vergleich zu den bisherigen Ergebnissen wird eine kleinere Bauteilhärte der Proben in diesem Kapitel festgestellt. Dies ist auf die Nutzung der VHV 2 in dieser Versuchsreihe zurückzuführen, welche im Anhang 12.13 im Vergleich zu VHV1 und VHV3 untersucht wird. Dabei wird festgestellt, dass die Bauteilhärte der Proben, welche mit VHV 1 und 3 gefertigt werden, ähnlich ist, da die konstruktiven Anpassungen der Vorheizung scheinbar keine Auswirkungen auf die resultierende Bauteilhärte haben. Die VHV 2 mit Einsatz einer Molybdänplatte zwischen der Heizkeramik und der Substratplatte führt zu einem zusätzlichen Wärmeübergang, welcher im Vergleich eine um 110-120 °C kleinere Grundtemperaturen an den Proben verursacht. Diese vergleichsweise geringeren Vorheiztemperaturen mit VHV 2 führen zu kleineren Bauteilhärten, siehe auch Kapitel 5.2. Die Übertragung der Ergebnisse von VHV 1 oder 3 auf Versuche mit VHV 2 ist somit mit der gewählten konstanten Aufheizrate von 10 K/min und gleichen Haltezeit von 10 min nicht möglich.

Mit einer Erhöhung des C-Gehaltes um bis zu 0,5 Gew.-% wird eine Abnahme der Bauteilhärte beobachtet und eine Zunahme des RA in den Proben vermutet. Allerdings ist die Abnahme der Bauteilhärte kein genereller Trend, da bei größtem Kohlenstoffgehalt die Probe HS+1,0C wieder eine größere Bauteilhärte als Probe HS+0,5C aufweist. Die reduzierte durchschnittliche Bauteilhärte im Vergleich zu HS6-5-3-8 kann eine Folge der Stabilisierung des RA sein, welcher eine weiche Phase darstellt. Der Vermutung von mehr und größeren Karbidausscheidungen in den interdendritischen Bereichen aufgrund des größeren C-Gehaltes steht gegenüber, dass dafür auch eine zusätzliche Menge an karbidbildenden Legierungselementen wie Mo oder W notwendig sind. Da Schnellarbeitsstähle in der chemischen Zusammensetzung so designt werden, dass eine maximale Anzahl an Karbiden entstehen können, würden damit die karbidbildenden Elemente, um mit dem zusätzlichen C weitere Karbide zu bilden, fehlen. Denkbar ist, dass die Bauteilhärte durch zwei gegenläufige Mechanismen beeinflusst wird. Während der erhöhte Karbidgehalt die Bauteilhärte erhöht, führt die Stabilisierung von RA zu einer reduzierten Bauteilhärte. Vermutlich ist der Einfluss der Karbide auf die Bauteilhärte bei der Probe HS+1,0C größer als der Einfluss der weichen RA-Matrix.

Dies kann auf mehrere Effekte des größeren C-Gehaltes zurückgeführt werden: Zum einen wird die Stabilisierung des RA dadurch erhöht, dass die M_s-Temperatur durch C vermutlich gesenkt wird. Dadurch wird die Martensitumwandlung unterdrückt. Durch die Unterdrückung der Umwandlung wird jedoch der Abbau von Eigenspannungen durch den diffusionslosen Phasenübergang von Austenit zu Martensit ebenfalls unterdrückt (siehe Kapitel 2.1.2 in Bild 14). Da der erhöhte Kohlenstoffgehalt auch zu mehr Karbidausscheidungen führt, sind diese Karbide für die Risskeimbildung von Bedeutung, da Karbide nach [126, S. 56] zu einer Erhöhung der Spannungskonzentration an den inkohärenten Ausscheidungen führen. Durch größere Karbide werden vermutlich auch mehr Eigenspannungen ausgelöst als durch kleinere [13, S. 280]. Wird durch die Spannungen die Fließgrenze des Werkstoffs überschritten, führt dies zur Rissbildung (siehe Kapitel 2.2.3). Da mit steigendem C-Gehalt in der

Legierungszusammensetzung eine erhöhte Anzahl und Größe der Karbide vermutet wird, könnte auf die Bildung von mehr Sekundärkarbiden durch die in-situ Wärmebehandlung im Prozess geschlossen werden (siehe Kapitel 2.1.2). Dies ist anzunehmen, auch wenn nur der C-Gehalt erhöht wird und der Volumenanteil der karbidbildenden Elemente unverändert bleibt. Da die karbidbildenden Elemente während der Erstarrung in den interdendritischen Bereichen konzentriert werden, reagieren diese mit C und werden als Karbide ausgeschieden. Dies kann zur Versprödung des Werkstoffs führen, so dass eine abnehmende Zähigkeit und steigende Rissanfälligkeit verursacht werden [127]. Durch ein ausgeprägtes Karbidnetzwerk an den Korngrenzen, wie bei HS+1,0C vermutet, wird eine instabile Rissausbreitung begünstigt [128]. Bei der Referenz HS6-5-3-8 hingegen liegen die Karbide nicht in einem durchgängigen Netzwerk vor.

Fazit

Mit den Ergebnissen kann gezeigt werden, dass die Zugabe von Elementarpulver zu Basispulver genutzt werden kann, um die chemische Zusammensetzung von Pulverwerkstoffen und die Eigenschaften mittels LPBF zu modifizieren.

Durch die Zugabe von C zu HS6-5-3-8 kann die fast vollständige Stabilisierung des Austenits erreicht werden. Jedoch wird weiterhin auch eine gesteigerte Rissbildung ausgelöst. Die Vermutung aus Kapitel 2.2.4, dass durch gesteigerten RA-Anteil die Rissbildung reduziert bzw. vermieden werden kann, wird hier nicht bestätigt. Zusätzlich wird festgestellt, dass die Bauteilhärte nicht mit dem C-Gehalt zunimmt, sondern im Vergleich zur Referenz mit 650 HV um bis zu 80 HV bei Probe HS+0,5C abnimmt. Zuletzt weist die Probe HS+1,0C eine wieder steigende Bauteilhärte von 606 HV auf, welche auf die gesteigerte Karbidbildung trotz vollständiger weicher RA-Matrix zurückgeführt wird.

8 Demonstration

Nach den grundlegenden Untersuchungen zur Prozessführung, Bauteilanzahl und Bauteilhöhe sowie der chemischen Zusammensetzung an einfachen Probekörpern wird in diesem Kapitel die Fertigung von komplexeren Strukturen aus HS6-5-3-8 mittels LPBF anhand eines Anwendungsbeispiels erprobt. Dabei wird die Anwendung des Werkzeugbaus im speziellen für Schneidwerkzeuge adressiert. Der Demonstrator ist ein Aufsatz für Gewindeformwerkzeuge, welcher individuell für den Sonderwerkzeugbau oder für die Prototypenentwicklung eingesetzt werden kann. Ein CAD-Bild des Bauteils ist im Anhang 12.14 in Bild 126 aufgeführt.

In diesem Kapitel werden fünf Anwendungsbauteile in je drei Versuchen mit variierenden Parametern gefertigt. Dabei werden die Bauteile zunächst mit der CP-Verfahrensparameterkombination gefertigt (siehe Kapitel 5.1). Weiterhin wird die Verfahrensparameterkombination zu einer erhöhten Scangeschwindigkeit von 1140 mm/s (CP+vs) und wiederum mit CP-Scangeschwindigkeit aber zu kleinerer Vorheiztemperatur von 200 °C (CP-Tv) modifiziert. In den Versuchen wird die Pulvercharge 2, die VHV 3 und die SGFV B verwendet.

In Bild 80 werden Fotos der Bauteile auf der Substratplatte als Übersicht und im Detail für alle drei Versuche CP, CP+vs und CP-Tv dargestellt. Dabei werden Makrorisse mit Pfeilen in dem Übersichtsbild markiert. In allen Versuchen werden nicht alle Bauteile rissfrei gefertigt. Für die Versuche CP und CP+vs werden Risse an jeweils drei Bauteilen beobachtet, während an allen Bauteilen aus Versuch CP-Tv Risse festgestellt werden. Die Risse verlaufen parallel zur Bearbeitungsebene und beginnen häufig an dem Übergang des Querschnitts, im Bild gekennzeichnet.

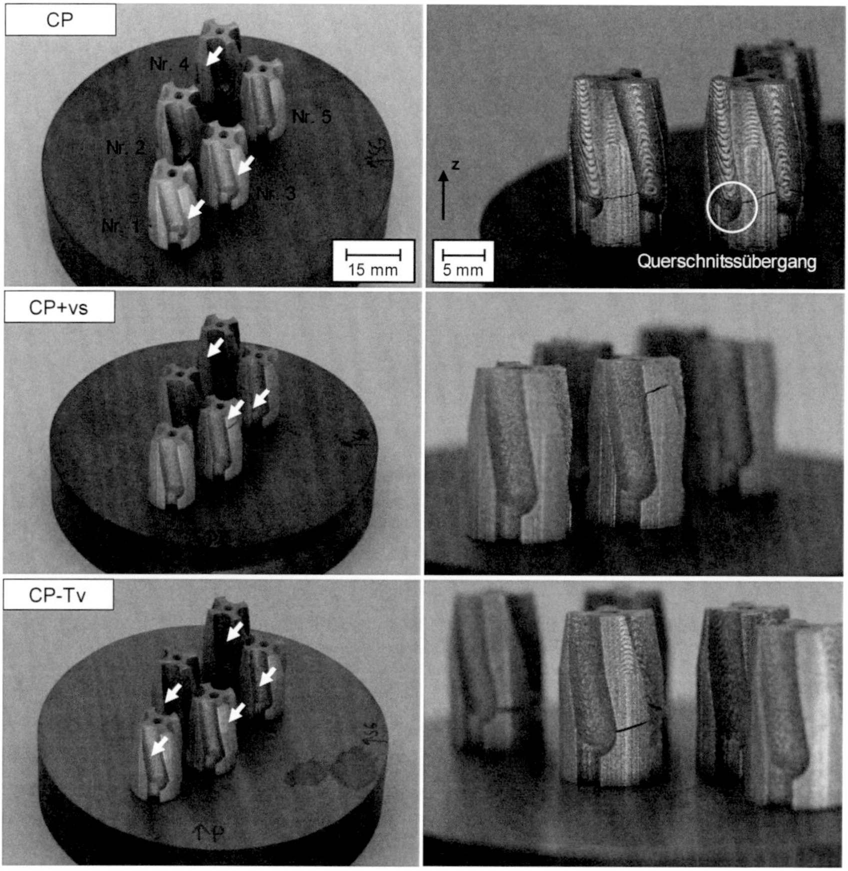

Bild 80: Aufnahme von Substratplatte mit Bauteilen in der Übersicht (links) und im Detail (rechts) von den Versuchen CP, CP+vs und CP-Tv

In Bild 81 wird die Grundtemperatur über die Schichten des mittleren Bauteils Nr. 3 für die Versuche CP, CP+vs und CP-Tv dargestellt.

Bild 81: Grundtemperatur über Schichten der Probe Nr. 3 aus Versuch CP, CP+vs und CP-Tv (Emissionsgrad 0,169)

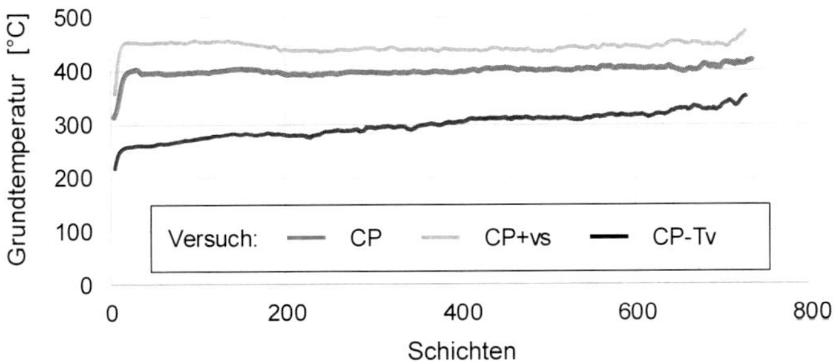

Bei allen Versuchen wird eine steil ansteigende Temperatur in den ersten ca. 20 Schichten beobachtet. Die Temperatur in der ersten Schicht für die Versuche CP und CP+vs ist ca. 300 bis 350 °C, während für Versuch CP-Tv eine Anfangstemperatur von ca. 220 °C gemessen wird. Nach Schicht 20 wird ein Anstieg der Temperatur in allen drei Versuchen festgestellt. Der steilste Anstieg mit einer Differenz von ca. 130 °C zwischen der ersten und letzten Schicht wird für Versuch CP-Tv bemerkt, wodurch eine Temperatur von 352 °C in der letzten Schicht gemessen werden kann. Für Versuch CP bzw. CP+vs werden in der letzten Schicht Temperaturen von 420 bzw. 472 °C analysiert.

In den letzten Schichten wird eine Aufheizung des Systems beobachtet. Dies ist auf den kleiner werdenden Querschnitt des Demonstrators zurückzuführen, wodurch bei gleichbleibenden Verfahrensparametern durch kürzere Scanvektoren sowie kleinere Schichtzeiten eine Überhitzung verursacht wird. Zusätzlich kann durch die kleinere Fläche des Bauteils die konvektive Wärmeabfuhr durch die Schutzgasströmung reduziert werden. Grundsätzlich kann ein ähnlicher Temperaturverlauf von CP und CP+vs festgehalten werden. Dies kann auf die gleiche Vorheiztemperatur von 350 °C zurückgeführt werden. Die größere Scangeschwindigkeit in Versuch CP+vs führt direkt zu Beginn des Versuchs zu einem größeren Temperaturanstieg des Bauteils im Vergleich zu Versuch CP. Die größere Scangeschwindigkeit führt zu kürzeren Wiederholzeiten der einzelnen Scanvektoren und insgesamt zu kürzeren Schichtzeiten, wodurch weniger Zeit verbleibt, um die eingebrachte Energie über Wärmeleitung in die Substratplatte abzuführen. Für Versuch CP-Tv wird eine kleinere Vorheiztemperatur von 200 °C genutzt, welche durch den gleichen Energieeintrag im Prozess wie bei CP aufgrund der Wärmeübertragung zu einem steileren Anstieg der Bauteiltemperatur führt. Durch die geringere Starttemperatur ist die Wärmesenke der

Substratplatte größer, wodurch bei gleichem Energieeintrag der Anstieg der Temperaturen im Prozess steiler ist.

In Bild 82 werden LM-Aufnahmen der Querschliffe exemplarischer Proben aus den Versuchen CP, CP+vs und CP-Tv dargestellt. Dabei sind für Versuch CP und CP+vs jeweils eine Probe mit und eine Probe ohne visuelle Makrorisse abgebildet.

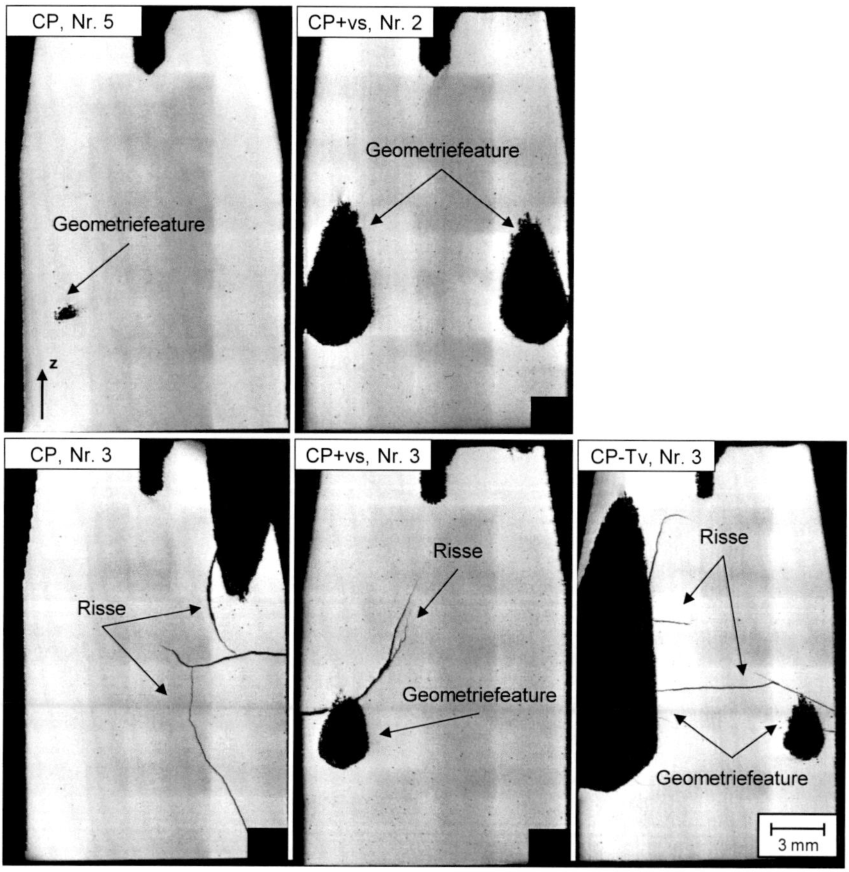

Bild 82: LM-Aufnahme von Querschliffen exemplarischer Proben aus Versuch CP, CP+vs und CP-Tv

Die Bauteildichten aller Bauteile sind ähnlich groß mit ca. 99,9 %. Die Risse verlaufen häufig parallel zur Bearbeitungsebene im Bauteil. Einige senkrechte Risse in Aufbaurichtung können ebenfalls festgestellt werden. In den Querschliffen werden keine Mikrorisse festgestellt.

In Bild 83 wird die Bauteilhärte über die Bauteilhöhe von exemplarischen Bauteilen aus den Versuchen CP, CP+vs und CP-Tv dargestellt.

Bild 83: Bauteilhärte über Bauteilhöhe für Versuch CP (Bauteil Nr. 3 und 5), CP+vs (Bauteil Nr. 2 und 3) und CP-Tv (Bauteil Nr. 3)

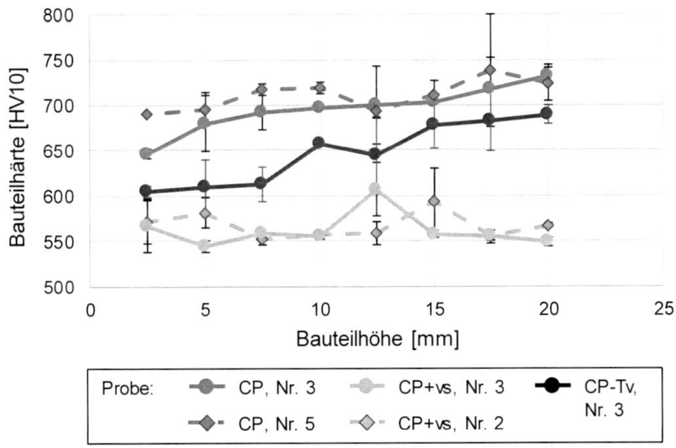

Für die Bauteilhärten der Proben Nr. 3 und Nr. 5 aus Versuch CP werden steigende Bauteilhärten von ca. 650 HV auf 730 HV mit steigender Probenhöhe festgestellt. Dabei beträgt die mittlere Bauteilhärte für Probe Nr. 3 696 ± 31 HV und für Probe Nr. 5 711 ± 23 HV. Dagegen wird keine steigende oder sinkende Bauteilhärte über die Bauteilhöhe für die Proben Nr. 2 und Nr. 3 aus Versuch CP+vs beobachtet. Die mittlere Bauteilhärte beträgt 567 ± 19 HV für Probe Nr. 2 und 562 ± 21 HV für Probe Nr. 3. Für den Versuch CP-Tv wird die größte Steigung der Bauteilhärte von 605 bis 690 HV über die Bauteilhöhe mit einem Mittelwert von 647 ± 40 HV festgestellt.

Beim Vergleich der Versuche CP und CP+vs wird in der Prozessbeobachtung mittels IR-Thermografiekamera eine Differenz von 50 °C an den Bauteiloberflächen während des Prozesses festgestellt. Durch die größere Temperatur an den Bauteiloberflächen in Versuch CP+vs werden jedoch kleinere Bauteilhärten festgestellt. Die Differenz von Versuch CP zu Versuch

CP+vs beträgt ca. 140 HV. Dadurch kann festgestellt werden, dass trotz größerer detektierter Temperaturen, anders als in Kapitel 5.2 oder 6.2 festgestellt, die Bauteilhärte sinkt. Zusätzlich wird eine gleichbleibende Bauteilhärte über die Bauteilhöhe für Versuch CP+vs festgestellt, anders als in den anderen beiden Versuchen. Die größere Scangeschwindigkeit in Versuch CP+vs kann zu größeren Abkühlraten jedoch gleichzeitig zu reduzierten Wiederholzeiten der Scanvektoren und zu kleineren Schichtzeiten führen. Möglicherweise kann dies die Umwandlung von Austenit in Martensit verhindern und somit wird Austenit stabilisiert, durch den eine weichere Matrix erzeugt wird. Trotz der größeren Temperaturen in Versuch CP+vs werden keine Wärmebehandlungseffekte über die Bauteilhöhe und Prozesszeit hervorgerufen (Vergleich Kapitel 5.2).

In Versuch CP-Tv wird die Vorheiztemperatur reduziert, wodurch eine kleinere Temperatur zu Beginn des Prozesses an der Substratplatte vorliegt. Die Bauteiltemperatur steigt jedoch durch den Energieeintrag im Prozess kontinuierlich über die Bauteilhöhe und stärker als in den Versuchen CP und CP+vs. Eine größere Aufheizung der Bauteile kann durch die größere Wärmesenke in Versuch CP-Tv festgestellt werden. Dies führt ebenfalls zu einer Wärmebehandlung über die Bauteilhöhe, wodurch unterschiedliche Bauteilhärten im Bauteil beobachtet werden können und der untere Bereich der Probe weicher ist. Mit den damit erzeugten Spannungen in den Bauteilen in Versuch CP-Tv werden die Materialgrenzen überstiegen und Risse treten auf.

Eine erfolgreiche reproduzierbar rissfreie Verarbeitung von HS6-5-3-8 in einem komplexen Bauteil kann nicht demonstriert werden. Die Übertragung der rissfreien Verarbeitung einfacher Bauteile auf komplexere Geometrien ist somit nicht ohne Einschränkungen oder Anpassungen möglich. Durch die unterschiedlichen Scanvektorlängen und Schichtzeiten entstehen komplexere Temperaturverläufe im Bauteil während des LPBF-Prozesses. Dadurch werden große Spannungen im Bauteil gebildet, welche abhängig von der Bauteilgeometrie in kerbinduzierenden Bereichen oder bei Querschnittsveränderungen zu einer Rissbildung führen können.

9 Zusammenfassung und Ausblick

Schnellarbeitsstahl gilt konventionell als nicht-schweißbar und neigt bei der Verarbeitung mittels LPBF zur Rissbildung. Die Rissbildung wird dabei durch große Spannungen im Werkstoff ausgelöst, welche durch die Gefügeumwandlungen des hochlegierten Schnellarbeitsstahls und die verfahrensbedingten thermischen Zyklen und Temperaturgradienten im LPBF-Prozess verursacht werden. Dies kann bei der Verarbeitung von Schnellarbeitsstahl zahlreiche Ausscheidungen und große Eigenspannungen auslösen, welche die Rissbildung in Form von Kaltrissen zur Folge hat. Eine Verarbeitung von Schnellarbeitsstahl mittels LPBF bei Vorheiztemperaturen führt zu reduzierten Temperaturgradienten und somit zur Reduktion von Spannungen. Jedoch wird durch die Vorheizung die thermische Historie des Bauteils bzw. des Werkstoffs beeinflusst. Aus dem Stand der Technik wird abgeleitet, dass die umfassende Prozessführung mittels LPBF für Schnellarbeitsstahl bisher kaum betrachtet wird.

In dieser Arbeit wird die Verarbeitbarkeit von Schnellarbeitsstahl mittels LPBF am Beispiel von HS6-5-3-8 untersucht. Die erfolgreiche Verarbeitbarkeit (rissfreier, formstabiler Aufbau von Proben mit einer Bauteildichte größer 99,5 % und einem homogenen Gefüge) ist abhängig von der Mikrostruktur und den Phasen des Werkstoffs, welche wiederum durch die Prozessführung und die chemische Zusammensetzung beeinflusst werden. Ziel ist dementsprechend die grundlegende Untersuchung der Einfluss-Wirk-Zusammenhänge zwischen der LPBF-Prozessführung, Systemtechnik, Bauteilanzahl und Bauteilhöhe sowie der chemischen Zusammensetzung auf die resultierende Defektdichte (Porosität, Risse), das Gefüge und die Bauteilhärte von HS6-5-3-8.

Dazu wird zunächst eine zentrale Verfahrensparameterkombination für diese Arbeit ermittelt, welche eine Bauteildichte größer 99,5 % und reduzierte Rissbildung ermöglicht: P_L = 200 W, Δy_S = 100 µm, v_S = 740 mm/s, D_S = 30 µm, T_V = 350 °C. Dabei wird für die Vorheiztemperatur von 350 °C im Vergleich zu anderen Vorheiztemperaturen die geringste Rissneigung festgestellt.

Der Einfluss der Prozessführung auf die Verarbeitbarkeit wird vorrangig mittels Variation der Vorheiztemperatur untersucht. Dabei wird festgehalten, dass die Vorheiztemperatur beim LPBF-Prozess einen großen Einfluss auf das Bauteilgefüge, die Bauteilhärte und die Rissbildung von HS6-5-3-8 hat. Die Bauteildichte wird jedoch durch die Vorheiztemperatur nicht beeinflusst. Mithilfe von Vorheiztemperaturen bis 450 °C werden rissfreie Bauteile mit großem RA-Gehalt von 51 bis 58 % und Bauteilhärten von 617 bis 776 HV gefertigt. Dabei steigt die Bauteilhärte mit steigender Vorheiztemperatur. Durch die Prozessführung mit einer Vorheiztemperatur von 500 bis 600 °C wird die Rissbildung (Kaltrisse) beim Abkühlen des Vorheizsystems nach dem LPBF-Prozess nachgewiesen und eine maximale Bauteilhärte von ca. 900 HV wird bei den mit den Vorheiztemperaturen 500 bzw. 550 °C gefertigten Proben festgestellt. Mit der Verarbeitung bei Vorheiztemperaturen größer 600 bis 700 °C wird eine in-situ Wärmebehandlung durch Rekristallisation verursacht, welche zu minimalen Bauteilhärten bis zu 522 HV sowie zu Härteunterschieden innerhalb einer Probe von bis zu 237 HV führen. Die erfolgreiche Verarbeitbarkeit (große Bauteildichte, rissfreie Proben und homogenes Gefüge) bei Einsatz von Vorheiztemperaturen ≤ 450 °C kann demonstriert werden.

Weiterhin wird der Einfluss der Anlagentechnik auf die Verarbeitbarkeit in Form von zwei Schutzgasführungen untersucht. Dazu wird festgestellt, dass bei der Verarbeitung von Schnellarbeitsstahl viele Prozessnebenprodukte entsteht. Mit konstant gleichen Verfahrensparametern bei den Versuchen mit zwei Schutzgasführungsversionen (SGFV A und B) werden durch die Absorption der Laserstrahlung durch die Nebenprodukte unterschiedliche Schweißspurtiefen von 60 bis 200 µm und Bauteilhärten im Bereich 540 bis 705 HV festgestellt. Der Vergleich der Schutzgasführungen zeigt, dass eine effiziente Abfuhr der Prozessnebenprodukte erforderlich ist, um unabhängig von der Bauteilposition reproduzierbare Bauteilqualitäten zu erreichen. Die Anpassung zur SGFV B führt zu homogenen Bauteildichten größer 99,94 %, mittleren Schweißspurtiefen von 173 bis 177 µm sowie mittleren Bauteilhärten von 671 bis 685 HV. Somit kann mit SGFV B von einer effektiven Beseitigung der Prozessnebenprodukte im Prozess ausgegangen werden.

Ein Einfluss der Bauteilanzahl und der Bauteilquerschnitte (bei gewisser Scanstrategie) auf die Verarbeitbarkeit von HS6-5-3-8 wird in dieser Arbeit festgestellt. Bei der Untersuchung der Übertragbarkeit der Ergebnisse von 15 Proben auf fünf Proben wird trotz kleinerer Bauteilanzahl und damit kürzerer Schichtzeit eine ähnliche mittlere Bauteilhärte von 683 bis 685 HV gemessen. Unter konstanter Schmelzfläche und somit ungefähr ähnlichen Schichtzeiten wird die Bauteilanzahl (60, 15, vier) bzw. der Querschnitt (5x5, 10x10 und 20x20 mm²) der Proben variiert. Die Härtedifferenz von 158 HV zwischen den Versuchen kann mit der Prozessführung und den daraus resultierenden Erstarrungsbedingungen begründet werden. Der kleine Bauteilquerschnitt (5x5 mm²) führt durch kleinere Scanvektoren zu einer Aufheizung der Probe, da die Wiederholzeiten der Scanvektoren reduziert werden. Dies führt zu vergleichsweise höchsten Bauteilhärte mit 738 HV. Die Bauteilanzahl und damit variierende Schichtzeiten beeinflussen die Übertragbarkeit der Ergebnisse in dieser Gegenüberstellung nicht, wohingegen die

Prozessführung bzw. die Scanvektorlänge einen größeren Einfluss auf die Bauteilhärte haben.

Ein Einfluss der Bauteilhöhe beim Vergleich von 10 mm und 50 mm auf die Verarbeitbarkeit von HS6-5-3-8 kann festgestellt werden. Mit einer Höhe von 50 mm können fünf Proben rissfrei gefertigt werden, während bei der Fertigung von 15 Bauteilen Risse auftreten. Die Bauteilhärten der Proben liegen ähnlich bei 739 HV für 15 Proben bzw. 762 HV für fünf Proben. Für nahezu alle Proben kann eine Aufheizung der Probenoberfläche über die Dauer des Prozesses beobachtet werden, wobei für fünf Proben höhere Temperaturen im Vergleich detektiert werden. Abhängig von der Bauteilanzahl entstehen variierende Schichtzeiten, welche die Temperaturen sowie Abkühlbedingungen während des Prozesses für kleine Bauteilhöhen wie 10 mm nicht beeinflussen, während bei einer Bauteilhöhe von 50 mm Abhängigkeiten beobachtet werden. Insgesamt kann festgestellt werden, dass die Temperaturen an den Probenoberflächen im Prozess von der aktuellen Bauteilhöhe, der Geometrie, der Schichtzeit bzw. Bauteilanzahl und den damit einhergehenden Wärmeleitbedingungen abhängig sind.

Der Einfluss der chemischen Zusammensetzung auf die Verarbeitbarkeit von HS6-5-3-8 wird durch den Einsatz von zwei Chargen (C1 und C2) sowie durch die Modifikation der Legierung mit dem Elementarpulver Kohlenstoff (C) untersucht. Dabei kann festgestellt werden, dass die Abweichung der chemischen Zusammensetzung von C1 zu C2 mit einer Differenz des C-Gehaltes von 0,13 Gew.-% bereits zu einer Differenz der Bauteilhärte von 170 HV führt. Durch den größeren Kohlenstoffanteil wird die M_S-Temperatur herabgesetzt und ein geringerer Anteil von Martensit wird vermutet. Durch die Zugabe von C-Elementarpulver zu dem HS6-5-3-8 Basispulver wird die Modifikation der chemischen Zusammensetzung möglich und deren Verarbeitbarkeit kann mittels LPBF untersucht werden. Die Erhöhung des Kohlenstoffanteils (+0,3; +0,5 und +1,0 Gew.-%) führt zu einer Erhöhung bis vollständigen RA-Phase des Bauteils. Jedoch wird ebenfalls mit steigendem Kohlenstoffanteil eine gesteigerte Rissbildung ausgelöst, wodurch der RA-Gehalt mit der weichen Matrix die Rissbildung nicht vermeiden kann. Die Bauteilhärte nimmt weiterhin nicht mit dem C-Gehalt zu, sondern wird im Vergleich zur Referenz mit 650 HV um bis zu 80 HV bei Probe HS+0,5C kleiner.

Zum Abschluss werden Anwendungsdemonstratoren (Gewindewerkzeuge) bei unterschiedlicher Prozessführung gefertigt. Dabei wird die eingeschränkte Übertragbarkeit der rissfreien Verarbeitung einfacher Bauteile auf komplexere Geometrien festgestellt. Durch die unterschiedlichen Scanvektorlängen und Schichtzeiten entstehen komplexere Temperaturverläufe und Spannungen im Bauteil während des LPBF-Prozesses. Teilweise können jedoch rissfreie

Bauteile gefertigt werden und somit die Übertragung im Ansatz auf die Anwendung demonstriert werden.

Basierend auf den Untersuchungen und Ergebnissen in dieser Arbeit können zukünftige interessante Untersuchungen abgeleitet werden.

Die Prozessführung und die thermischen Zyklen sowie die in-situ Wärmebehandlung haben einen großen Einfluss auf die Verarbeitbarkeit von Schnellarbeitsstahl. Diese Zusammenhänge werden durch die Fertigung von komplexen Geometrien schwieriger zu erfassen. In zukünftigen Untersuchungen sollte ein Modell entwickelt werden, welches die Einfluss-Wirkzusammenhänge vorab simuliert, woraus eine angepasste Prozessführung für Schnellarbeitsstahl abgeleitet werden kann. Dafür werden eine flexible Datenaufbereitung sowie eine offene Maschinensteuerung benötigt.

Weiterhin sollten Grenzwerte für die chemische Zusammensetzung von Schnellarbeitsstahl bzw. der Einfluss einzelner Legierungselemente auf die Verarbeitbarkeit ermittelt werden. Der konventionelle Schnellarbeitsstahl ist auf die Prozesskette der pulvermetallurgischen Herstellung und Wärmebehandlung angepasst. Bei dem LPBF-Prozess werden andere thermische Zyklen für den Werkstoff angewandt. Die Anpassung der Legierungszusammensetzung kann bereits für anderen Legierungssysteme wie Aluminiumlegierungen oder Nickelbasislegierungen erfolgreich demonstriert werden. Diese Anpassungen sind ebenfalls für den Schnellarbeitsstahl möglich, um die Verarbeitbarkeit zu steigern. Dabei sollten zunächst andere austenitstabilisierende Legierungselemente (z.B. Co) dem Stahl hinzugefügt werden, um neben der Stabilisierung des Austenits die Martensitbildung zu verhindern, aber nicht zur Versprödung durch Karbidbildung zu führen.

10 Literaturverzeichnis

[1] LANGEFELD, B.; MOEHRLE, M.; BALZER, C.; SCHILDBACH, P.: Roland Berger Focus: Advancements in metal 3D printing: Beyond powder bed – Additive manufacturing on the brink of industrialization – Überprüfungsdatum 2021-07-02

[2] BROMBERGER, J.; KELLY, R.: Additive manufacturing: A long-term game changer for manufacturers. URL https://www.mckinsey.com/business-functions/operations/our-insights/additive-manufacturing-a-long-term-game-changer-for-manufacturers – Überprüfungsdatum 2021-07-02

[3] SHINDE, M. S.; ASHTANKAR, K. M.: Additive manufacturing–assisted conformal cooling channels in mold manufacturing processes. In: Advances in Mechanical Engineering 9, Nr. 5, 2017

[4] BREITKOPF, A.: Werkzeugindustrie in Deutschland. URL https://de.statista.com/statistik/studie/id/49266/dokument/werkzeugindustrie-in-deutschland/ – Überprüfungsdatum 2021-10-23

[5] BERNS, H.: Was ist Stahl: Eine Stahlkunde für jedermann. 15. Auflage. Springer Berlin Heidelberg, Berlin, Heidelberg, 1980

[6] DIN EN 10020: Begriffsbestimmung für die Einteilung der Stähle. Beuth Verlag GmbH, Berlin, 2000

[7] DIN EN 10027-2:2015-07: Bezeichnungssysteme für Stähle - Teil 2: Nummernsystem. Beuth Verlag GmbH, Berlin, 2015

[8] PAUCKSCH, E.; HOLSTEN, S.; LINß, M.; TIKAL, F.: Zerspantechnik: Prozesse, Werkzeuge, Technologien ; mit 45 Tabellen. 12. Aufl. Vieweg + Teubner, Wiesbaden, 2008

[9] DIN EN ISO 4957: Werkzeugstähle. Beuth Verlag GmbH, Berlin, 2018

[10] BLECK, W. (Hrsg.): Spezielle Werkstoffkunde der Stähle für Studium und Praxis. 2. Aufl. Mainz, Aachen, 2012

[11] BLECK, W. (Hrsg.); MOELLER, E. (Hrsg.): Handbuch Stahl: Auswahl, Verarbeitung, Anwendung. Hanser, München, 2018

[12] KOLBE, M.; HELLWIG, W.: Spanlose Fertigung Stanzen: Präzisionsstanzteile, Hochleistungswerkzeuge, Hochgeschwindigkeitspressen. 11. Aufl. Springer Vieweg, Wiesbaden, 2015

[13] BERNS, H.; THEISEN, W.: Eisenwerkstoffe: Stahl und Gusseisen. 4. Aufl. Springer, Berlin, 2008

[14] LÄPPLE, V.: Wärmebehandlung des Stahls: Grundlagen, Verfahren und Werkstoffe. 11. Aufl. Verl. Europa-Lehrmittel - Nourney Vollmer, Haan-Gruiten, 2014

[15] BLECK, W. (Hrsg.): Werkstoffkunde Stahl für Studium und Praxis. 3. Aufl. Mainz, Aachen, 2010

[16] ROOS, E.; MAILE, K.: Werkstoffkunde für Ingenieure: Grundlagen, Anwendung, Prüfung. 4. Aufl. 2011. Springer, Berlin, Heidelberg, 2011

[17] BARGEL, H.-J.; SCHULZE, G.: Werkstoffkunde. 7., überarb. Aufl. Springer, Berlin, 2000

[18] ZACHERL, M. K. (Hrsg.): Drittes Kolloquium über metallkundliche Analyse mit besonderer Berücksichtigung der Elektronenstrahl-Mikroanalyse Wien, 25. bis 27. Oktober 1966. Springer, Berlin, Heidelberg, 1967

[19] SAKUMA, Y.; MATSUMURA, O.: Influence of C Content and Annealing Temperature on Micro-Structure and Mechanical Properties of 400°C Transformed Steel Containing Retained Austenite. In: ISIJ International 31, Nr. 11 S. 1348–1353, 1991

[20] MESQUITA, R. A.; BARBOSA, C. A.: Spray forming high speed steel—properties and processing. In: Materials Science and Engineering: A 383, Nr. 1 S. 87–95, 2004

[21] FEDOSEEVA, A.; DUDOVA, N.; KAIBYSHEV, R.; BELYAKOV, A.: Effect of Tungsten on Creep Behavior of 9%Cr–3%Co Martensitic Steels. In: Metals 7, Nr. 12 S. 573, 2017

[22] LÄPPLE, V.; KAMMER, C.; STEUERNAGEL, L.: Werkstofftechnik Maschinenbau: Theoretische Grundlagen und praktische Anwendungen. 6. aktualisierte Auflage. Verlag Europa-Lehrmittel Nourney Vollmer GmbH & Co. KG, Haan-Gruiten, 2017

[23] RÖTHLER, B.: Möglichkeiten zur Beeinflussung der mechanischen Eigenschaften von kaltgewalzten TRIP-Stählen. München, Technischen Universität München. Dissertation. 2005

[24] ERAMET GROUPE: ASP2030 - Pulvermetallurgischer Schnellarbeitsstahl. URL http://www.erasteel.com/de/content/asp-staehle – Überprüfungsdatum 2018-05-15

[25] DIN EN ISO/ASTM 52900:2018-06: Additive Fertigung - Grundlagen - Terminologie. Beuth Verlag GmbH, Berlin, 2018

[26] MEINERS, W.: Direktes selektives Laser Sintern einkomponentiger metallischer Werkstoffe. Aachen, RWTH Aachen. Dissertation. 1999

[27] MEINERS, W.; WISSENBACH, K.; GASSER, A.: Verfahren zur Herstellung eines Formkörpers. 1996. Veröffentlichungsnr. DE19649865C1

[28] VDI-Richtlinie 3405: Additive Fertigungsverfahren - Grundlagen, Begriffe, Verfahrensbeschreibungen. Beuth Verlag GmbH, Berlin, 2015

[29] FRAZIER, W. E.: Metal Additive Manufacturing: A Review. In: Journal of Materials Engineering and Performance 23, Nr. 6 S. 1917–1928, 2014

[30] SAMES, W. J.; LIST, F. A.; PANNALA, S.; DEHOFF, R. R.; BABU, S. S.: The Metallurgy and Processing Science of Metal Additive Manufacturing. In: International Materials Reviews 61, Nr. 5 S. 315–360, 2016

[31] RUBENCHIK, A. M.; KING, W. E.; WU, S. S.: Scaling laws for the additive manufacturing. In: Journal of Materials Processing Technology 257 S. 234–243, 2018

[32] SCHNIEDENHARN, M.: Einfluss von Fokusshift und Prozessnebenprodukten auf den Laser Powder Bed Fusion Prozess. Aachen, RWTH Aachen. Dissertation. 2020

[33] LADEWIG, A.; SCHLICK, G.; FISSER, M.; SCHULZE, V.; GLATZEL, U.: Influence of the shielding gas flow on the removal of process by-products in the selective laser melting process. In: Additive Manufacturing 10 S. 1–9, 2016

[34] TAHERI ANDANI, M.; DEHGHANI, R.; KARAMOOZ-RAVARI, M. R.; MIRZAEIFAR, R.; NI, J.: A study on the effect of energy input on spatter particles creation during selective laser melting process. In: Additive Manufacturing 20 S. 33–43, 2018

[35] YADROITSAU, I.: Selective laser melting : Direct manufacturing of 3D-objects by selective laser melting of metal powders. Saarbrücken. Dissertation. 2009

[36] GRÜNBERGER, T.; DOMRÖSE, R.: Direct Metal Laser Sintering. In: Laser Technik Journal 12, Nr. 1 S. 45–48, 2015

[37] BIDARE, P.; BITHARAS, I.; WARD, R. M.; ATTALLAH, M. M.; MOORE, A. J.: Fluid and particle dynamics in laser powder bed fusion. In: Acta Materialia 142 S. 107–120, 2018

[38] KURZ, W.; FISHER, D. J.: Fundamentals of Solidification. Trans Tech Publications, Lausanne, 1984

[39] ILSCHNER, B.; SINGER, R. F.: Werkstoffwissenschaften und Fertigungstechnik. Springer Berlin Heidelberg, Berlin, Heidelberg, 2016

[40] GOTTSTEIN, G.: Materialwissenschaft und Werkstofftechnik. Springer Berlin Heidelberg, Berlin, Heidelberg, 2014

[41] SANDER, J.: Selektives Laserschmelzen hochfester Werkzeugstähle. Dresden, Technische Universität Dresden. Dissertation. 2018

[42] OVER, C.: Generative Fertigung von Bauteilen aus Werkzeugstahl X38CrMoV5-1 und Titan TiAl6V4 mit "Selective Laser Melting". Zugl.: Aachen, Techn. Hochsch., Diss., 2003. Shaker, Aachen, 2003

[43] KRAUSS, H.: Qualitätssicherung beim Laserstrahlschmelzen durch schichtweise thermografische In-Process-Überwachung. Herbert Utz Verlag GmbH. Dissertation. 2016

[44] ANAM, M. A.; PAL, D.; STUCKER, B.: Modeling and Experimental Validation of Nickel-based Super Alloy (Inconel 625) Made Using Selective Laser Melting. In: International Solid Freeform Fabrication Symposium 2013

[45] FRITZ, A. H.; SCHULZE, G.: Fertigungstechnik. Springer, Berlin, Heidelberg, 2015

[46] TIETZ, H.-D.: Grundlagen der Eigenspannungen: Entstehung in Metallen, Hochpolymeren und silikatischen Werkstoffen Meßtechnik und Bewertung. Springer Wien, Wien, 2013

[47] MERCELIS, P.; KRUTH, J.-P.: Residual stresses in selective laser sintering and selective laser melting. In: Rapid Prototyping Journal 12, Nr. 5 S. 254–265, 2006

[48] KRUTH, J.-P.; DECKERS, J.; YASA, E.; WAUTHLÉ, R.: Assessing and comparing influencing factors of residual stresses in selective laser melting using a novel analysis method. In:

Proceedings of the Institution of Mechanical Engineers, Part B: Journal of Engineering Manufacture 226, Nr. 6 S. 980–991, 2012

[49] WITHERS, P. J.; BHADESHIA, H.K.D.H.: Residual stress. Part 2 – Nature and origins. In: Materials Science and Technology 17, Nr. 4 S. 366–375, 2001

[50] WRIGHT, C. S.; YOUSEFFI, M.; AKHTAR, S. P.; CHILDS, T.H.C.; HAUSER, C.; FOX, P.: Selective Laser Melting of Prealloyed High Alloy Steel Powder Beds. In: Materials Science Forum S. 516–523, 2006

[51] BADROSSAMAY, M.; CHILDS, T.H.C.: Further studies in selective laser melting of stainless and tool steel powders. In: International Journal of Machine Tools and Manufacture 47, Nr. 5 S. 779–784, 2007

[52] LIU, Z.; CHUA, C.; LEONG, K.; KEMPEN, K.; THIJS, L.; YASA, E.; VAN-HUMBEECK, J.; KRUTH, J.: A preliminary investigation on Selective Laser Melting of M2 high speed steel. In: BÁRTOLO, Paulo, et al. (Hrsg.): Innovative Developments in Virtual and Physical Prototyping : CRC Press S. 339–346, 2011

[53] LIU, Z. H.; CHUA, C. K.; LEONG, K. F.; THIJS, L.; VANHUMBEECK, J.; KRUTH, J. P.: Microstructural Investigation of M2 High Speed Steel Produced by Selective Laser Melting: Microstructural Investigation of M2 High Speed Steel. In: Symposium on Photonics, 2012

[54] LIU, Z. H.; ZHANG, D. Q.; CHUA, C. K.; LEONG, K. F.: Crystal structure analysis of M2 high speed steel parts produced by selective laser melting. In: Materials Characterization 84 S. 72–80, 2013

[55] KEMPEN, K.; VRANCKEN, B.; BULS, S.; THIJS, L.; VAN HUMBEECK, J.; KRUTH, J.-P.: Selective Laser Melting of Crack-Free High Density M2 High Speed Steel Parts by Baseplate Preheating. In: Journal of Manufacturing Science and Engineering 136, Nr. 6, 2014

[56] ZUMOFEN, L.; BECK, C.; KIRCHHEIM, A.; DENNIG, H.-J.: Quality Related Effects of the Preheating Temperature on Laser Melted High Carbon Content Steels. In: MEBOLDT, Mirko, et al. (Hrsg.): Industrializing Additive Manufacturing - Proceedings of Additive Manufacturing in Products and Applications - AMPA2017 : Springer International Publishing. Cham S. 210–219, 2018

[57] GEENEN, K.; RÖTTGER, A.; FELD, F.; THEISEN, W.: Microstructure, mechanical, and tribological properties of M3:2 high-speed steel processed by selective laser melting, hot-isostatic pressing, and casting. In: Additive Manufacturing 28 S. 585–599, 2019

[58] KUNZ, J.; HERZOG, S.; KALETSCH, A.; BROECKMANN, C.; SAEWE, J.; GAYER, C.; SCHLEIFENBAUM, J. H.: Influence of Powder Bed Temperature on Microstructure and Post Heat Treatment of High Speed Steel AISI M50 Processed by Laser Powder Bed Fusion. In: International Powder Metallurgy Congress and Exhibition, Euro PM 2018, 2018

[59] KUNZ, J.; SAEWE, J.; HERZOG, S.; KALETSCH, A.; SCHLEIFENBAUM, J. H.; BROECKMANN, C.: Mechanical Properties of High-Speed Steel AISI M50 Produced by Laser Powder Bed Fusion. In: steel research international 91, Nr. 5, 2020

[60] SAEWE, J.; GAYER, C.; VOGELPOTH, A.; SCHLEIFENBAUM, J. H.: Feasability Investigation for Laser Powder Bed Fusion of High-Speed Steel AISI M50 with Base Preheating System. In: BHM Berg- und Hüttenmännische Monatshefte 5, Nr. 4 S. 359, 2019

[61] SAEWE, J.; GAYER, C.; JAUER, L.; KUNZ, J.; BROECKMANN, C.; SCHLEIFENBAUM, J. H.: Feasibility Investigation for Laser Powder Bed Fusion of High-Speed Steels. In: International Powder Metallurgy Congress and Exhibition, Euro PM 2018, 2018

[62] SAEWE, J.; WILMS, M. B.; JAUER, L.; SCHLEIFENBAUM, J. H.: Influence of preheating temperature on hardness and microstructure of high-speed steel HS6-5-3-8 manufactured by Laser Powder Bed Fusion. In: Metal Additive Manufacturing Conference, MAMC2019, 2019

[63] KUNZ, J.; KÖHLER, M. L.; HERZOG, S.; KALETSCH, A.; BROECKMANN, C.: Influence of an Increasing Alloying Content on the Microstructure of a High-Speed Steel in the Laser-Powder Bed Fusion Process. In: steel research international 92, Nr. 12 S. 2100438, 2021

[64] KUNZ, J.: Legierungsentwicklung für die laserbasierte additive Fertigung von hochlegierten kohlenstoffreichen Stählen. RWTH Aachen; Shaker Verlag. Dissertation

[65] CHEN, H.; GU, D.; DAI, D.; MA, C.; XIA, M.: Microstructure and composition homogeneity, tensile property, and underlying thermal physical mechanism of selective laser melting tool steel parts. In: Materials Science and Engineering: A 682 S. 279–289, 2017

[66] BOES, J.; RÖTTGER, A.; MUTKE, C.; ESCHER, C.; THEISEN, W.: Microstructure and mechanical properties of X65MoCrWV3-2 cold-work tool steel produced by selective laser melting. In: Additive Manufacturing 23 S. 170–180, 2018

[67] BOES, J.; RÖTTGER, A.; THEISEN, W.: Processing of X65MoCrWV3-2 Cold Work Tool Steel by Laser Powder Bed Fusion. In: steel research international 91, Nr. 5 S. 1900445, 2020

[68] KANG, J.-Y.; YUN, J.; KIM, B.; CHOE, J.; YANG, S.; PARK, S.-J.; YU, J.-H.; KIM, Y.-J.: Micro-Texture Analyses of a Cold-Work Tool Steel for Additive Manufacturing. In: Materials (Basel, Switzerland) 13, Nr. 3, 2020

[69] FEUERHAHN, F.; SCHULZ, A.; SEEFELD, T.; VOLLERTSEN, F.: Microstructure and Properties of Selective Laser Melted High Hardness Tool Steel. In: Physics Procedia 41 S. 843–848, 2013

[70] SANDER, J.; HUFENBACH, J.; GIEBELER, L.; WENDROCK, H.; KÜHN, U.; ECKERT, J.: Microstructure and properties of FeCrMoVC tool steel produced by selective laser melting. In: Materials & Design 89 S. 335–341, 2016

[71] CASATI, R.; CODURI, M.; LECIS, N.; ANDRIANOPOLI, C.; VEDANI, M.: Microstructure and mechanical behavior of hot-work tool steels processed by Selective Laser Melting. In: Materials Characterization 137 S. 50–57, 2018

[72] HUBER, F.; BISCHOF, C.; HENTSCHEL, O.; HEBERLE, J.; ZETTL, J.; NAGULIN, K. Y.; SCHMIDT, M.: Laser beam melting and heat-treatment of 1.2343 (AISI H11) tool steel – microstructure and mechanical properties. In: Materials Science and Engineering: A 742 S. 109–115, 2019

[73] HOLZWEISSIG, M. J.; TAUBE, A.; BRENNE, F.; SCHAPER, M.; NIENDORF, T.: Microstructural Characterization and Mechanical Performance of Hot Work Tool Steel Processed by Selective Laser Melting. In: Metallurgical and Materials Transactions B 46, Nr. 2 S. 545–549, 2015

[74] CHILDS, T. H.; HAUSER, C.: Raster scan selective laser melting of the surface layer of a tool steel powder bed. In: Proceedings of the Institution of Mechanical Engineers, Part B: Journal of Engineering Manufacture 219, Nr. 4 S. 379–384, 2005

[75] YADROITSEV, I.; GUSAROV, A.; YADROITSAVA, I.; SMUROV, I.: Single track formation in selective laser melting of metal powders. In: Journal of Materials Processing Technology 210, Nr. 12 S. 1624–1631, 2010

[76] MERTENS, R.; VRANCKEN, B.; HOLMSTOCK, N.; KINDS, Y.; KRUTH, J.-P.; VAN HUMBEECK, J.: Influence of Powder Bed Preheating on Microstructure and Mechanical Properties of H13 Tool Steel SLM Parts. In: Physics Procedia 83 S. 882–890, 2016

[77] YAN, J. J.; ZHENG, D. L.; LI, H. X.; JIA, X.; SUN, J. F.; LI, Y. L.; QIAN, M.; YAN, M.: Selective laser melting of H13: microstructure and residual stress. In: Journal of Materials Science 52, Nr. 20 S. 12476–12485, 2017

[78] YAN, J.; ZHOU, Y.; GU, R.; ZHANG, X.; QUACH, W.-M.; YAN, M.: A Comprehensive Study of Steel Powders (316L, H13, P20 and 18Ni300) for Their Selective Laser Melting Additive Manufacturing. In: Metals 9, Nr. 1 S. 86, 2019

[79] WANG, M.; LI, W.; WU, Y.; LI, S.; CAI, C.; WEN, S.; WEI, Q.; SHI, Y.; YE, F.; CHEN, Z.: High-Temperature Properties and Microstructural Stability of the AISI H13 Hot-Work Tool Steel Processed by Selective Laser Melting. In: Metallurgical and Materials Transactions B 50, Nr. 1 S. 531–542, 2019

[80] WANG, M.; WU, Y.; WEI, Q.; SHI, Y.: Thermal Fatigue Properties of H13 Hot-Work Tool Steels Processed by Selective Laser Melting. In: Metals 10, Nr. 1 S. 116, 2020

[81] KRELL, J.; RÖTTGER, A.; GEENEN, K.; THEISEN, W.: General investigations on processing tool steel X40CrMoV5-1 with selective laser melting. In: Journal of Materials Processing Technology 255 S. 679–688, 2018

[82] DEIRMINA, F.; PEGHINI, N.; ALMANGOUR, B.; GRZESIAK, D.; PELLIZZARI, M.: Heat treatment and properties of a hot work tool steel fabricated by additive manufacturing. In: Materials Science and Engineering: A 753 S. 109–121, 2019

[83] PELLIZZARI, M.; ALMANGOUR, B.; BENEDETTI, M.; FURLANI, S.; GRZESIAK, D.; DEIRMINA, F.: Effects of building direction and defect sensitivity on the fatigue behavior of additively manufactured H13 tool steel. In: Theoretical and Applied Fracture Mechanics 108 S. 102634, 2020

[84] PELLIZZARI, M.; FURLANI, S.; DEIRMINA, F.; SIRIKI, R.; ALMANGOUR, B.; GRZESIAK, D.: Fracture Toughness of a Hot Work Tool Steel Fabricated by Laser-Powder Bed Fusion Additive Manufacturing. In: steel research international 91, Nr. 5 S. 1900449, 2020

[85] LEE, J.; CHOE, J.; PARK, J.; YU, J.-H.; KIM, S.; IM JUNG, D.; SUNG, H.: Microstructural effects on the tensile and fracture behavior of selective laser melted H13 tool steel under varying conditions. In: Materials Characterization 155 S. 109817, 2019

[86] NARVAN, M.; AL-RUBAIE, K. S.; ELBESTAWI, M.: Process-Structure-Property Relationships of AISI H13 Tool Steel Processed with Selective Laser Melting. In: Materials (Basel, Switzerland) 12, Nr. 14, 2019

[87] NARVAN, M.; GHASEMI, A.; FEREIDUNI, E.; KENDRISH, S.; ELBESTAWI, M.: Part deflection and residual stresses in laser powder bed fusion of H13 tool steel. In: Materials & Design S. 109659, 2021

[88] VAN NGUYEN, L.; KIM, E.-a.; YUN, J.; CHOE, J.; YANG, D.-y.; LEE, H.-s.; LEE, C.-w.; YU, J.-H.: Nano-mechanical Behavior of H13 Tool Steel Fabricated by a Selective Laser Melting Method. In: Metallurgical and Materials Transactions A 50, Nr. 2 S. 523–528, 2019

[89] REN, B.; LU, D.; ZHOU, R.; LI, Z.; GUAN, J.: Preparation and mechanical properties of selective laser melted H13 steel. In: Journal of Materials Research 34, Nr. 08 S. 1415–1425, 2019

[90] FONSECA, E. B.; GABRIEL, A. H.G.; ARAÚJO, L. C.; SANTOS, P. L.L.; CAMPO, K. N.; LOPES, E. S.N.: Assessment of laser power and scan speed influence on microstructural features and consolidation of AISI H13 tool steel processed by additive manufacturing. In: Additive Manufacturing 34 S. 101250, 2020

[91] HE, Y.; ZHONG, M.; BEUTH, J.; WEBLER, B.: A study of microstructure and cracking behavior of H13 tool steel produced by laser powder bed fusion using single-tracks, multi-track pads, and 3D cubes. In: Journal of Materials Processing Technology 286 S. 116802, 2020

[92] YONEHARA, M.; IKESHOJI, T.-T.; NAGAHAMA, T.; MIZOGUCHI, T.; TANO, M.; YOSHIMI, T.; KYOGOKU, H.: Parameter optimization of the high-power laser powder bed fusion process for H13 tool steel. In: The International Journal of Advanced Manufacturing Technology 110, 1-2 S. 427–437, 2020

[93] KUNZ, J.; HERZOG, S.; KALETSCH, A.; BROECKMANN, C.: Influence of initial defect density on mechanical properties of AISI H13 hot-work tool steel produced by laser powder bed fusion and hot isostatic pressing. In: Powder Metallurgy 65, Nr. 1 S. 1–12, 2022

[94] VRANCKEN, B.: Study of Residual Stresses in Selective Laser Melting. Leuven, KU Leuven, Faculty of Engineering Science. Dissertation. June 2016

[95] OPTRIS GMBH: Optris PI 640: Technische Daten. URL https://www.optris.de/infrarotkamera-optris-pi-640 – Überprüfungsdatum 2018-11-19

[96] OPTRIS GMBH: Grundlagen der berührungslosen Temperaturmessung, Infrarotthermometer und Infrarotkameras. URL https://www.nbn-elektronik.ch/shop/files/Optris-Grundlagen-Temperaturmessung-mit-Infrarot-Pyrometer-und-Waermebildkamera.pdf – Überprüfungsdatum 2018-11-19

[97] ISO 13322-2:2006-11: Partikelgrößenanalyse - Bildanalyseverfahren - Teil 2: Dynamische Bildanalyseverfahren, Schweiz, 2016

[98] BUCHBINDER, D.: Selective Laser Melting von Aluminiumgusslegierungen. Aachen, RWTH Aachen, Fraunhofer Institut für Lasertechnik. Dissertation. 2013

[99] DÖRRENBERG EDELSTAHL GMBH: Werkstoff-Nr.: 1.4125. URL http://www.dorrenberg.es/download/aceros/DOE/1.4125_de.pdf – Überprüfungsdatum 2021-01-23

[100] HITZLER, L.; HIRSCH, J.; MERKEL, M.; HALL, W.; ÖCHSNER, A.: Position dependent surface quality in selective laser melting. In: Materialwissenschaft und Werkstofftechnik 48, Nr. 5 S. 327–334, 2017

[101] DIN EN ISO 6507-1: Härteprüfverfahren nach Vickers DIN EN ISO 6507-1. Beuth Verlag GmbH, Berlin, 2018

[102] WRIGHT, S. I.; NOWELL, M. M.: EBSD image quality mapping. In: Microscopy and microanalysis : the official journal of Microscopy Society of America, Microbeam Analysis Society, Microscopical Society of Canada 12, Nr. 1 S. 72–84, 2006

[103] MAITLAND, T.; SITZMAN, S.: Chapter 2: Electron backscatter diffraction (EBSD) technique and materials characterization examples. In: ZHOU, Weilie, et al. (Hrsg.): Scanning microscopy for nanotechnology : Techniques and applications : Springer. New York, NY S. 41–75, 2007

[104] WRIGHT, S. I.; NOWELL, M. M.; LINDEMAN, S. P.; CAMUS, P. P.; GRAEF, M. de; JACKSON, M. A.: Introduction and comparison of new EBSD post-processing methodologies. In: Ultramicroscopy 159 Pt 1 S. 81–94, 2015

[105] ZHANG, B.; LI, Y.; BAI, Q.: Defect Formation Mechanisms in Selective Laser Melting: A Review. In: Chinese Journal of Mechanical Engineering 30, Nr. 3 S. 515–527, 2017

[106] KING, W. E.; BARTH, H. D.; CASTILLO, V. M.; GALLEGOS, G. F.; GIBBS, J. W.; HAHN, D. E.; KAMATH, C.; RUBENCHIK, A. M.: Observation of keyhole-mode laser melting in laser powder-bed fusion additive manufacturing. In: Journal of Materials Processing Technology 214, Nr. 12 S. 2915–2925, 2014

[107] KHAIRALLAH, S. A.; ANDERSON, A. T.; RUBENCHIK, A.; KING, W. E.: Laser powder-bed fusion additive manufacturing: Physics of complex melt flow and formation mechanisms of pores, spatter, and denudation zones. In: Acta Materialia 108 S. 36–45, 2016

[108] WEIßBACH, W.; DAHMS, M.; JAROSCHEK, C.: Werkstoffkunde. Springer Fachmedien Wiesbaden, Wiesbaden, 2015

[109] BAJAJ, P.; HARIHARAN, A.; KINI, A.; KÜRNSTEINER, P.; RAABE, D.; JÄGLE, E. A.: Steels in additive manufacturing: A review of their microstructure and properties. In: Materials Science and Engineering: A 772 S. 138633, 2020

[110] ZHAO, S.-L.; FAN, J.-F.; ZHANG, J.-Y.; CHOU, K.-C.; LE, H.-R.: High speed steel produced by spray forming. In: Advances in Manufacturing 4, Nr. 2 S. 115–122, 2016

[111] LUAN, Y.; SONG, N.; BAI, Y.; KANG, X.; LI, D.: Effect of solidification rate on the morphology and distribution of eutectic carbides in centrifugal casting high-speed steel rolls. In: Journal of Materials Processing Technology 210, Nr. 3 S. 536–541, 2010

[112] RYDE, L.: Application of EBSD to analysis of microstructures in commercial steels. In: Materials Science and Technology 22, Nr. 11 S. 1297–1306, 2006

[113] RIEMER, A.; LEUDERS, S.; THÖNE, M.; RICHARD, H. A.; TRÖSTER, T.; NIENDORF, T.: On the fatigue crack growth behavior in 316L stainless steel manufactured by selective laser melting. In: Engineering Fracture Mechanics 120 S. 15–25, 2014

[114] CHOU, C.-Y.; PETTERSSON, N. H.; DURGA, A.; ZHANG, F.; OIKONOMOU, C.; BORGENSTAM, A.; ODQVIST, J.; LINDWALL, G.: Influence of solidification structure on austenite to martensite transformation in additively manufactured hot-work tool steels. In: Acta Materialia S. 117044, 2021

[115] LEHTO, P.; REMES, H.; SAUKKONEN, T.; HÄNNINEN, H.; ROMANOFF, J.: Influence of grain size distribution on the Hall–Petch relationship of welded structural steel. In: Materials Science and Engineering: A 592 S. 28–39, 2014

[116] KRUTH, J. P.; BADROSSAMAY, M.; YASA, E.; DECKERS, J.; THIJS, L.; VAN HUMBEECK, J.: Part and material properties in selective laser melting of metals. In: ZHAO, Wansheng (Hrsg.): Proceedings of the 16th International Symposium on Electromachining. Harmony Shanghai, 2010

[117] HAECKEL, F.: Technologische Herausforderungen für die automobile Serienfertigung im Laserstrahlschmelzen. In: KYNAST, Michael, et al. (Hrsg.): Rapid.Tech – International Trade Show & Conference for Additive Manufacturing : Carl Hanser Verlag GmbH & Co. KG. München S. 433–446, 2017

[118] QI, T.; ZHU, H.; ZHANG, H.; YIN, J.; KE, L.; ZENG, X.: Selective laser melting of Al7050 powder: Melting mode transition and comparison of the characteristics between the keyhole and conduction mode. In: Materials & Design 135 S. 257–266, 2017

[119] GANERIWALA, R.; ZOHDI, T. I.: A coupled discrete element-finite difference model of selective laser sintering. In: Granular Matter 18, Nr. 2, 2016

[120] ALKAHARI, M. R.; FURUMOTO, T.; UEDA, T.; HOSOKAWA, A.; TANAKA, R.; ABDUL AZIZ, M. S.: Thermal Conductivity of Metal Powder and Consolidated Material Fabricated via Selective Laser Melting. In: Key Engineering Materials 523-524 S. 244–249, 2012

[121] HERZOG, D.; SEYDA, V.; WYCISK, E.; EMMELMANN, C.: Additive manufacturing of metals. In: Acta Materialia 117 S. 371–392, 2016

[122] JAUER, L.: Laser Powder Bed Fusion of Magnesium Alloys. Aachen, RWTH Aachen. Dissertation. 2018

[123] SAEWE, J.; CARSTENSEN, N.; KÜRNSTEINER, P.; JÄGLE, E. A.; SCHLEIFENBAUM, J. H.: Influence of increased carbon content on the processability of high-speed steel HS6-5-3-8 by laser powder bed fusion. In: Additive Manufacturing 46 S. 102125, 2021

[124] EWALD, S.; KÖHNEN, P.; ZIEGLER, S.; HAASE, C.; SCHLEIFENBAUM, J. H.: Precise control of microstructure and mechanical properties of additively manufactured steels using elemental carbon powder. In: Materials Letters 295 S. 129788, 2021

[125] SAKUMA, Y.; MATSUMURA, O.; AKISUE, O.: Influence of C Content and annealing Temperature on Microstructure and Mechanical Properties of 400.DEG.C. Transformed Steel Containing Retained Austenite. In: ISIJ International 31, Nr. 11 S. 1348–1353, 1991

[126] BÜRGEL, R.; JÜRGEN MAIER, H.; NIENDORF, T.: Handbuch Hochtemperatur-Werkstofftechnik: Grundlagen, Werkstoffbeanspruchungen, Hochtemperaturlegierungen und -beschichtungen. 4. Auflage. Vieweg+Teubner Verlag / Springer Fachmedien Wiesbaden GmbH Wiesbaden, Wiesbaden, 2011

[127] LIPPOLD, J.: Heat-affected zone liquation cracking in austenitic and duplex stainless steels. Welding Journal, 1992

[128] SANDER, J.; HUFENBACH, J.; BLECKMANN, M.; GIEBELER, L.; WENDROCK, H.; OSWALD, S.; GEMMING, T.; ECKERT, J.; KÜHN, U.: Selective laser melting of ultra-high-strength TRIP steel: processing, microstructure, and properties. In: Journal of Materials Science 52, Nr. 9 S. 4944–4956, 2017

[129] SAHM, P. R.; IVAN EGRY: Schmelze, Erstarrung, Grenzflächen: Eine Einführung in die Physik und Technologie flüssiger und fester Metalle. Springer, Wiesbaden, 1999

[130] CRYSTRAN: Zinc Selenide (ZnSe) Data Sheet. URL https://www.crystran.co.uk/optical-materials/zinc-selenide-znse – Überprüfungsdatum 2021-10-23

[131] BAEHR, H. D.; STEPHAN, K.: Wärme- und Stoffübertragung. 10. Auflage. Springer Vieweg, Berlin, 2019

[132] CVERNA, F.: ASM ready reference: thermal properties of metals. ASM International, Materials Park, Ohio, 2002

11 Abkürzungen und Formelzeichen

Abkürzung	Beschreibung
15P	Versuch mit 15 Proben
15P50	Versuch mit 15 Proben und Bauteilhöhe 50 mm
4P	Versuch mit vier Proben
5P	Versuch mit fünf Proben
5P50	Versuch mit fünf Proben und Bauteilhöhe 50 mm
60P	Versuch mit 60 Proben
Al	Aluminium
AM	Additive Manufacturing
BSE	Backscattered electrons
bspw.	Beispielsweise
C	Kohlenstoff
C1	Pulvercharge 1
C2	Pulvercharge 2
ca.	Circa
CAD	Computer-aided design
CI	Confidence Index
Co	Kobalt
CP	Center Point
Cr	Chrom
DIN	Deutsche Institut für Normung
EBSD	Electron backscatter diffraction
EDX	Energy dispersive X-ray spectroscopy
EN	Europäische Norm
Fe	Eisen
FE	Feldemissionskathode

F-OES	optischer Funkenemissionsspektrometrie
G	Belichtung gegen die Schutzgasströmung
HIP	Heißisostatisches Pressen
HS	High-speed steel
ILT	Fraunhofer-Institut für Lasertechnik ILT
inkl.	inklusive
IPF	Inverse Polfigur
IQ	Image Quality
IR	Infrarot
ISO	Internationale Organisation für Normung
Kfz	Kubisch flächenzentriert
Krz	Kubisch raumzentriert
LM	Lichtmikroskop
LPBF	Laser Powder Bed Fusion
M	Belichtung mit der Schutzgasströmung
max.	maximal
Mo	Molybdän
N.I.	Nicht identifiziert
Ni	Nickel
Nr.	Nummer
O	Sauerstoff
ODF	Orientierungsdichteverteilungsfunktion
OT	Optische Tomografie
P	Phosphor
PM	Pulvermetallurgie
RA	Restaustenit
REM	Rasterelektronenmikroskopie
RPA	Revolution Powder Analyzer
RT	Raumtemperatur
S	Schwefel
SG	Schutzgas

SGFV	Schutzgasführungsversion
Si	Silizium
SLM	Selective Laser Melting
Ta	Tantal
TEM	Transmissionselektronenmikroskopie
TGM	Temperaturgradientmechanismus
Ti	Titan
V	Vanadium
VHV	Vorheizungsversion
vgl.	Vergleich
W	Wolfram
WLD	Wärmeleitfähigkeitsdetektion
XRD	X-ray diffraction
z	Aufbaurichtung
z.B.	Zum Beispiel
ZnSe	Zink-Selenid
ZrO_2	Zirconiumoxid
ZTU	Zeit-Temperatur-Umwandlung

Formelzeichen	Einheit	Beschreibung
A	mm²	wärmeleitende Querschnitt
Ac_{1b}	°C	Temperatur, bei der beim Erwärmen die Bildung des Austenits beginnt
Ac_{1e}	°C	Temperatur, bei der beim Erwärmen das Dreiphasengebiet verlassen wird
c_0		Ausgangskonzentration
c_L		Konzentration flüssiger Phase
c_S		Konzentration fester Phase
c_{spez}	J/kgK	spezifische Wärmekapazität
d	mm	Durchmesser

d_{10}, d_{50}, d_{90}	µm	volumengewichtete Partikelgrößenverteilung
d_s	µm	Laserstrahldurchmesser
D_S	µm	Schichtdicke
dT/dt	K/s	Abkühlrate
E_V	J/mm³	Volumenenergiedichte
G	K/mm	Temperaturgradienten
h	mm	Höhe
k		Verteilungskoeffizienten
M_f	°C	Martensit-Endtemperatur
M_s	°C	Martensit-Starttemperatur
P_L	W	Laserleistung
Q	J	Wärmestrom
R^2		Bestimmtheitsmaß
$T_{contact}$	°C	Kontakttemperatur
$T_{current}$	°C	Temperatur der Heizplatte
T_L	°C	Liquidustemperatur
T_S	°C	Solidustemperatur
T_V	°C	Vorheiztemperatur
T_{W1} und T_{W2}	°C	Oberflächentemperaturen der Wand
V'	mm³/s	Theoretische Aufbaurate
v_l	mm/s	Erstarrungs- bzw. Abkühlgeschwindigkeit
v_s	mm/s	Scangeschwindigkeit
W_L	K/W	Wärmeleitwiderstand
α	mm²/s	Temperaturleitfähigkeit
$\alpha_{20\text{-}400°C}$	K^{-1}	Wärmeausdehnungskoeffizient
δ	mm	Bauteilhöhe
ΔT	°C	Temperaturdifferenz
Δy_s	µm	Hatchabstand
κ	W/mK	Wärmeleitfähigkeit
ρ	g/cm³	Dichte

12 Anhang

12.1 Werkstoffkenndaten

Tabelle 7: Physikalische Eigenschaften von HS6-5-3-8 [24]

	20 °C	400 °C	600 °C
Dichte [g/cm³] [1]	8,1	7,9	7,9
Elastizitätsmodul [kN/mm²] [2]	240	214	192
Wärmeausdehnungskoeffizient [per K] [2]		11,8x 10^{-6}	12,3x10^{-6}
Wärmeleitfähigkeit [W/mK] [2]	24	28	27
Spezifische Wärme [J/kgK] [2]	420	510	600

[1] weichgeglüht

[2] gehärtet bei 1180 °C und 3 x 1 Stunde bei 560 °C angelassen

12.2 Konstitutioneller Unterkühlung

Die Erstarrung der metallischen Schmelze beginnt mit der Keimbildung einer festen Phase bei Unterschreitung der Liquidustemperatur. Dabei wird zwischen der homogenen Keimbildung im Innern der Schmelze und der heterogenen Keimbildung an vorhandenen Fremdpartikeln unterschieden. Während des Wachstums werden Atome aus der Schmelze an dem Keim angelagert und wachsen zu einem Kristallgitter an, wodurch der Kristall wächst [108]. Durch den Übergang vom schmelzflüssigen in den festen Zustand werden große Mengen an Schmelzwärme freigesetzt, die in die Umgebung abgeführt werden müssen. Im LPBF-Prozess stehen dazu grundsätzlich mehrere Möglichkeiten zur Verfügung. Der Wärmetransport über den bereits erstarrten Festkörper bzw. die Substratplatte erfolgt aufgrund der großen Wärmeleitung am schnellsten. Ohne direkten Kontakt zwischen der Erstarrungsfront und dem Festkörper kann die Wärme nur noch über die Schmelze an die Umgebung abgeführt werden. Der konvektive Wärmetransport an der Grenzschicht der Schmelze zur Schutzgasatmosphäre ebenso wie die Wärmestrahlung können bei der Untersuchung der Erstarrungsmechanismen im LPBF-Prozess vernachlässigt werden. Da an der Oberfläche des Festkörpers eine große Anzahl an Keimbildungsplätzen zur Verfügung gestellt werden und die Oberfläche für den Erstarrungsprozess als Wärmesenke dienen kann, erfolgt die Erstarrung und das Kristallwachstum im LPBF-Prozess vorrangig vom Festkörper aus. Im Gegensatz zu der Ausbildung einer planaren Erstarrungsfront bei reinen Metallen wird bei der raschen Erstarrung von Legierungen in der Regel ein dendritisches Kristallwachstum beobachtet [39, S. 137, 108]. Der Ursprung dafür können Ausbuchtungen an der Grenzfläche zwischen Schmelze und Festkörper oder lokale Schwankungen in der Konzentration der Legierungselemente sein, die zu einer Instabilität der Erstarrungsfront führen. [129]

Um die Ausbildung der Erstarrungsfront zu beschreiben, werden hier zwei vereinfachende Annahmen getroffen.

- Zum einen wird angenommen, dass der Stofftransport durch Diffusion im Festkörper vernachlässigbar ist und lediglich in der Schmelze ein ausgeprägter Stoffaustausch durch Diffusion stattfindet.
- Zum anderen wird vorausgesetzt, dass die Solidus- und Liquiduslinien im Zustandsdiagramm durch Geraden ersetzt werden können [39, S. 139–142].

Da die Löslichkeit einzelner Legierungselemente im Festkörper grundsätzlich kleiner ist als in der Schmelze werden die Legierungselemente vor der Erstarrungsfront angereichert. Die Verteilung der Legierungselemente zwischen flüssiger Phase c_L und fester Phase c_S wird durch den Verteilungskoeffizienten k beschrieben:

Formel 4
$$k = \frac{c_S}{c_L}$$

Die lokale Zusammensetzung der Legierung an der Erstarrungsfront ist in Bild 84a dargestellt. Die Konzentration des Legierungselements steigt in der Nähe zur Phasengrenze von der Ausgangskonzentration c_0 auf c_0/k an. Als Folge wird lokal die Liquidustemperatur T_L, wie in Bild 84b dargestellt, abgesenkt. Der Verlauf der Solidustemperatur T_S und T_L über den Abstand zur Erstarrungsfront ist in Bild 84c dargestellt. Der Bereich, in dem die tatsächliche Temperatur der Schmelze lokal kleiner ist als T_L, wird als konstitutionell unterkühlt bezeichnet und ist in Bild 84 eingezeichnet. Die Wärme kann in diesem Bereich nicht nur in den Festkörper, sondern auch in die umgebende Schmelze abgeführt werden. Daraus folgend werden parallel zueinander verlaufende nadelartige Dendritenstämme ausgebildet. Da die Erstarrungsfront entlang der gesamten Grenzfläche verläuft, erfolgt auch quer zur Wachstumsrichtung ein Anstieg der Konzentration an Legierungselementen in der Schmelze. Im erstarrten Gefüge wird dieses Phänomen als Seigerung in den interdendritischen Bereichen sichtbar. Bei kleineren Temperaturgradienten können rechtwinklig von den Dendritenstämmen ausgehend feine Sekundärdendritenarme gebildet werden, wenn dies nicht durch eine große Erstarrungsgeschwindigkeit verhindert wird. [39, S. 139–142, 129, S. 208–223]

Bild 84:
Schematische Darstellung der Erstarrungsfront bei konstitutioneller Unterkühlung,
(a) Konzentration über Abstand zur Erstarrungsfront,
(b) Verlauf der Liquidustemperatur,
(c) Temperatur über Abstand zur Erstarrungsfront,
(d) Bereich der konstitutionellen Unterkühlung
nach [39, S. 137]

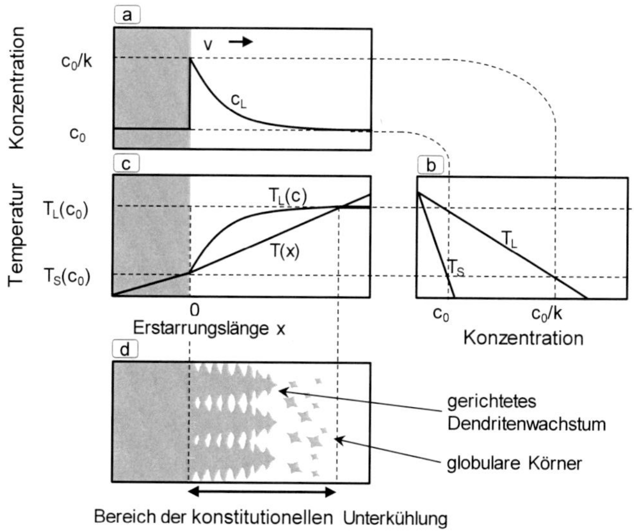

Bei einem flachen Temperaturgradienten innerhalb der Schmelze können durch heterogene Keimbildung an Verunreinigungen, die vor der Erstarrungsfront angereichert werden, globulare Körner heranwachsen. Der Konzentrationsunterschied bewirkt, dass die Temperatur des Keims oberhalb der Schmelze liegt und die Wärme in radialer Richtung abgeführt wird. Die Folge ist ein symmetrisches Kristallwachstum, welcher in einer globularen Mikrostruktur resultiert. Die Bildung der Erstarrungsmorphologie kann durch die Dichte an Keimbildungsstellen sowie durch Verwirbelungen des Schmelzbades (z. B. durch von außen aufgeprägte elektromagnetische Felder) beeinflusst werden. [40, S. 377–410]

12.3 Übersicht Stand der Technik

Quelle	Werkstoff	Verfahrensparameter	Bauteildichte, Bauteilhärte, Geometrie, Risse	Gefüge	Heraus-forderungen
Kunz, J. [58]	80MoCrV4 2-16 (1.3551, M50)	D_s = 30 µm, P_L = 130 W, v_s = -, Δy_s = -, d_s = 80 µm, T_V = RT, 500 °C, V' = -	99,9 %, 789 HV30, 10x10x10 mm³ (Quader) Rissfrei	Bei T_V = 500°C: Dendritisches Gefüge, nadelförmiger Martensit, 52% Ferrit und 48% Austenit, Bei T_V = RT gröbere Strukturen, Martensitplatten, 61% Ferrit, 39% Austenit	
Saewe, J. [60]	80MoCrV4 2-16 (1.3551, M50)	D_s = 30 µm, P_L = 130, 260 W, v_s = 400-1800 mm/s, Δy_s = 60-120 µm, d_s = 80 µm, T_V = RT, 200, 500 °C, V' = xxx	99,9 %, 728-849 HV10, 61,2-65,6 HRC 10x10x10 mm³ (Quader) Rissfrei	Bei RT und 200 °C dendritische Struktur in der Mitte, nadelförmige Strukturen im unteren Bereich, bei T_V = 500°C säulenförmig dendritische Mikrostruktur	Inhomogene Bauteilhärte
Liu, Z. [52]	HS6-5-2 (1.3343, M2)	D_s = -, P_L = 90, 105 W, v_s = 250-700 mm/s, Δy_s = 62% of ds µm, d_s = -, T_V = 100, 180 °C, V' = -	96-97 %, 700-870 HV0,1, - Rissvermeidung nicht möglich, Rissreduzierung von 100 auf 180 °C	Helle Phase mit nadelförmigem Martensit, dunkle Phase mit dendritischer und zellularer Struktur	Karbide nicht detektierbar
Greenen, K. [57]	HS6-5-3 (1.3344, M3:2)	D_s = 30 µm, P_L = 73,5 W, (v_s = 320-580 mm/s), Δy_s = 20-40 µm, d_s = -, T_V = 200, 300 °C, V' = 0,34 mm³/s	< 99,5 %, 570 HV30 5x5x 2,55 mm³ (Quader) teilweise rissfrei bei 200 °C, unregelmäßige Risse bei 300 °C	Dendritische zellulare Struktur, Zellengröße von 0,5-1,5 µm, nadelförmiger Martensit, Karbide und/oder RA in Zellwände vermutet	Oxidation des Pulvers
Saewe, J. [61]	HS6-5-3-8 (1.3294)	D_s = 30 µm, P_L = 130 W, v_s = 300-700 mm/s, Δy_s = 60-120 µm, d_s = 100 µm, T_V = RT, 500 °C, V' = 2,5 mm³/s	99,9 %, 536-770 HV10, 10x10x10 mm³ (Quader) Risse bei RT, rissfrei bei 500°C	Dendritische Mikrostruktur für alle Proben	Risse bei RT
Saewe, J. [62]	HS6-5-3-8 (1.3294)	D_s = 30 µm, P_L = 200 W, v_s = 670 mm/s, Δy_s = 100 µm, d_s = 80 µm, T_V = 200-600 °C, V' = 2 mm³/s	99,9 %, 638-918 HV10 10x10x10 mm³ (Quader) Risse bei 200, 500 und 600 °C, rissfrei bei 350°C möglich	Bei kleiner Vorheiztemperatur nadelförmige Dendriten, bei größeren Vorheiztemperatur größere zellige Körner	Inhomogene Bauteilhärte

Kunz, J. [63]	HS6-5-3-8 (1.3294) & HS7-7-7-11	D_s = 30 µm, P_L = 160 W, (v_s = 875-2000 mm/s), Δy_s = 100 µm, d_s = -, T_V = 500 °C, V' = -	99,9 %, 700-920 HV10, 10x10x10 mm³ (Quader) Rissvermeidung nicht möglich	Dendritisches Gefüge, nadelförmiger Martensit, je höher HS7-7-7-11-Anteil: gröbere Strukturen, mehr Karbide und Risse	Risse
Kunz, J. [64]	80MoCrV4 2-16, HS6-5-3-8, HS7-7-7-11; LM2-8-3-8, LM7-6-3-9, LM2-10-3, LM1-3-2-Cr15	D_s = 30 µm, P_L = 160 W, (v_s = 875-2000 mm/s), Δy_s = 100 µm, d_s = -, T_V = 500 °C, V' = -	99,4-99,9 %, 700-832 HV10, 10x10x10 mm³ (Quader) Rissvermeidung nicht möglich	Dendritisches Gefüge, Martensit und RA sowie Karbiden	Risse

Tabelle 8: Tabellarische Darstellung zu exemplarischen bisherigen Veröffentlichungen zur Verarbeitung von Werkzeugstählen mittels LPBF

12.4 Strahlkaustik

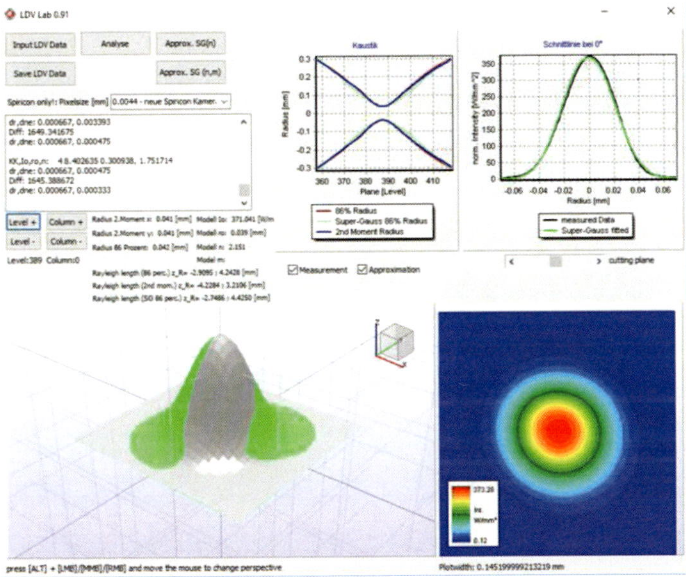

Bild 85: Intensitätsverteilung des optischen Systems in Bearbeitungsebene

12.5 Thermografiekenndaten

Bild 86:
Transmissionskurve ZnSe [130]

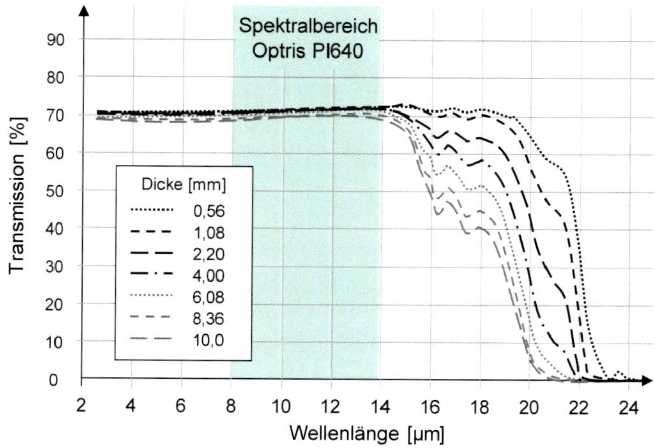

12.6 Bestimmung Emissionsgrad und Messfelderstellung

Zur Bestimmung des Emissionsgrads wird eine simultane Temperaturmessung mit Thermoelementen und IR-Thermografiekamera durchgeführt. Dazu werden acht flache Quader mit, und neun flache Quader ohne Aussparung aufgebaut. Die Bauteile werden gleichmäßig über die gesamte Substratplatte verteilt angeordnet. Die Probengeometrie und -anordnung sind in Bild 88 dargestellt.

Bild 87: Probengeometrie und -anordnung zur Emissionsgrad-bestimmung

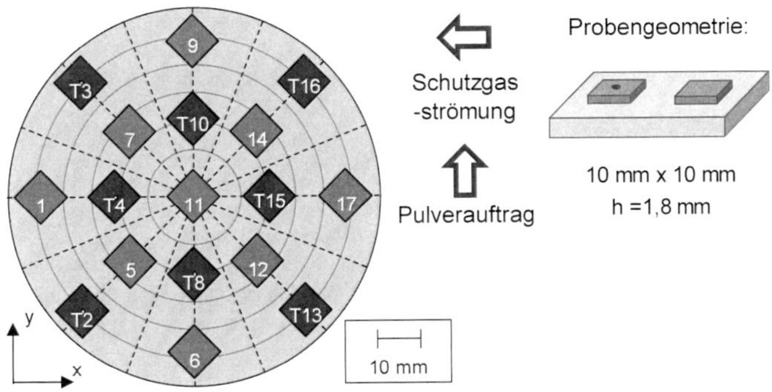

Die Quader ohne Aussparung werden zur Temperaturmessung durch die IR-Thermografiekamera genutzt (Nr. 1, 5, 6, 7, 9, 11, 12, 14, 17) . Die Quader mit Aussparung werden zur Temperaturmessung mit Thermoelementen genutzt (Nr. T2, T3, T4, T8, T10, T13, T15, T16). Die zylindrische Aussparung in Aufbaurichtung ermöglicht hierbei das Einbringen eines Typ K Mantelthermoelements nach DIN IEC 584 mit einem Durchmesser von 1 mm [43]. Das Einbringen der Thermoelemente geschieht nachdem der Bauraum nach Prozessende vollständig abgekühlt ist. Die Orientierung der Aussparung in Aufbaurichtung ist vorteilhaft, da auch bei einer geringeren Aufbauhöhe das Einbringen von Thermoelementen möglich ist. Außerdem können so die Thermoelemente befestigt werden, ohne das Pulver zu entfernen, das die Proben umgibt. Dadurch kann der anschließende Wiederaufheizprozess unter möglichst prozessnahen Bedingungen erfolgen. Eine möglichst geringe Aufbauhöhe ist notwendig, um den Einfluss von Temperaturveränderungen aufgrund der Bauteilhöhe zu reduzieren. Wird jedoch eine zu geringe Höhe gewählt, werden die Messungen der Thermografie-Kamera durch Veränderungen der Bauteiloberfläche aufgrund von Substratplatteneinflüssen oder Unregelmäßigkeiten in den ersten Schichten verfälscht. Außerdem können die Thermoelemente in diesem Fall nicht sicher befestigt werden. Die Messung der Thermoelemente wird mit dem Temperatur-Datenlogger

Pico USB TC-08 der Pico Technology Ltd. mit einer Abtastrate von einer Sekunde aufgenommen. Nachdem die Thermoelemente eingebracht sind, wird die Schutzgasatmosphäre in der Prozesskammer erneut aufgebaut. Anschließend wird der Versuchsaufbau auf die Vorheiztemperatur T_v = 350 °C wiederaufgeheizt.

Für die Bestimmung des Bauteilemissionsgrades werden die von den Thermoelementen erfassten Temperaturverläufe in Bild 88 dargestellt. Am Vorheizungsmodul wird die vorgegebene Temperatur von T_V = 350 °C nach 35 Minuten erreicht und gehalten. Kurz darauf wird auch in den Thermoelementen eine konstante Temperatur beobachtet. Um den Aufbau beim erneuten Aufheizen möglichst prozessnah zu gestalten, wird die Schutzgasströmung anfangs wie im Prozess betrieben. Nach 50 Minuten wird die Schutzgasströmung abgestellt, da die niedrigen Messwerte die Vermutung nahelegen, dass die Schutzgasströmung die Messung der Thermoelemente in einem größeren Maß beeinflusst als die Oberflächentemperatur der Bauteile. Der Einfluss der Schutzgasströmung auf die Messung der Thermoelemente ist deutlich im Sprung der gemessenen Mitteltemperatur von 296,3°C auf 325,4 °C zu erkennen, der dem Abstellen der Schutzgasströmung folgt. Zur Bestimmung des Emissionsgrads werden deswegen die Messungen nach dem Abschalten des Schutzgases herangezogen.

Bild 88: Von den Thermoelementen gemessener Temperaturverlauf beim Aufheizen des Versuchsaufbaus

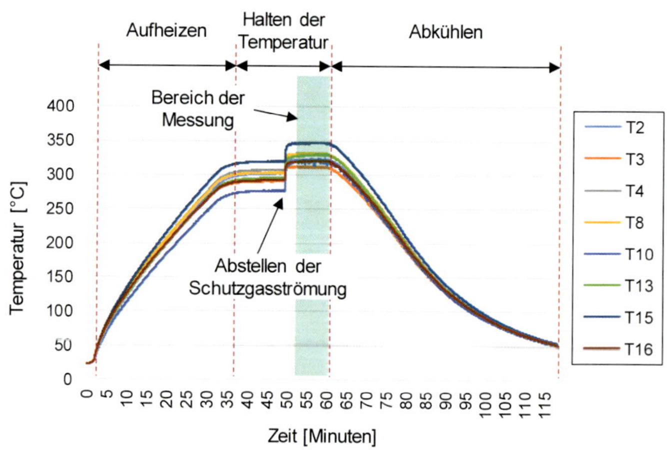

Die Messung der Thermoelemente streut im Bereich ohne Schutzgas (Minute 50 bis 60) zwischen ca. 311,4 °C und 344,1 °C mit einer Temperaturdifferenz von 34,7 °C. Zudem stimmt zeigt zu entnehmen ist, die Position der kühleren Thermoelemente mit den Bereichen niedrigerer Emission des ersten Vorversuchs grob überein. Dies stützt die Vermutung, dass das Erwärmen beim Vorheizen inhomogen erfolgt und zu Beginn des Prozesses eine kühlere Region am hinteren Rand der Substratplatte existiert.

Bild 89: Von den Thermoelementen gemessene Temperatur im Bereich konstanter Temperatur, ohne Schutzgas (Minute 50 bis 60)

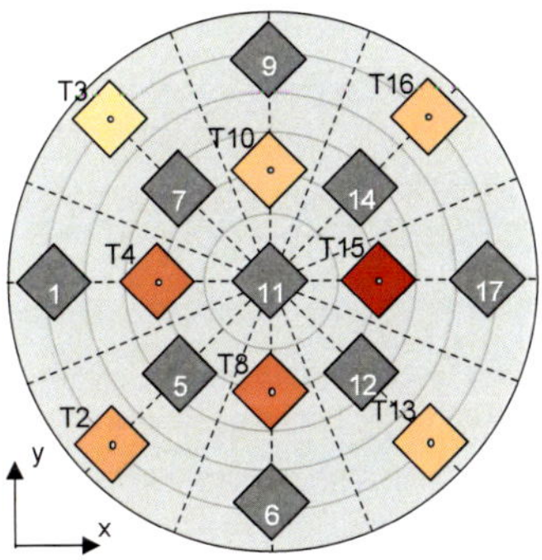

	Temperatur [°C]
T2	321,1
T3	311,4
T4	328,7
T8	328,5
T10	316,4
T13	324,3
T15	344,1
T16	317,0

Um den Bauteilemissionsgrad zu ermitteln, wird für jeden Quader ohne Loch ein Messfeld generiert. Der Emissionsgrad eines jeden Messfeldes wird anschließend so lange verändert, bis die gemessene Oberflächentemperatur des Bauteils der gemittelten Temperatur der umliegenden Thermoelemente entspricht. Die genaue Zuordnung der Thermoelemente sowie eine tabellarische Aufführung der Werte ist Tabelle 9 zu entnehmen.

Tabelle 9: Ermittlung des Bauteil-emissionsgrades durch Messdaten zu einem exemplarischen Zeitpunkt

Bauteil	Umliegende Thermoelemente	Gemittelte Temperatur [°C]	Gemittelter Emissionsgrad
1	T2, T3, T4	320,40	0,169
5	T2, T4, T8	326,11	0,186
6	T2, T8, T13	324,65	0,177
7	T3, T4, T10	318,81	0,175
9	T3, T10, T16	314,91	0,146
11	T4, T8, T10, T15	329,41	0,177
12	T8, T13, T15	332,31	0,172
14	T10, T15, T16	325,80	0,166
17	T13, T15, T16	328,47	0,152

Der Emissionsgrad der Bauteile wird zu drei Zeitpunkten bestimmt. Die ermittelten Werte liegen zwischen 0,137 und 0,196. Ein konstanter Emissionsgrad von 0,169 wird für alle Messungen dieser Arbeit festgelegt. Dies entspricht dem Mittel der zuvor bestimmten Emissionsgrade der einzelnen Bauteile.

Ein möglicher Einflussfaktor auf den Emissionsgrad ist der Winkel zwischen IR-Thermografiekamera und Bauteil. Dieser variiert für verschiedene Bauteilpositionen auf der Substratplatte. Der Einfluss entsteht durch die anisotrope Abstrahlung der Bauteile. Die Inhomogenität der Substratplattentemperatur und die fortschreitende Oxidation der Bauteiloberfläche erschweren die differenzierte Zuordnung von Einflussfaktoren auf den Emissionsgrad zusätzlich. Dies führt dazu, dass die gemessene Temperatur der Bauteiloberfläche unterschiedlich stark für die Bauteile von den realen Temperaturen abweicht.

Genauigkeit der Messfelder

Die Genauigkeit des Programms zur automatisierten Messfelderstellung in der PIX Connect Software wird mit Aufnahmen des zweiten Vorversuchs untersucht. Drei verschiedene Transformationsmatrizen werden mit dem Matlab-Programm erstellt. Außerdem werden .ilt-Dateien mit verschiedenem Versatz von der ursprünglichen Bauteilkontur generiert. Der Versatz wird vorgesehen, um sicherzustellen, dass nur die Bauteiloberfläche im Messfeld vorhanden ist und nicht umliegendes Pulver mit ins Messfeld eingerechnet wird. Neben dem Vergleich der Auswirkungen unterschiedlicher Versätze wird das automatische Tool zusätzlich mit der händischen Messfelderstellung verglichen. Hierfür werden dreimal neue Messfelder definiert, um einen gemittelten Wert zu erhalten. Beim Erstellen der Messfelder wird versucht, einen möglichst großen Bereich der Bauteiloberfläche im Messfeld abzubilden und gleichzeitig sicher zu gehen, dass kein Pulver miteinbezogen wird. In Bild 90 ist die mittlere gemessene Bauteiltemperatur über die verschiedenen Versätze dargestellt. Die Fehlerbalken stellen die Abweichung zwischen den drei Durchläufen dar.

Bild 90: Gemessene mittlere Temperatur bei unterschiedlichem Versatz der Messfeldkontur

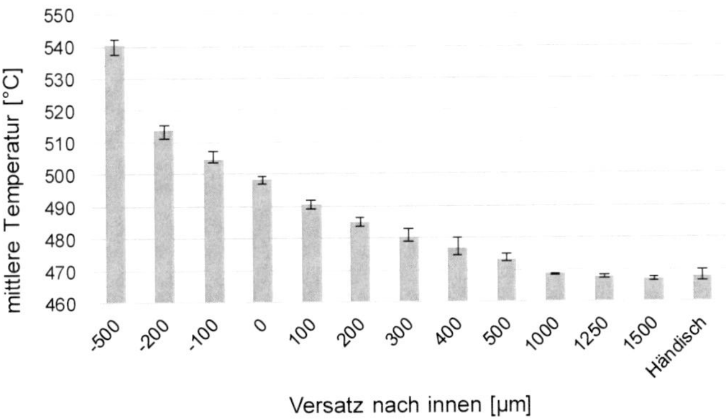

Bild 90 ist zu entnehmen, dass die gemessene Temperatur mit dem zunehmenden Versatz nach innen abnimmt. In der gesamten Arbeit wird ein Versatz von 1250 µm bei der Erstellung der Messfelder mit PIX Connect gewählt.

12.7 Informationen und Ergebnisse zu Kapitel 5.1

Bild 91: Bauteilanordnung der 15 Proben für Versuche in Kapitel 5.1 (links), Verfahrens-parameter der Proben (rechts)

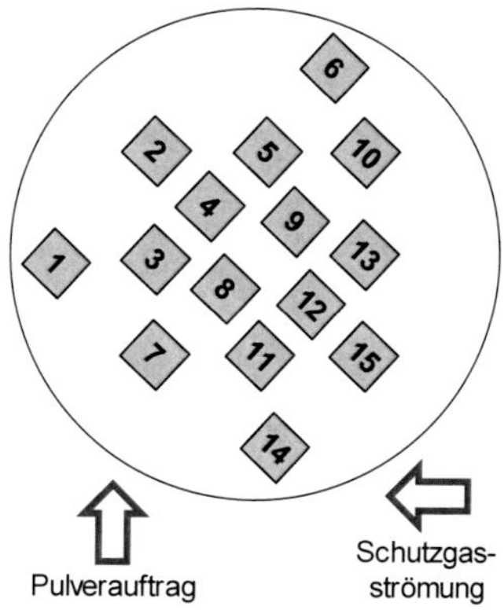

Nr.	P_L [W]	v_s [mm/s]	Δy_s [µm]	E_V [J/mm³]
1	200	740	100	90
2	200	670	100	100
3	260	960	100	90
4	200	830	80	100
5	130	680	80	80
6	200	740	100	90
7	200	1190	80	70
8	200	740	100	90
9	260	1440	60	100
10	200	1040	80	80
11	200	950	100	70
12	130	480	100	90
13	200	830	100	80
14	200	740	100	90
15	200	930	80	90

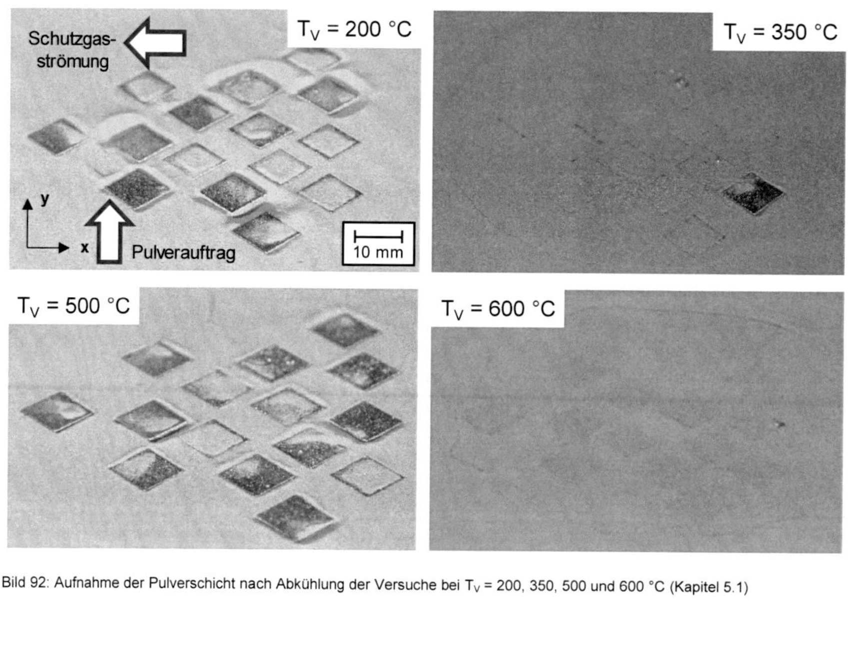

Bild 92: Aufnahme der Pulverschicht nach Abkühlung der Versuche bei T_V = 200, 350, 500 und 600 °C (Kapitel 5.1)

Bild 93: Probenpräparation zweier Proben mit gleichen Verfahrens-parametern (T_V = 350 °C) mit Trennscheibe (links) führt zu Trennrissen und Schleifen (rechts) induziert keine Risse

P_L = 200 W, v_s = 740 mm/s, Δy_s = 100 µm

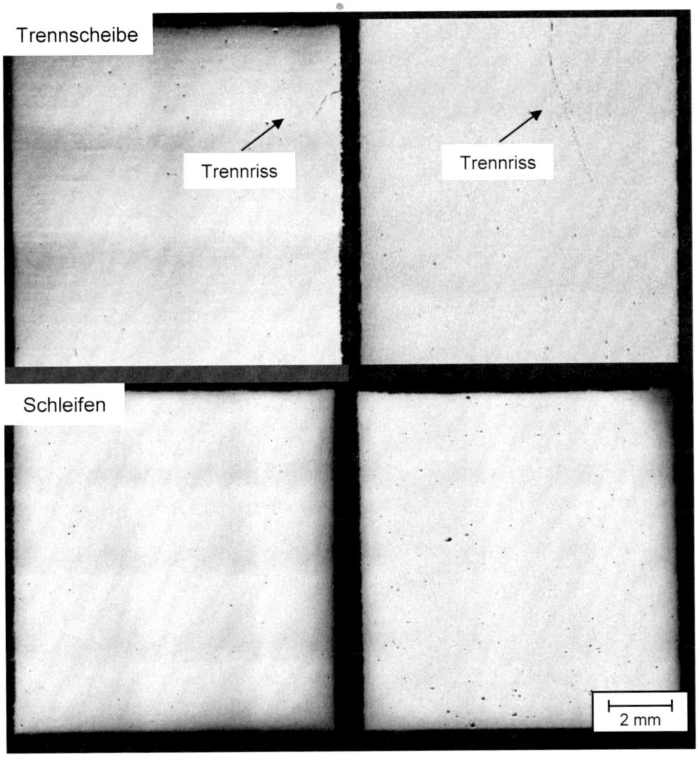

Die Bauteildichte für die mit den Laserleistungen 130 W und 260 W gefertigten Proben sind in Bild 94 dargestellt. Dabei werden die Bauteildichten nach der Fertigung mit Vorheiztemperaturen von 200, 350 und 500 °C ausgewertet.

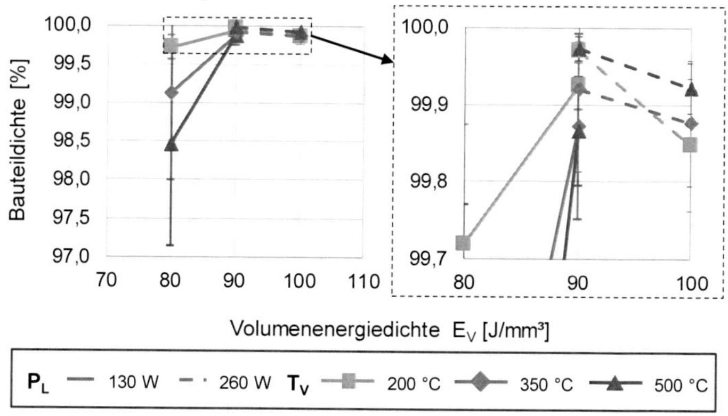

Bild 94: Bauteildichte über Volumenenergiedichte für P_L = 130 W und 260 W bei T_V = 200-500 °C

An Proben, die mit einer Laserleistung von 130 W und eine Volumenenergiedichte von 80 J/mm³ gefertigt werden, werden Bauteildichten von ca. 98,5 % bis 99,7 % abhängig von der Vorheiztemperatur ermittelt. Dabei wird die höchste Bauteildichte nach der Fertigung bei einer Vorheiztemperatur von 200 °C ermittelt und die kleinste bei 500 °C. Wird eine Volumenenergiedichte von 90 J/mm³ zur Fertigung der Proben genutzt, werden Bauteildichten größer 99,8 % mit der Laserleistung von 130 W erreicht.

Bei der Fertigung von Proben mit der Laserleistung von 260 W werden Bauteildichten größer 99,85 % für die Volumenenergiedichten von 90 und 100 J/mm³ erreicht. Die höchsten Bauteildichten werden für die Proben, die mit 500 °C gefertigt werden, gemessen. Proben, die mit der Volumenenergiedichte von 90 J/mm³ gefertigt werden, erreichen bei allen Vorheiztemperaturen eine Bauteildichte von größer 99,9 %.

12.8 Weitere Ergebnisse zu Kapitel 5.2

12.8.1 IR-Prozessbeobachtung der Versuche zu Kapitel 5.2

Während des LPBF-Prozesses werden zu drei Zeitpunkten Thermografieaufnahmen von jeweils 2 Schichten gemacht. In Bild 95 ist die Differenz zwischen den detektieren Temperaturen (Ist) und der vorgegebenen Vorheiztemperaturen (Soll) zu Beginn (ca. Schicht 5-10), in der Mitte (ca. Schicht 190-195) und am Ende (ca. Schicht 356-357) der LPBF-Prozesse aufgeführt. Die Grundtemperaturen sind über alle fünf Proben gemittelt.

Bild 95: Differenz der detektierte Temperaturen (Ist) mit der vorgegebenen Vorheiztemperatur (Soll) für drei Zeitpunkte während des LPBF-Prozesses ($\varepsilon = 0{,}169$)

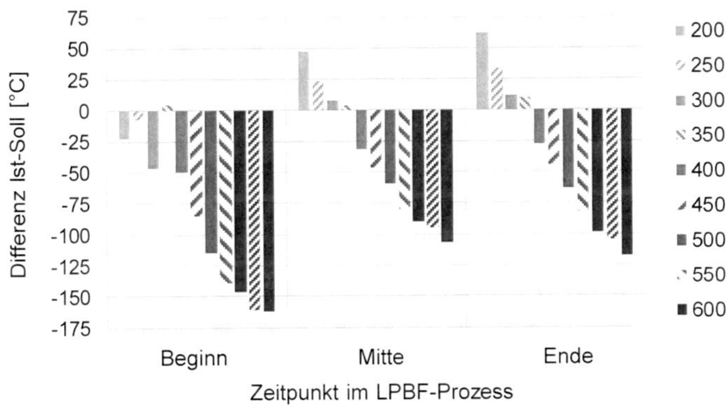

Für alle Vorheiztemperaturen kann zwischen dem Beginn des LPBF-Prozesses und dem Ende eine Reduzierung des Deltas und somit ein Anstieg der Grundtemperaturen der Proben beobachtet werden. Auffällig ist der Unterschied zwischen Beginn und in der Mitte des LPBF-Prozesses. Für eine Vorheiztemperatur von 200 °C ist das größte Delta von +62 °C bis zum Ende des LPBF-Prozesses festzustellen. Bei den Vorheiztemperaturen von 300 und 350 °C wird in der Mitte und am Ende ein positives kleineres Delta vermerkt, jedoch steigt die Grundtemperatur kaum über den Prozess an. Beim Vergleich Beginn und Ende des Versuchs steigt für Vorheiztemperatur 600 °C das Delta von -162 °C auf -118 °C.

Der Trend der ansteigenden Oberflächentemperaturen in den Versuchen ist mit der konstanten Wärmezufuhr der Substratplattenvorheizung sowie dem schichtweisen Energieeintrag durch die Laserstrahlung zu begründen. Durch das umliegende Pulver werden die Proben zusätzlich isoliert. Weiterhin wird zu Beginn die Vorheiztemperatur ca. 5-10 Minuten gehalten, bevor der

Prozess gestartet wird. Gerade bei großen Vorheiztemperaturen kann dies dazu führen, dass erst durch den mehrfachen Energieeintrag des Lasers, eine homogene Temperatur auf den Bauteiloberflächen erreicht werden kann. Bei dem Vergleich der Zeitpunkte Mitte und Ende des Versuchs können kleinere Veränderungen der Temperaturen gemessen werden, da das System scheinbar mit dem Energieeintrag durch Heizung und Laserstrahlung einen stabileren Zustand erreicht.

12.8.2 Bauteildichte, Bauteilhärte und Schweißspuranalyse der Proben zu Kapitel 5.2

Bild 96: Bauteilhärte der Proben Nr. 1-5 bei T_V = 200, 350, 400, 500, 600, 700 °C

Tv [°C]	**200**					**350**				
Nr.	1	2	3	4	5	1	2	3	4	5
Bauteilhärte [HV10]	616,9	613,6	612,8	605,0	610,7	789,3	791,2	775,8	756,4	750,7
Standardabweichung	6,1	1,9	7,2	5,3	9,9	13,8	10,3	11,8	13,2	9,6
Standard-Abweichung	**3,9**					**16,6**				
Tv [°C]	**400**					**500**				
Nr.	1	2	3	4	5	1	2	3	4	5
Bauteilhärte [HV10]	792,1	799,5	773,8	777,2	784,5	919,8	909,7	906,2	898,8	907,9
Standardabweichung	6,6	11,4	7,8	6,4	6,8	10,0	17,6	10,2	19,1	23,0
Standard-Abweichung	**9,4**					**6,8**				
Tv [°C]	**600**					**700**				
Nr.	1	2	3	4	5	1	2	3	4	5
Bauteilhärte [HV10]	673,6	721,3	746,0	814,5	750,7	544,1	512,7	522,4	526,0	515,3
Standardabweichung	68,6	43,6	73,6	59,3	59,5	88,3	93,9	91,0	92,7	89,3
Standard-Abweichung	**45,7**					**11,1**				

Bild 97: Bauteildichte der Proben bei T_V = 200 bis 700 °C

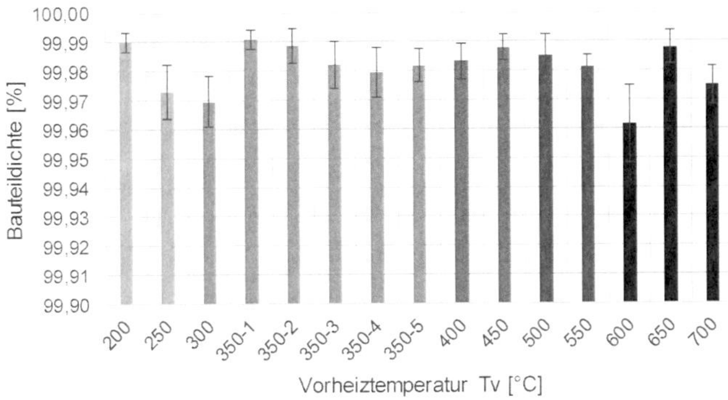

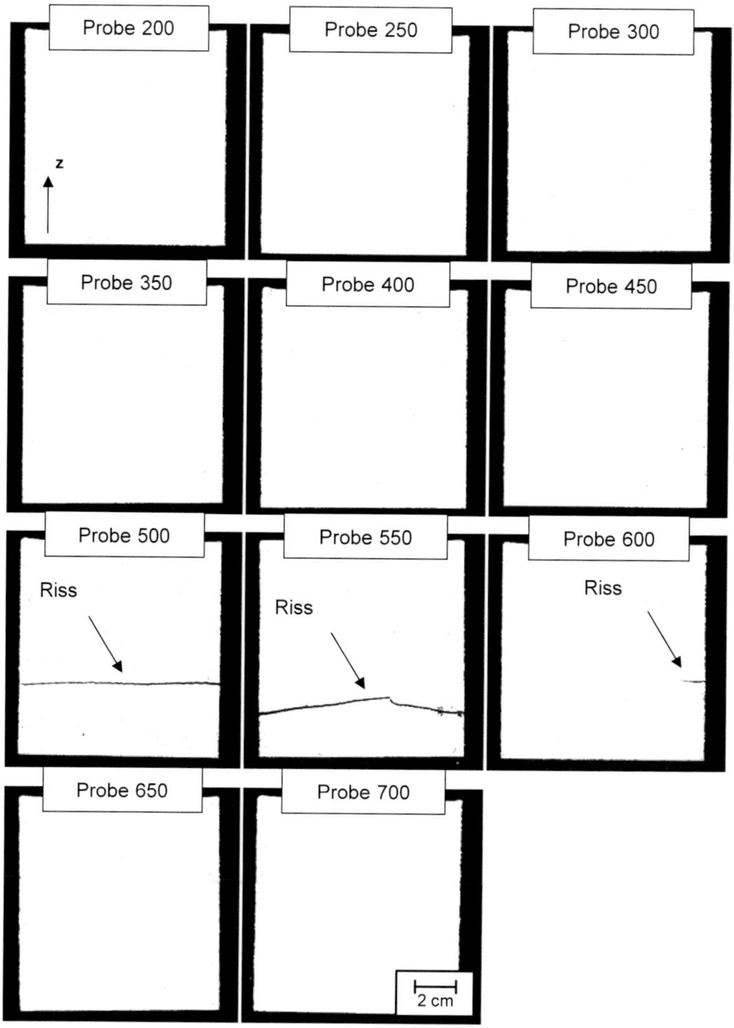

Bild 98: LM-Aufnahme von mit Vorheiztemperaturen T_V = 200, 250, 350, 400, 450, 500, 550, 600, 650, 700 °C gefertigten Probenquerschliffen

12.8.3 REM und EBSD-Ergebnisse zu Kapitel 5.2

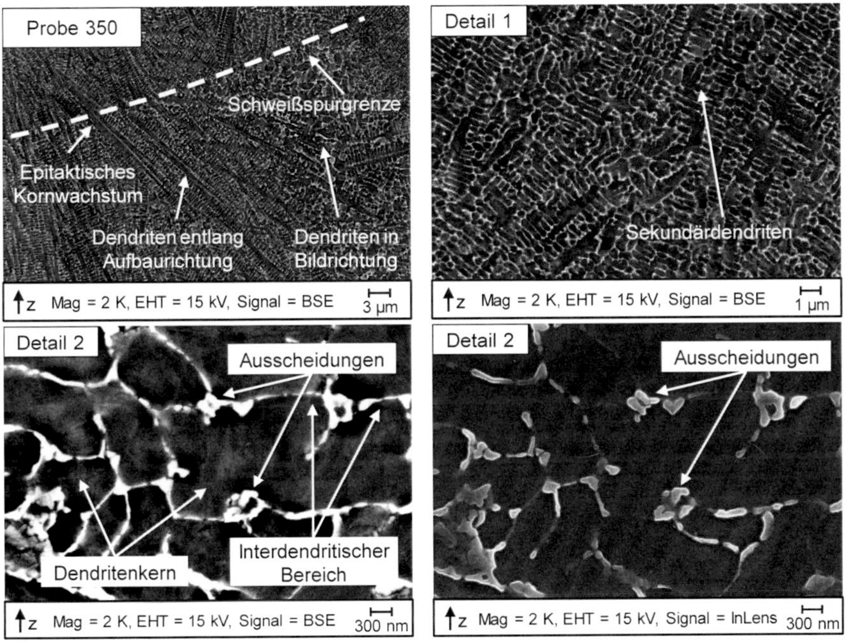

Bild 99: REM-Aufnahme von Mitte der Probe 350

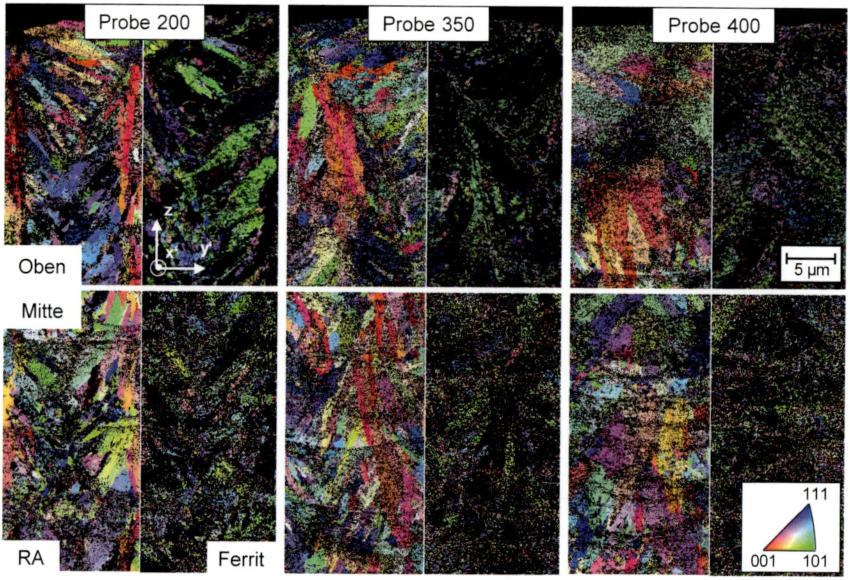

Bild 100: IPF-Maps jeweils von Austenit (links) und Ferrit (rechts) Oben und Mitte der Proben 200, 350 und 400

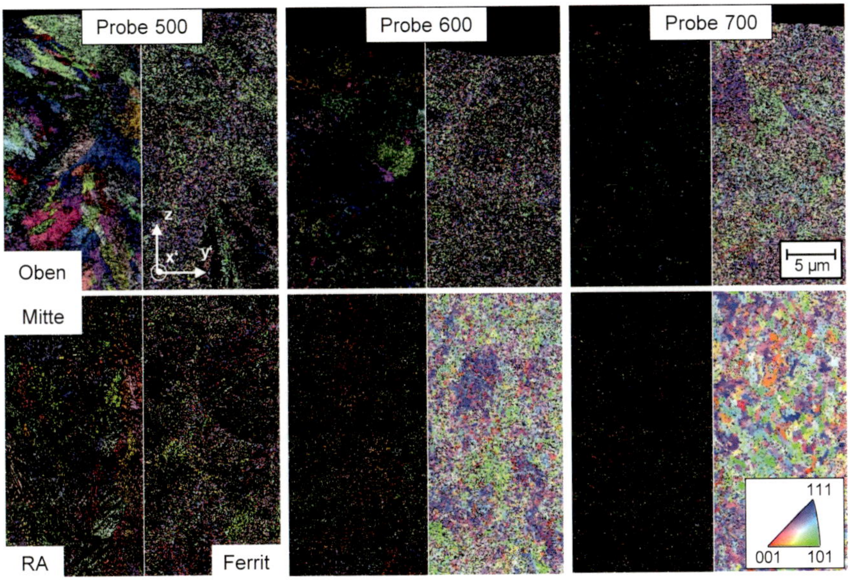

Bild 101: IPF-Maps jeweils von Austenit (links) und Ferrit (rechts) Oben und Mitte der Proben 500, 600 und 700

Bild 102: Mittlerer Grauwerte der IQ-Maps der EBSD-Analyse an der Position Mitte der Proben 200, 350, 400, 500, 600 und 700 (farbliche Aufläsung 0 bis 255)

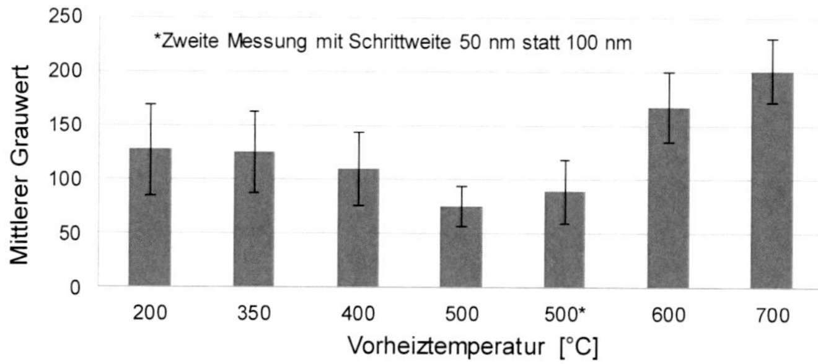

Bild 103: Flächengewichtete Auswertung der Korngrößen von Austenit und Ferrit an Probenposition Mitte und Oben der Proben 200, 350, 400, 500, 600 und 700

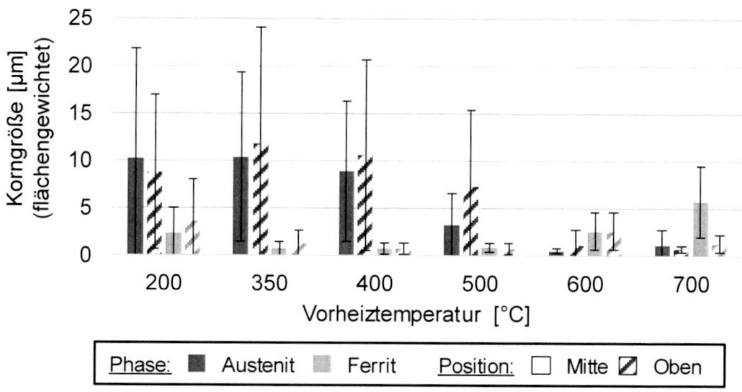

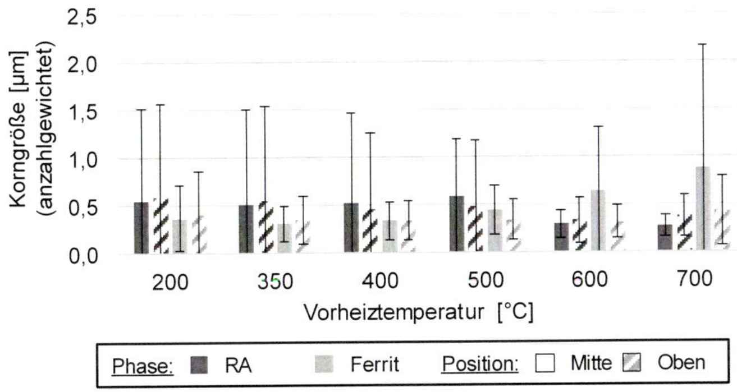

Bild 104: Anzahlgewichtete Auswertung der Korngrößen von Austenit und Ferrit an Probenposition Mitte und Oben der Proben 200, 350, 400, 500, 600 und 700

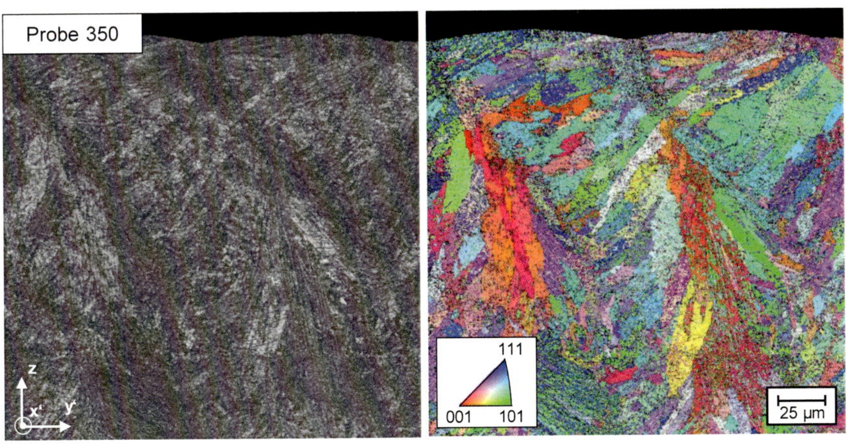

Bild 105: EBSD-Analyse in der letzten Schicht der Probe 350: IQ-Map (links oben), IPF-Map in z-Richtung (rechts oben), mittlerer CI = 0,42

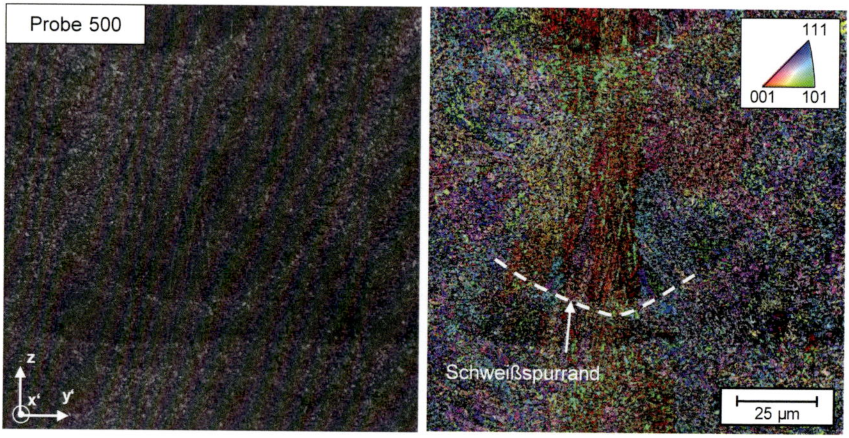

Bild 106: EBSD-Analyse (Schrittweite 50 nm) in der Mitte der Probe 500: IQ-Map (links oben), IPF-Map in z-Richtung (rechts oben), Polfiguren für Austenit (unten links) und Ferrit (unten rechts), mittlerer CI = 0,34

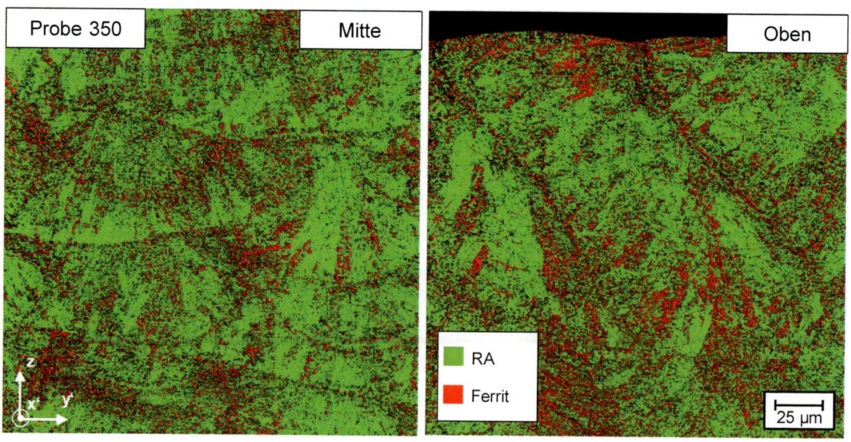

Bild 107: EBSD-Auswertung der Phasen Austenit und Ferrit an Probenposition Mitte (oben links) und Oben (Oben rechts) der Probe 350, Polfiguren für Mitte (unten links) und Oben (unten rechts), mittlerer CI-Mitte = 0,57 und CI-Oben = 0,42

In Bild 108 wird im Diagramm die EBSD-Analyse von RA und Ferrit für die Messposition Oben dargestellt.

Bild 108: Gesamtanteil Ferrit, Austenit und N.I. (nicht identifiziert) an der Messposition Oben der Proben 200, 350, 400, 500, 600 und 700

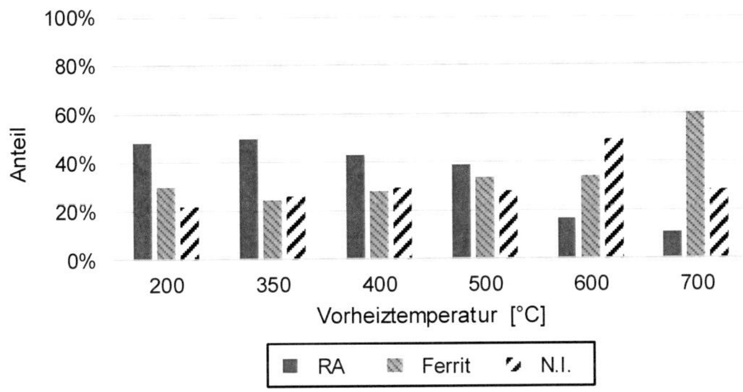

Der RA-Anteil in den Proben am oberen Rand sinkt mit der Vorheiztemperatur von 200 bis 500 °C bei der Fertigung von 48 % auf 39 %. Der Ferritanteil von 30, 24, 28 und 34 % wird festgestellt bei den Vorheiztemperaturen 200, 350, 400 und 500 °C. Für den N.I.-Anteil werden Werte zwischen 22-29 % festgehalten.

Die Proben, welche bei 600 bzw. 700 °C gefertigt werden, haben einen größeren Ferrit- als RA-Anteil. Ein RA-Anteil von 17 bzw. 11 % sowie ein Ferritanteil von 34 bzw. 60 % wird für die Proben 600 bzw. 700 analysiert. Jedoch ist der höchste N.I.-Anteil im Randbereich bei 49 % für die Probe 600 festzustellen, während an der Probe 700 ein N.I.-Anteil von 29 % gemessen wird.

12.9 Weitere Ergebnisse zu Kapitel 5.3

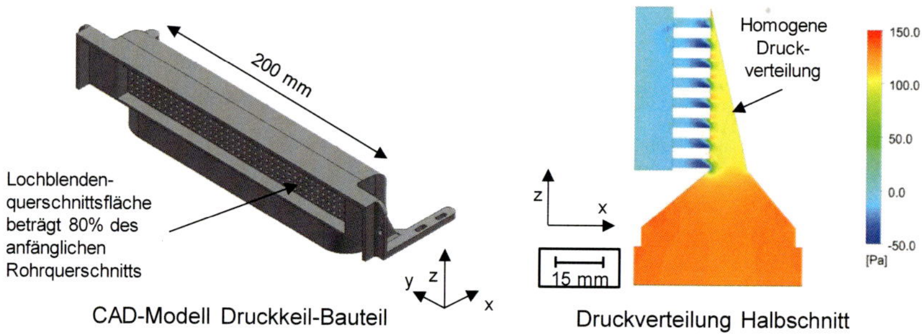

Bild 109: Bild des Druckkeils (CAD-Modell) und Darstellung der simulierten Druckverteilung im Halbschnitt

Bild 110:
Bauteiloberflächen nach Belichtung gegen die SGFV A, Versuch A-G

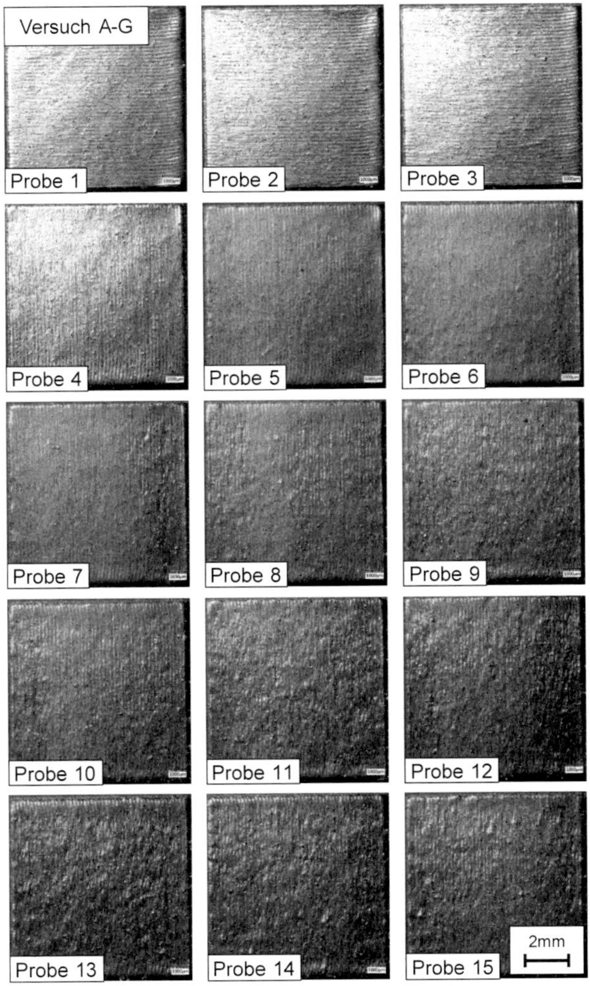

Bild 111: Bauteiloberflächen nach Belichtung gegen die SGFV B, Versuch B-G

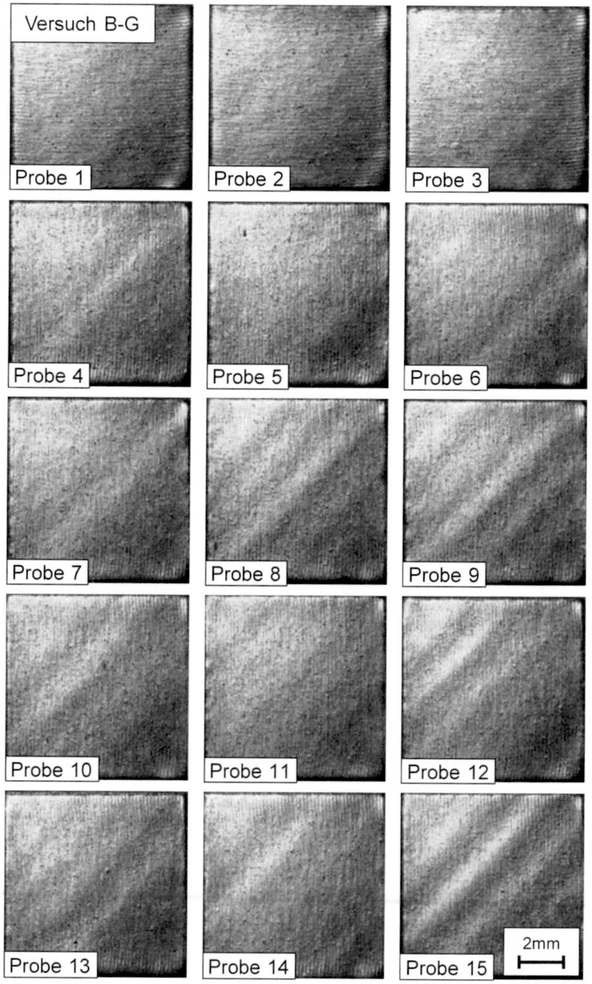

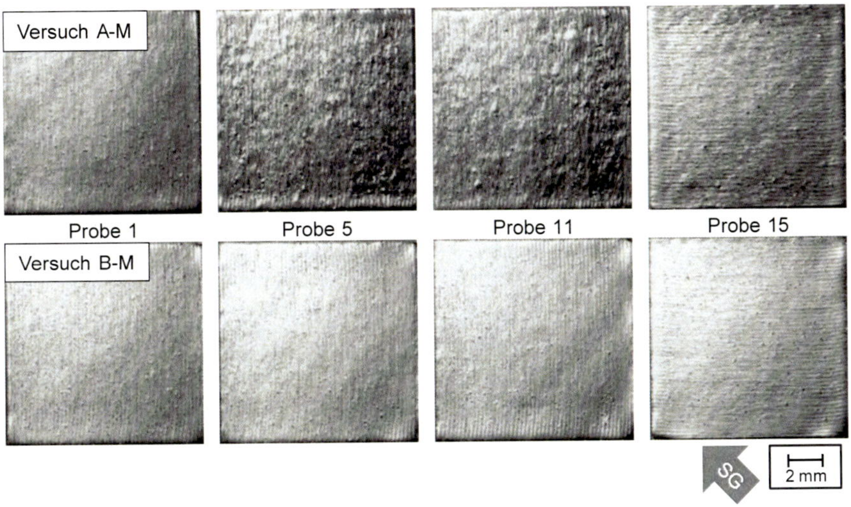

Bild 112: Bauteiloberflächen nach Belichtung mit der SGFV A und B, Versuch A-M und B-M

Bild 113: Schweißspurbreite der Proben für die Versuche mit SGFV A und B mit Belichtung G und M

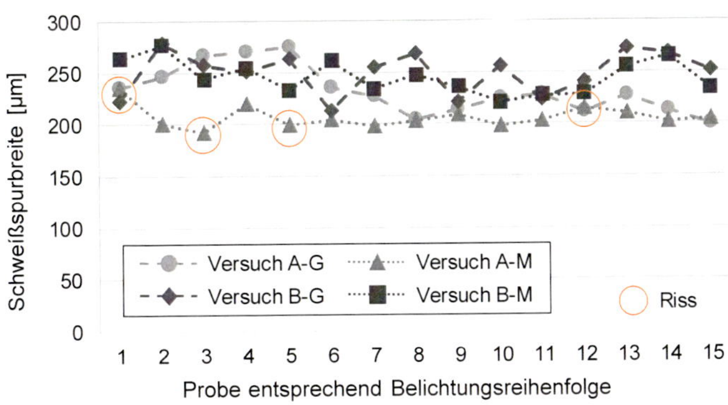

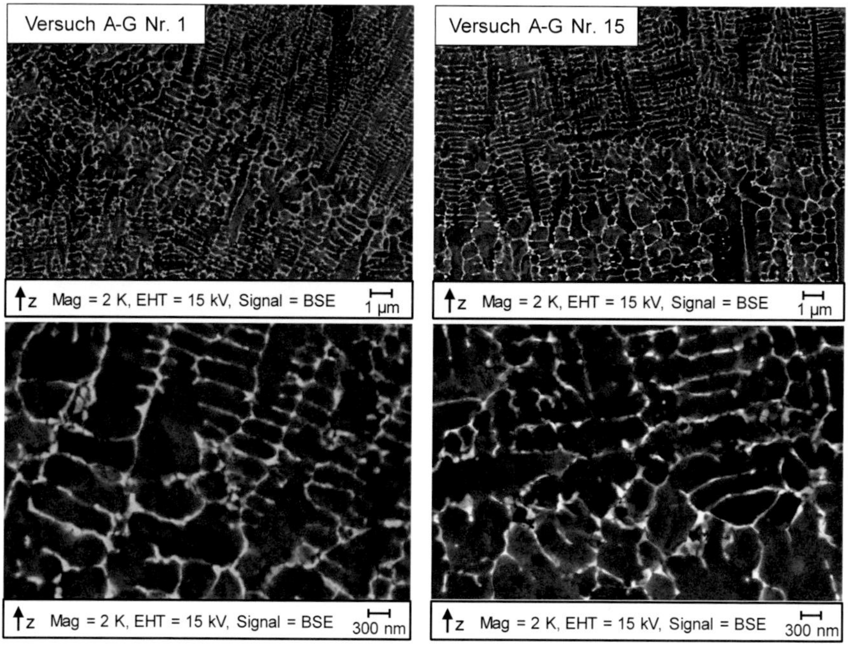

Bild 114: REM-Aufnahmen mit BSE-Detektor in der Mitte der Proben Nr. 1 und Nr. 15 aus Versuch A-G

12.10 Informationen und Ergebnisse zu Kapitel 6

Bild 115: Versuchsanordnung von Versuch 60P und 4P

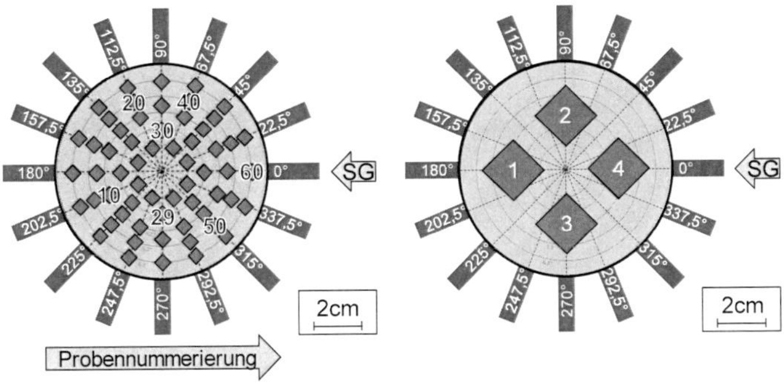

Bild 116: Bauteildichte über Probenposition aus Versuch 60P und 4P (ohne Standardabweichung da der gesamte Querschliff für die Bauteildichteauswertung genutzt wird)

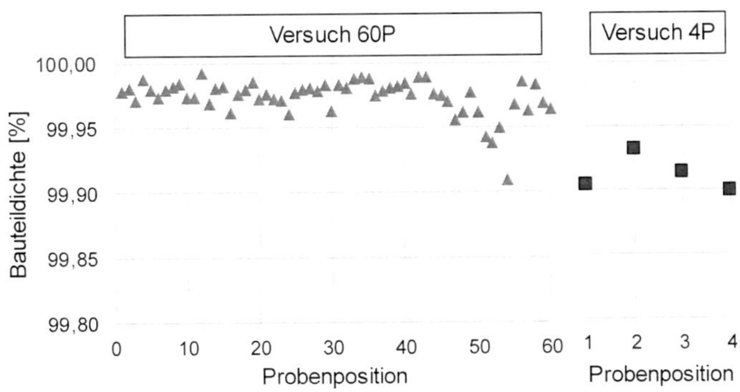

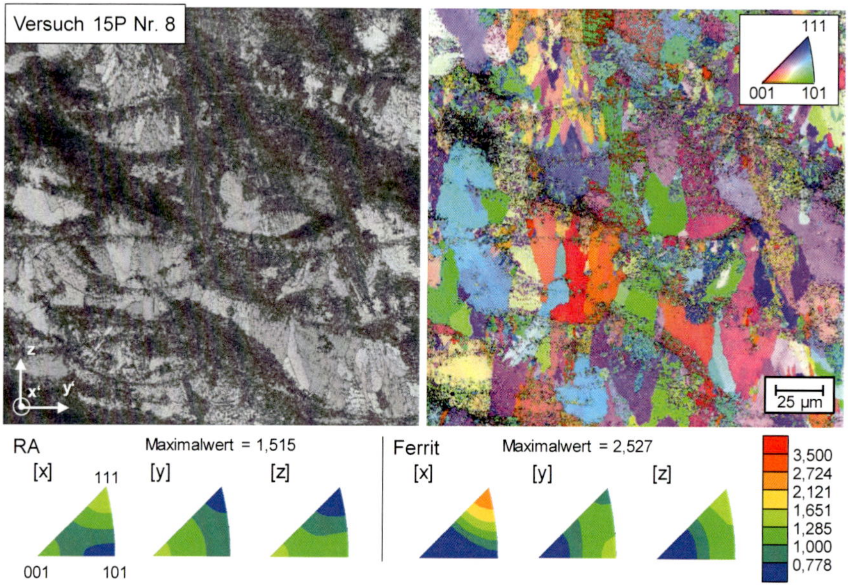

Bild 117: EBSD-Analyse in der Mitte der Probe Nr. 8 aus Versuch 15P, IQ-Map (links oben), IPF-Map in z-Richtung (rechts oben), Inverse Polfiguren für Austenit (unten links) und Ferrit (unten rechts), mittlerer CI = 0,66

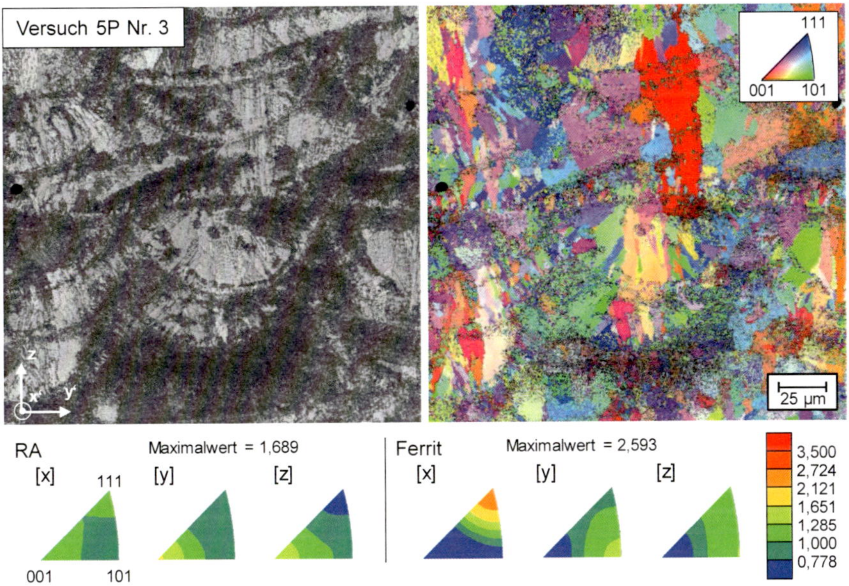

Bild 118: EBSD-Analyse in der Mitte der Probe Nr. 3 aus Versuch 5P, IQ-Map (links oben), IPF-Map in z-Richtung (rechts oben), Inverse Polfiguren für Austenit (unten links) und Ferrit (unten rechts), mittlerer CI = 0,63

Bild 119: Temperaturdifferenz zwischen Bauteilhöhe 50 mm und 1 mm dargestellt für Probenposition für die Versuche 15P50 (links) und 5P50 (rechts)

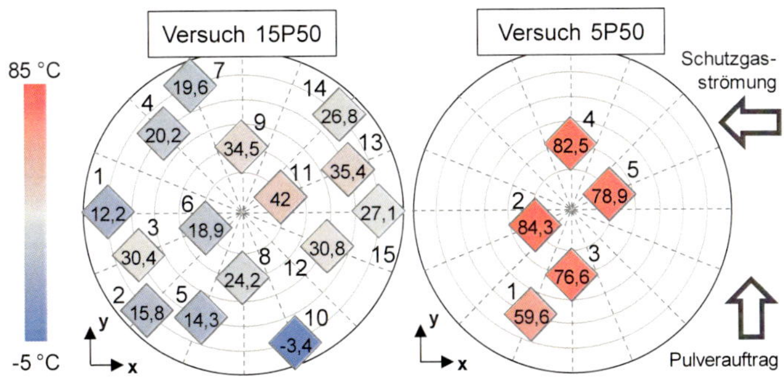

12.11 Grundlagen der Wärmeübertragung

Der Transport von Wärmeströmen erfolgt durch die drei Mechanismen Wärmeleitung, Wärmestrahlung und Konvektion. Besteht in einem Körper ein Temperaturgradient, entsteht ein Wärmestrom durch Wärmeleitung, der Wärme von der Region größerer Temperatur in die Region kleinerer Temperatur transportiert. Im eindimensionalen, stationären Fall kann dieser Wärmestrom durch das Fourier'sche Grundgesetz der Wärmeleitung

Formel 5

$$\dot{Q} = -A * \kappa \frac{dT}{dx}$$

in Abhängigkeit der Wärmeleitfähigkeit κ, der wärmeleitenden Querschnittsfläche A und des Temperaturgradienten dT/dx beschrieben werden. Für das Modell der ebenen Wand und durch Einsetzen des Wärmeleitwiderstands W_L kann Formel 5 in die zum Ohm'schen Gesetz analoge Form

Formel 6

$$\dot{Q} = \frac{T_{W1} - T_{W2}}{W_L}$$

gebracht werden. T_{W1} und T_{W2} sind die Oberflächentemperaturen der Wand. Der Wärmestrom ist direkt proportional zum thermischen Potential, welches durch den Temperaturunterschied anliegt, und umgekehrt proportional zum Wärmeleitwiderstand, welcher das Potential hindert. Für diesen Fall wird der Wärmeleitwiderstand durch den Ausdruck

Formel 7

$$W_L = \frac{\delta}{\kappa * A}$$

in Abhängigkeit der Wanddicke bzw. hier Bauteilhöhe δ, der Wärmeleitfähigkeit und des wärmeleitenden Querschnitts beschrieben. [131]

Die Temperaturleitfähigkeit α beschreibt die räumliche Verteilung der Temperatur mit der Zeit durch Wärmeleitung. Diese Materialeigenschaft kann in Abhängigkeit der Wärmeleitfähigkeit κ, der Dichte ρ und der spezifischen Wärmekapazität c_{spez} des Materials als

Formel 8

$$a = \frac{\kappa}{\rho * c_{spez}}$$

ausgedrückt werden. [131]

Der Wärmetransport durch Wärmestrahlung erfolgt in Abhängigkeit der Objekttemperatur. Die Wärmestromdichte wird durch das Stefan-Boltzmann-Gesetz beschrieben. Konvektiver Wärmetransport bezeichnet den Wärmetransport zwischen einem Festkörper und einem Fluid. Bei der Konvektion wird zwischen der natürlichen Konvektion und der erzwungenen Konvektion unterschieden, je nachdem, ob dem Fluid durch eine äußere Quelle eine Geschwindigkeit aufgezwungen wird oder nicht. Der Wärmestrom durch Konvektion wird in Abhängigkeit der Temperaturdifferenz zwischen Fluid und Festkörper, der wärmeübertragenden Fläche und des Wärmeübergangskoeffizienten bestimmt. [131]

12.12 Weitere Ergebnisse zu Kapitel 7

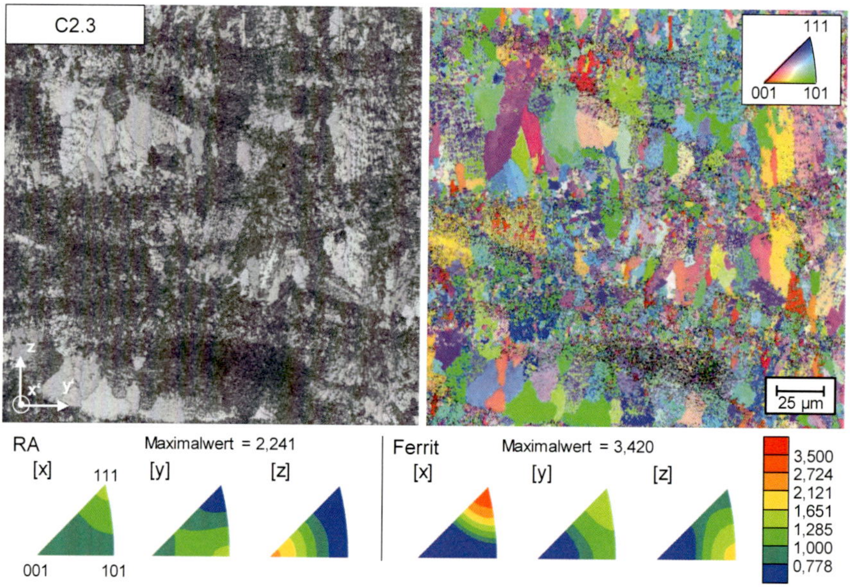

Bild 120: EBSD-Analyse in der Mitte der Probe C2.3, IQ-Map (links oben), IPF-Map in z-Richtung (rechts oben), Polfiguren für Austenit (unten links) und Ferrit (unten rechts), mittlerer CI = 0,67

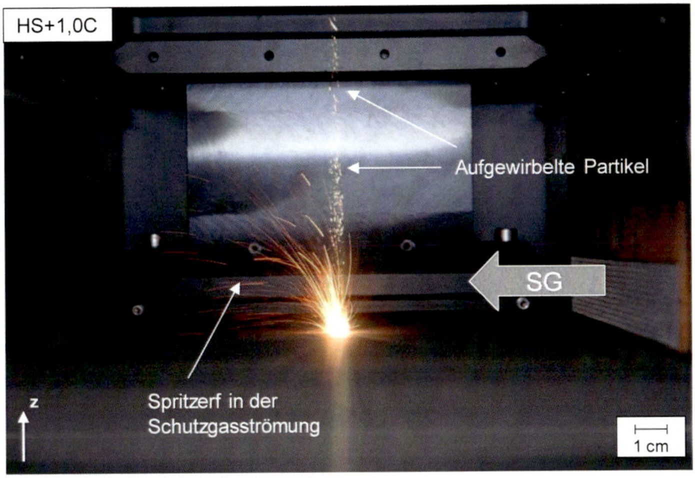

Bild 121: Aufgewirbelte Partikel in der Schutzgasströmung beim LPBF-Prozess mit HS+1,0C

12.13 Untersuchung der Vorheizungsmodule

Aufgrund der stetigen Weiterentwicklung der Anlagentechnik werden unterschiedliche Vorheizungsmodule in dieser Arbeit genutzt. Zur Untersuchung des Einflusses der drei Vorheizungsmodule auf die Bauteilhärte werden fünf Proben (siehe Kapitel 4.3) mit drei verschiedenen VHV (siehe Bild 18) gefertigt. Dabei werden Proben mit der CP-Verfahrensparameterkombination gefertigt (siehe Kapitel 5.1). In den Versuchen wird die SGFV A sowie die Pulvercharge 1 (siehe Kapitel 7.1) verwendet.

Die Bauteildichte für die mit allen drei VHV gefertigten Proben liegt konstant über 99,9 %, siehe Bild 122. An den Proben werden visuell keine Risse festgestellt. Dabei werden die Proben, die mit VHV 1 gefertigt werden, bereits in Kapitel 5.2 als Versuch bei der Vorheiztemperatur 350 °C gezeigt.

Bild 122: Bauteildichte für mit VHV 1, 2 und 3 gefertigte Proben

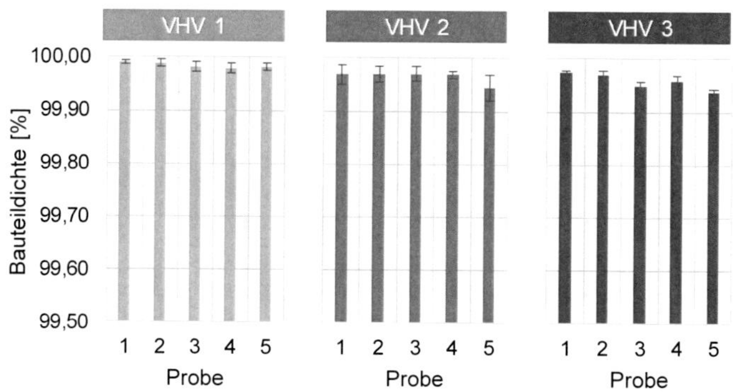

Der Einsatz unterschiedlicher Vorheizungsmodule hat keinen deutlichen Einfluss auf die Bauteildichte. An den Proben wird eine mittlere Bauteildichte von 99,99 % (Version 1) und 99,96 % (Version 2 und 3) gemessen. Eine leicht abfallende Bauteildichte von max. 0,03 % kann mit steigender Probennummerierung für alle VHV festgestellt werden. Die Unterschiede in der Bauteildichte sind insgesamt vernachlässigbar.

In Bild 123 wird die Bauteilhärte der Proben, die mit den drei verschiedenen VHV gefertigt werden, aufgeführt.

Bild 123: Bauteilhärte für mit VHV 1, 2 und 3 gefertigte Proben

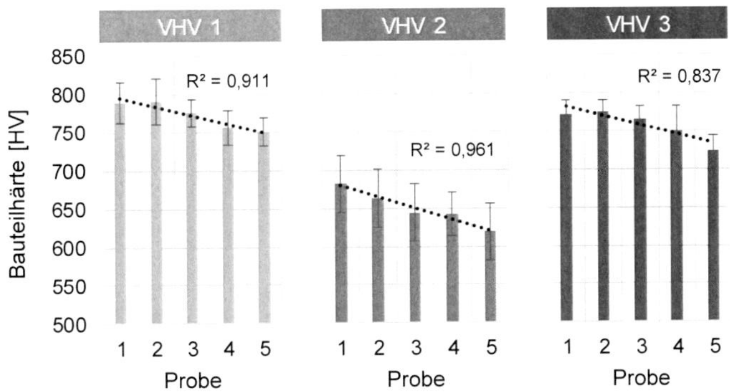

Für die VHV 1 werden mittlere Bauteilhärten von 750 bis 790 HV für die fünf Proben gemessen. Die mittlere Bauteilhärte beträgt 773 ± 25 HV. Mit der VHV 2 werden Bauteilhärten im Bereich 620 bis 680 HV, also eine mittlere Bauteilhärte von 650 ± 21 HV an den Proben festgestellt. Nach der Fertigung mit VHV 3 wird bei den Proben eine mittlere Bauteilhärte von 757 ± 19 HV gemessen. Die mittlere Bauteilhärte beim Vergleich von VHV 1 bzw. 3 mit VHV 2 wird eine Differenz von 123 HV bzw. 107 HV festgestellt. Die sinkende Bauteilhärte mit steigender Probennummerierung in einem Versuch wird in Kapitel 5.3 anhand der Schutzgasströmung untersucht und auf Prozessnebenprodukte im Prozess zurückgeführt.

Der Unterschied der VHV 1 und VHV 3 ist konstruktiv als klein einzustufen, da lediglich Anpassungen an der Dichtung und Kabelführung vorgenommen sowie die Substratplattenhöhe unterschiedlich sind. Durch die kleine Abweichung der Bauteilhärte von 16 HV beim Vergleich der Versuche mit VHV 1 und VHV 3 können die Änderungen der Versionen jedoch vernachlässigt werden.

Bei allen Versuchen wird jeweils mit aufsteigender Probennummer, also mit der Belichtungsreihenfolge, eine sinkende Bauteilhärte identifiziert. Die linear abfallende Trendlinie mit Bestimmtheitsmaß (R^2) von 0,837 bis 0,961 sind im Diagramm dargestellt. Die abnehmende Bauteilhärte mit steigender Probennummer könnte mit der Schutzgasströmungsversion A begründet werden, welche die Prozessnebenprodukte während der Belichtung unzureichend abführt. In Kapitel 5.3 wird der Einfluss der Schutzgasströmung auf die Bauteildichte und Bauteilhärte detailliert untersucht.

Die EBSD-Analyse der Phasenanteile in der Probenmitte der Proben Nr. 3, die mit der VHV 1 und mit VHV 2 gefertigt werden, sind in Bild 124 dargestellt.

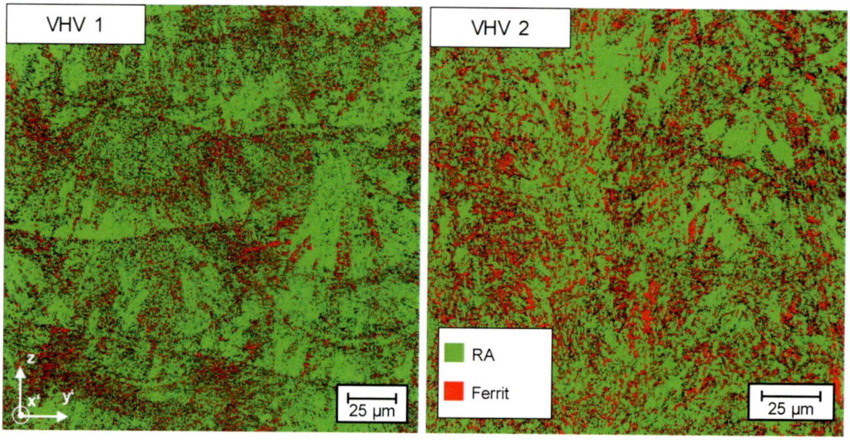

Bild 124: EBSD-Analyse der Phasen RA (grün) und Ferrit (rot) für die Mitte der mit VHV 1 (links, Analytik-Verfahren 1 (siehe Kapitel 4.4.3)) und mit VHV 2 (rechts, Analytik-Verfahren 2) mi 350 °C gefertigten Proben Nr. 3

Dabei kann an der Probe, die mit VHV 1 gefertigt wird, ein RA-Anteil von 58 % und ein Ferritanteil von 22 % festgestellt werden. Für die Probe, die mit VHV 2 gefertigt wird, kann ein RA-Anteil von 55 % und ein Ferritanteil von 31 % gemessen werden.

Für die mit VHV 1 gefertigte Probe wird ein leicht größerer RA-Anteil und ein leicht kleinerer Ferritanteil gemessen im Vergleich zu der Probe, die mit VHV 2 gefertigt wird. Die Unterschiede in den Phasenanteilen können jedoch aufgrund des N.I.-Anteils von 20 bzw. 14 % nicht hoch gewichtet werden, da dieser unbekannte Anteil größer als die Differenz ist.

Bei der Annahme von repräsentativen Messungen, wird durch Ferrit auch der Martensitgehalt dargestellt, welcher üblicherweise eine harte Phase darstellt. Entgegen der Annahme, dass bei kleineren Bauteilhärte ein kleinerer Ferrit bzw. Martensitanteil vorliegen sollte, wird bei der Probe mit VHV 2 ein leicht größerer Ferritanteil gemessen. Jedoch kann Martensit durch erhöhte Temperaturen angelassen und härter sowie durch weitere Erhöhung der Temperatur wieder weicher werden (siehe Bild 7). Somit könnte trotz größerem Ferrit- bzw. Martensitgehalt eine kleinere Matrixhärte gemessen werden, aufgrund von nicht angelassenem Martensit oder wieder erweichtem Martensit. Weiterhin kann durch Karbide eine große Bauteilhärte erreicht werden, die möglicherweise in den Proben, die mit VHV 2 gefertigt werden, in kleinerer Anzahl als bei VHV 1 vorliegen. Aufgrund der sehr kleinen Auflösung der Karbide (siehe Kapitel 5.2 in Bild 34) können diese durch EBSD-Analysen nicht detektiert werden.

In einer zweiten Versuchsreihe werden mit der Pulvercharge 2 und SGFV B fünf Proben bis zu einer Höhe von 4,2 mm unter Verwendung der VHV 2 und VHV 3 gefertigt und mittels IR-Thermografiekamera beobachtet. In Bild 125 ist die Grundtemperatur (Grundtemperatur, siehe Kapitel 4.1.2) der Proben über die Bauteilhöhe dargestellt.

Bild 125: Grundtemperatur in der Fertigung der Proben mit VHV 2 und 3 über die Bauteilhöhe, eingestellte Vorheiztemperatur 350 °C (Emissionsgrad 0,169)

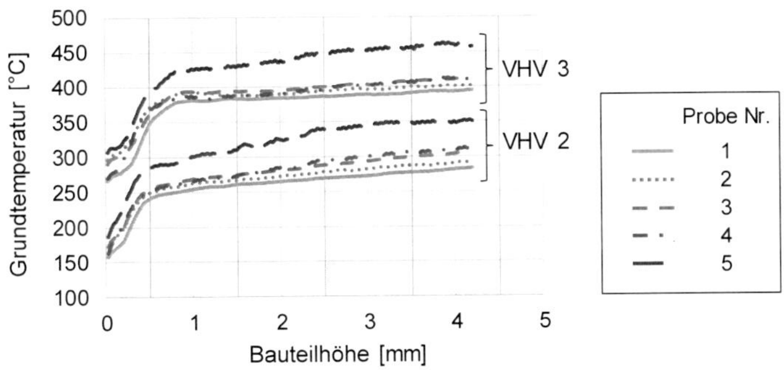

Die Grundtemperatur der ersten mit VHV 2 gefertigten Probe liegt in den ersten Schichten im Bereich von 150-160 °C und steigt innerhalb von 0,45 mm auf 235 °C an. Bei allen fünf Proben wird ein steiler Anstieg der Temperatur bis ca. 0,4-0,5 mm und anschließend eine flacherer weiterhin steigender Temperaturverlauf festgestellt. Die maximale Temperatur wird durch Probe Nr. 5 mit ca. 350 °C erreicht, während die maximale Temperatur für die Probe Nr.1 bei ca. 280 °C liegt.

Für den Versuch mit VHV 3 wird für die Probe Nr. 1 eine Ausgangstemperatur von 265 °C in der ersten Schicht bis zu einer maximalen Temperatur von 395 °C in der letzten Schicht ermittelt. Der Verlauf der Grundtemperatur ist ebenfalls für alle Proben in den ersten Schichten bis zu einer Bauteilhöhe von ca. 0,6-0,7 mm steiler als in dem nachfolgenden weiterhin leicht steigenden Temperaturverlauf. Die maximale Grundtemperatur von 470 °C wird für VHV 3 ebenfalls durch die Probe Nr. 5 erreicht.

Durch die Analyse der Thermografiedaten werden an den Bauteilen bei VHV 2 kleinere Oberflächentemperaturen zu Beginn und während des Aufbaus als bei VHV 3 detektiert. Dabei werden bei den detektierten Anfangstemperaturen ein Unterschied von ca. 110 °C und bei den maximalen Temperaturen eine Differenz von ca. 120 °C festgestellt. Die Anpassung von VHV 2 auf 3 ist durch den Einsatz einer Molybdänplatte bei VHV 2 charakterisiert. Die Heizkeramik überträgt mittels Wärmeleitung die Temperaturen auf die Molybdänplatte, welche wiederum die Wärme an die Substratplatte leitet. Trotz der vergleichsweise großen Wärmeleitfähigkeit von Molybdän von 134-155 W/mK [132, S. 341] wird die Übertragung der Wärme durch zwei Übergangsflächen bei VHV 2, also einer mehr im Vergleich zu VHV 1 und 3, gestört. Weiterhin wird vermutlich mehr Zeit benötigt, um die Substratplatte vollständig aufzuheizen. Der Einsatz einer Molybdänplatte führt zu einem verlangsamten und trägeren Vorheizsystem. Dieser Umstand wird in den Versuchen nicht berücksichtig. Bei beiden VHV wird bei Erreichen der Zieltemperatur ($T_{current}$) an der Heizkeramik die Temperatur zehn Minuten gehalten, bevor der Prozess gestartet wird. Somit kann durch VHV 2 eine kleinere Anfangstemperatur aber gleiche Steigung der Temperaturen im Vergleich zu VHV 3 festgestellt werden. Die kleineren Temperaturen im LPBF-Prozess bei VHV 2 führen damit zu den kleineren Bauteilhärten an den Proben (vgl. Kapitel 5.2).

Im Vergleich mit VHV 2 werden größere Temperaturen bei dem Versuch mit VHV 3 detektiert. An diesen Proben werden ebenfalls größerer Bauteilhärten als an den Proben mit VHV 2 gemessen. Grundsätzlich wird anhand der vorausgegangenen Untersuchungen in Kapitel 5.2 davon ausgegangen, dass durch VHV 2 Vorheiztemperaturen vergleichbar zu 250-300 °C Vorheiztemperatur mit VHV 1 erreicht werden. Mit steigender detektierter Temperatur im LPBF-Prozess bis zu einer Vorheiztemperatur von 600 °C wird eine steigende Bauteilhärte der Proben verursacht.

12.14 Informationen zu Kapitel 8

Bild 126:
Demonstrator mit
Maßangaben

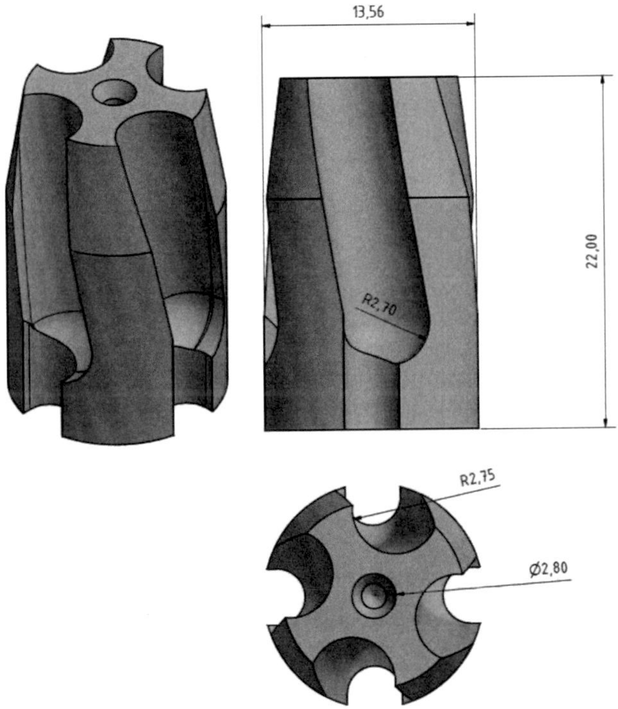

In der Reihe **Ergebnisse aus der Lasertechnik** zuletzt erschienen:

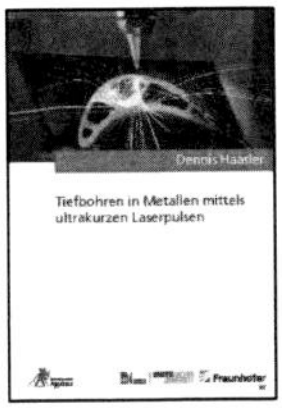

Haasler, Dennis:
Tiefbohren in Metallen mittels ultrakurzen LaserpulsenISBN: 978-3-98555-119-4
Erscheinungsdatum: 24.11.2022

Rödler, Georg:
Entwicklung des selektiven Laserstrahlschmelzens für Al-Ni-Legierungen
ISBN: 978-3-98555-118-7
Erscheinungsdatum: 03.11.2022

Ünal-Saewe, Talu:
Ortsaufgelöste Prozessüberwachung für die Additive Fertigung mittels laserbasierter Directed Energy Deposition
ISBN: 978-3-98555-113-2
Erscheinungsdatum: 10.10.2022

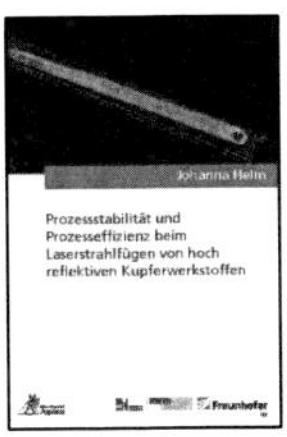

Helm, Johanna:
Prozessstabilität und Prozesseffizienz beim Laserstrahlfügen von hoch reflektiven Kupferwerkstoffen
ISBN: 978-3-98555-112-5
Erscheinungsdatum: 10.10.2022

Meineke, Georg:

Opto-kalorisches Schalten zur Sortierung fluoreszenzmarkierter Partikel in Mikrofluidiken

ISBN: 978-3-98555-109-5
Erscheinungsdatum: 10.10.2022

Pichler, Tobias:

Adaptives Laser Powder Bed Fusion der Titanlegierung TiAl6V4

ISBN: 978-3-98555-096-8
Erscheinungsdatum: 17.08.2022

Tenbrock, Christian:

Large-Format Machine for Multi-Scanner Laser Powder Bed Fusion

ISBN: 978-3-98555-091-3
Erscheinungsdatum: 27.07.2022

Saewe, Jasmin:

Untersuchungen der Verarbeitbarkeit des Schnellarbeitsstahls HS6-5-3-8 mittels Laser Powder Bed Fusion

ISBN: 978-3-98555-097-5
Erscheinungsdatum: 27.07.2022

Adams, Martin:

Modellierung der katastrophalen optischen Degradation von Hochleistungslaserdioden unter externer optischer Rückkopplung

ISBN: 978-3-98555-068-5
Erscheinungsdatum: 22.04.2022

FSC
www.fsc.org
MIX
Papier | Fördert
gute Waldnutzung
FSC® C083411

Zeitfracht Medien GmbH
Ferdinand-Jühlke-Straße 7
99095 Erfurt, Deutschland
produktsicherheit@kolibri360.de